U0554707

阅读成就思想……

Read to Achieve

打造
大数据团队
从组建到价值创造全流程指导

[美]朱达·菲利普斯（Judah Phillips）◎著

王 扬 闫化平◎译

BUILDING A DIGITAL
ANALYTICS ORGANIZATION

CREATE VALUE BY INTEGRATING ANALYTICAL
PROCESSES, TECHNOLOGY, AND PEOPLE
INTO BUSINESS OPERATIONS

中国人民大学出版社

图书在版编目（CIP）数据

打造大数据团队：从组建到价值创造全流程指导 /（美）朱达·菲利普斯（Judah Phillips）著；王扬，闫化平译 . -- 北京：中国人民大学出版社，2018.7
书名原文：Building a Digital Analytics Organization: Create Value by Integrating Analytical Processes, Technology, and People into Business Operations
ISBN 978-7-300-23734-3

Ⅰ.①打… Ⅱ.①朱… ②王… ③闫… Ⅲ.①数据处理 Ⅳ.① TP274

中国版本图书馆 CIP 数据核字（2016）第 289914 号

打造大数据团队：从组建到价值创造全流程指导

［美］朱达·菲利普斯　著

王　扬　闫化平　译

Dazao Dashuju Tuandui： Cong Zujian Dao Jiazhi Chuangzao Quanliucheng Zhidao

出版发行	中国人民大学出版社	
社　　址	北京中关村大街 31 号	**邮政编码**　100080
电　　话	010-62511242（总编室）	010-62511770（质管部）
	010-82501766（邮购部）	010-62514148（门市部）
	010-62515195（发行公司）	010-62515275（盗版举报）
网　　址	http：//www.crup.com.cn	
	http：//www.ttrnet.com（人大教研网）	
经　　销	新华书店	
印　　刷	天津中印联印务有限公司	
规　　格	170mm×230mm　16 开本	**版　次**　2018 年 7 月第 1 版
印　　张	17.75　插页 1	**印　次**　2019 年 1 月第 2 次印刷
字　　数	283 000	**定　价**　69.00 元

版权所有　　　侵权必究　　　印装差错　　　负责调换

推荐序

过去半个多世纪里，与信息及其技术管理相关的学科逐渐发展起来。计算和编程早期主要属于学术活动，之后才逐渐发展为真正的职业。公司首次利用数据处理（data processing）方法处理金融和其他形式的内部信息时，就是在先前无结构化的领域引入正规的程序与结构。计算机中心的操作员通常身穿白色工作服，以展示他们的专业性和科学性。虽然这种高级形式也许与数据处理并不匹配，但是它允许管理结构化的内部信息并最终掌握它，使其发展成专业化的领域。

在过去十年里，信息管理领域进入了全新的时代。信息管理是互联网的产物，即数据来源于网络、邮件、线上内容、移动设备、各种手机应用程序和日渐发展壮大的"物联网"。如同早期的计算机工作一样，初期的数据管理是非正式的，更像某种业余爱好。公司通常都有兼职的"网络人员"去设计、安装和维护公司的网站。数字化业务方面缺少衡量标准，其他方面也一样缺乏管理。一些大型知名企业的网站经常中断，甚至其注册域名有时候也会失效。

然而，这本书将有力地证明当前的数据管理正在不断地走向成熟。分析，即建立标准，进行报告，并预测和优化关键变量，是资源管理的主要功能。关于网络和数据分析的讨论已经持续多年，但直到现在，网络分析对于大多数公司来说也谈不上是主要业务。网络分析主要包括对独特访客和页面浏览量进行统计，这项工作通常由兼职人员来完成。

《打造大数据团队》给出了数据分析所必备的各种专业、严谨的方法。你需要的不仅仅是网络兼职人员，而是需要仔细思考你的标准和关键绩效指标（KPIs）。你需要做的事情也不仅仅是报告、预测、优化和严谨地测试。朱达·菲利普斯一直都是大数据分析相关学科的倡导者，不过如今，全世界都已经做好了接纳这些学科的准备，因此本书的出版适逢其时。

尽管有关网络数据分析的书籍不计其数，但我个人认为这本书在很多方面都有其独到之处。这本书涉及的内容比网络数据分析更为广泛，还包括社交媒体、移动终端、行为定位以及其他方面的数字信息。本书建议大多数公司将注意力放在更大规模的数据分析上，而不仅仅局限于关注网站的点击量。

这本书为数据分析领域带来了较为复杂的数据管理和数据分析，这在以往的网络数据分析中并不常见。在管理方面，这本书涉及的话题主要包括：如何提供数据分析功能、如何思考数据管控，以及如何处理公司中数据分析团队与其他类型分析人员之间的关系。数据管控可能吸引不到那些业余爱好者的关注，但它对于一家成熟企业的信息环境来说却是至关重要的。

朱达·菲利普斯在这本书中提出了很多在数据分析方面最为优秀和最具代表性的见解，我非常欣慰。我一直认为统计学家约翰·图基（John Tukey）的探索性数据分析（EDA）是一种非常有效的分析方法，该方法可以让你接近自己所研究的数据，并了解其基本参数，但近期相关的分析书籍中都很少提到这个分析方法了。所以，当我在本书中看到有专门介绍探索性数据分析的内容时，十分兴奋，因为它无疑是探索数字数据的伟大工具。

我十分期待未来我们能够拥有涵盖所有数据类型的分析系统，其中包括这本书中提到的数字类型，以及其他在商业分析功能中通常出现的客户、金融、运营等方面的数据类型。这本书是迈向数据整合的重要一步，与许多其他网络分析书籍不同的是，这本书并没有假定数据分析是唯一的分析类型，而是鼓励在商业分析中采用其他类似的原则和方法。正如我在写作当中会鼓励读者不要再单纯地报告，而是要转向预测分析和测试一样。因此，我非常高兴数据分析领域能有这样的融合趋势。

　　我推荐这本书是因为作者对自己所表达的内容十分清楚。朱达·菲利普斯曾在一些互联网公司（如 Monster.com 和潮流网店 Karmaloop）和线下公司（如诺基亚和励德·爱思唯尔集团）做过数据分析顾问或主管。如果你将书中所说的方法应用于你的公司，你将会远远超过其他人，这无疑会将你的职业生涯推向一个全新的高度。甚至，某一天你也许会穿上白色工作服，成为数据分析专家！

托马斯·H. 达文波特（Thomas H. Davenport）

哈佛商学院、美国巴布森学院教授

国际数据分析研究所创始人

中文版序

在世界各国的文化中，社区都扮演着重要的角色。在分析学领域，团队是通过组织创建的。最好的工作要通过团队的协作和共同努力，通过从分析和数据科学中创造出积极的业务成果来实现。多年来，我一直在为一些世界上最大的公司打造分析能力和组建分析团队，亲身体会到了这一事实。后来，我有了写一本关于数据分析的书的想法，于是就开始考虑有哪些主题和内容是适合的。当时，有许多数据分析相关的书，但内容都是偏战术性或者技术性的，更适合分析人员和技术人员参考。因此，我决定为商界领袖们写一本与众不同的、独一无二的数据分析书。你现在正在阅读的，正是我的工作成果。

当然，本书也包含了大量足以供分析专家和技术专家们参考的信息和知识，但面向的主要读者还是企业管理者。无论如何，我确实认为每个从事数据分析工作的分析师、数据科学家、技术专家和工程师都应该读一读这本书。因为我认为它解释了如何构建和运作一个专注于解答业务问题，帮助人们做出更好的决策，从而创造商业价值的数据分析团队。这是第一本，几乎也是唯一一本有关这一主题的书。

为什么分析学很有用？目前对数字数据的运用和分析情况如何？本书的讨论就从对这两个问题的研究开始。你知不知道地球上的数据字节比所有的沙粒都多呢？在本书中，我很快就会带你进入对"分析价值链"的回顾，这是我自创的一个概念，和科特勒的"4P营销"概念差不多，可以说是"分析学的N个P"。这些概念能帮助读者理解那些位于"做分析工作"水平之上的实操性方法论。通过介绍一种能够成功地开展分析的分阶段方法，并以一些相关的宏观概念对其进行完善，读者可以立即上手并在组织中发挥实际影响。

要建立一个分析团队，你首先需要一家愿意对你和分析职能进行投资的公司。如何才能做到这一点呢？你要学习如何说明和证明对分析团队投资的"要求"是合理的，以及如何与同行和利益相关者一起跟踪验证本团队的投资回报率。当然，一部分投资是用于工具和技术的。你会在本书中发现一些对重要主题的论述，比如你是应该创建还是购买分析技术，以及你如何选择、部署、维护和停用你的工具。

对于那些从未上过统计学课，或者很久以前上过，现在需要"回炉"复习的人来说，本书涵盖了你们应该在数学或者统计学课堂上学习的许多内容，但重点还是放在商业用途上。我们会通过讲故事的方式，来理解分析和数据科学。毕竟，最好的分析学就应该是讲述有关数据的故事，并用这些数据回答业务问题，帮助人们做出决策。要成功地进行分析，你首先需要准确、优质的数据。要获得优质的数据，就必须定义和管理数据。在本书中，你将看到一些数字数据管理方法和管理数据以保持一致性和准确性的实例。

我会涵盖报告、分析和绩效分析——重点强调这些概念之间的差异以及用于分析交付成果的一些好方法。要记住报告而不是分析。分析是在报告数据之前要做的事情。你要将分析和报告放在管理仪表盘上。使用KPIs可以帮助一家公司引导数据，因此我提供了对数字分析有用的KPIs实例。

长期以来，我一直倡导对数字体验进行实验和测试，所以我介绍了AB测试和多变量/变量测试方法。2017年，这些概念经常被应用到"转化率优化"（conversion rate optimization）的科学中，这样你就能了解到在"优化"中应用的基本技术。测试当然需要一个计划和过程，你需要借助技术来完成，书中也对此进行了讨论。

因为数据分析需要定量和定性数据，所以我努力描述和深入挖掘定性数据和客户之声（VOC）数据。和书中的所有主题一样，重点是团队如何成功合作。要做到这一点，了解定性和研究数据会有所帮助。你将读到对市场研究和定性数据收集技术的综述。当然，这里也会包括竞争性分析，所以你将了解到竞争情报与数字情报之间的不同之处，而且我还会用实际案例来补充说明。本书也会讨论用于整合竞争性数字数据的工具、方法、流程和途径。

2017 年，人们对目标定位的概念比 5 年前有了更好的理解。本书介绍了很多不同类型的目标定位的案例，以及使用数字数据进行定位和重新定位的经验和技巧——当然，还介绍了如何将这些数据统一到行动中。2017 年的另一个流行语是"全渠道"。然而最初我就这个概念写一些文章时，听说过它的人并不多，尤其是在把它用于了解客户、受众和媒体的效果方面，所知者更是寥寥。如今，那些世界上最成功、最大的公司正大举投资于"全渠道"和目标定位。在本书中，你将了解到如何提高周转率，并提升"全渠道"数据和项目的成功概率。如果你以前从未听说过"全渠道"，那现在就能搞清楚这个术语的意思以及如何实现"全渠道"愿景。

在本书最后，我对分析学的未来做了预测。现在回顾这一章节的内容，我还认为这个做法是正确的。我的许多预期和设想全部或部分实现了。从预测性建议到闭环数据系统，到感知和响应的数据架构，到使用数据与客户和他人进行互动或给予提醒，再到目标定位、服务和交付的自动化，还有数据交互的购物和客户体验，这些目的已全部或部分实现了。最后，我以一个超越国家、文化和地理的概念——隐私和道德来结束这本书。在这个属于大数据、物联网以及实时和流动数据的收集与分析的美丽新世界中，我们必须要问的一个问题是，所有这些都是如何影响人们的。我们该如何保护我们的数据以及连接到互联网的所有人的数据？关于数据隐私、安全和公平使用的对话促成了一个全球性社区的形成；分析师、技术专家和他们的管理者也完全拥有发声的权力，能在对话中发表意见，制定规则和指导立法。

我想让大家都知道的是，我写本书的某个灵感也是属于马云的。我还从来没有去过中国——但我希望能早日去访问和观赏这个美丽而历史悠久的国家（手中拿着我的中文版著作）。我读过很多关于中国和中国历史的文章。我认为中文很优美，中国的历史和文化在持续地影响着我们共同的世界和全球经济。我非常荣幸我的第一本书能在中国出版。感谢你能阅读我的书。

前　言

多年前，我发现我遇到的大多数人并不清楚我到底从事什么职业，即使我把工作头衔告诉他们，他们也还是不太清楚。了解我到底从事哪种职业的人，都是在互联网行业里工作。我遇到的和我一样在做数据分析工作的人其实还是很少的。我曾一度认为，自己仅仅是一个为某个品牌工作、管理数据分析，并把数据分析同传统分析结合起来的数据分析工作者。当然，无论是品牌公司、代理商还是咨询公司，都会有分析团队，但很少有数据分析人员有机会管理涉及技术、人力、流程和整体分析成果的跨国公司的核心业务数据分析团队。其实仅仅在几年前，我所知道的创建全新数据分析系统或者是传承已有分析系统的人少之又少，这些分析团队通常只专注于理解数据行为，运用数据来驱动战略和战术决策。无论是在私企还是在上市公司，很少有人会进行数据分析，并向公司高管和利益相关者们进行汇报。因为在公司高管看来，数据是不能出现任何"错误"的，否则市场就会有所反应，而股东们对于数据会有很高的期望。这也使我意识到，在这个复杂且高度矩阵的环境里，组建数据分析型组织可能是一条康庄大道，也可能是一条羊肠小径。无论公司是第一次组建数据分析团队，还是从以往的尝试中获得了某些"经验"，都很有可能进入这两条相似却又有细微差别的道路中去。

我开始为品牌组建数据分析团队的时候，很少有人从事过类似工作，也无多少先例可供参考，所以我和同事们必须弄明白如何开展工作才能取得成功。在安排数据分析活动和组建团队时，我的理念就是：我们的工作要专注于降低成本或增加收益 。这样一来，如果数据分析能够影响到企业创收和成本控制，那么这个数据分析团队就能在公司获得稳固的地位。有时候的确如此，但也不排除某些外部因素带来的影响，如大萧条。

在从事数据分析的职业生涯中，我也逐渐对如何在组织中进行数据分析有了自己的见解。多年以来，很多人都问过我准备何时出书，正是因为受到了他们的鼓舞，我才终于下定决心写了这本书。这本书等于是为各行各业的数据分析师、管理者和企业各级主管准备的实用手册，帮助他们学习数据分析的组织因素，去了解和欣赏数据分析的过程、组建数据分析团队的必要性，以及运用严谨的数据分析技术和方法确保数据准确的重要性。另外，读者还可以获得额外的知识，学会欣赏报表、KPIs、数据管控，了解市场调查、定性数据以及其他类型的竞争性数据和商业智能数据，并且明白技术如何提升数据分析及数据分析决策水平。希望读者能够在本书中找到对自己有用的内容，并运用我的观点去调整和制定各自的决策——我曾在自己的职业生涯中运用过他人的观点。

写书绝非易事，它不仅要花费大量的时间和精力，还必须写出独到、客观、正确的内容。对数据分析专业人员来说，其内容又必须是相关且有实用价值的。本书就以上述要求为目的，甚至做得更为全面。这本书能够顺利完成，离不开多年来一起共事、合作以及如今在互联网数据分析领域有所成就的朋友们的帮助，在此一并致谢。

目　录

第 7 章　数据报表及 KPIs 的运用

第 8 章　用数据分析进行优化和测试

第 9 章　用户反馈数据定性分析

第 13 章　数据分析的未来

第 1 章

运用数据分析创造商业价值

如今，商业组织必须运用数据分析才能造就新的增量价值。数字体验涵盖了互联网、社交网络及移动应用等领域，是分析所用数据最显著和最重要的来源。因此，在当今商业世界中，只有充分了解了数据收集和数据分析的方式，才能生成全新或增量的价值，抑或降低成本，或者完成其中一项。这在今天的商界是至关重要的。

尽管当前全球市场竞争激烈，任何领域或行业均可使数据分析的利益最大化，然而创造和组建能够充分发挥数据分析功能的团队却并非易事，需要全方位考虑。数据分析人员、流程以及技术均需反思并重组。毕竟，许多公司仍然将数据分析等同于工具和技术（还有数据收集，类似于"监控"）。这种想法其实并不准确。

尽管支持数据分析的技术和工具至关重要且十分必要，但其本身不足以创造商业价值。简单将某个免费的网页分析工具的标准基础 JavaScript（一种程序语言）页面标记增加到数字体验中，进而提供报告所需的信息，这种方式并不能带来任何数字驱动型的决策，或者让我们轻易得出什么深刻的见解。有些公司认为，这些商业智能工具能够提供公司特定部门的具体报告和具体指示，又或者借助那些免费或者收费分析工具就能够得到最为普通的报告，所以决策制定理应由数据驱动，它们只需要提供针对商业智能工具的自助访问权即可。

这些方法肯定有助于公司建立数据分析团队，将分析纳入战略和策略性决策制定过程。正如前文所说，能够收集并报告数据的工具对公司来说相当重要，且必不可少，但分析工具以及数据总结报表却并不是数据分析工作的全部。在商业领域，技术和工具，无论是二选一，还是二者共同作用，对于运用数字数据创造持续商业价值来说都是远远不够的。换言之，尽管任何技术、服务器、页面监控和工具都有助于计算或者评估多种数字指标和维度，但其本身（即便是默认安装的那些）不会有任何实际作用，更不会直接创造商业价值。最终还是得靠人类通过机器、工具和技术在已建立并且持续运行的商业程序中进行数据分析，解决商业问题，创造出商业价值。

数据分析团队能够带来基于事实的决策方法，并衡量数据业务信道的业绩和盈利能力。来源于业务信道的数据增加了离线数据，二者的结合（我们称之为数据集成）能够带来新的见解和机会。无论是否为大数据，如果公司没有处理这些数字数据的分析团队，那么该公司可能会因为缺乏数据分析而一次次错失商业良机，从而导致其运营处于竞争劣势。一个资源丰富、资金充足、注重过程的数据分析团队，外加获得从IT、营销再到金融的跨职能团队的支持，会在很多方面对公司起到有利作用，如降低成本、提高效率、产生新的增量收入、提高消费者满意度、提高数据业务信道的盈利能力和影响等。在第2章中，我们将讲解从一个项目开始到结束再到下一个项目开始都涉及哪些数据分析内容。在讨论这些问题之前，我们首先需要深入了解数据分析及其团队都包含哪些内容，以及建立并提升深层数据分析能力如何直接或间接为公司带来价值。

大数据和数据科学需要数据分析

目前，应对任何一个商业挑战所需要的数据量都是人类有史以来最为巨大的，且数据种类呈现多元化，因而现在比以往任何时候都需要数据分析团队。人们每天创造出的数据量惊人，而当今世界90%的数据都是过去两年创造的。很显然，这些新数据都是由数字系统或者是由连接互联网的系统创造的。由于每天有大量的数字数据呈指数级增长，因此创建一个数据分析团队是十分有必要的，它将能从这些数据中得到见解、建议、优化措施、预测和利润。无论对于大数据、数据科学、全渠道数据、媒体组合建模、属性数据、受众智能、客户概况剖析，还是对于数字数据应用分析中的预测分析来说，创建能够对数字数据负责的团队十分必要。这种分析在决策制定、商务策划、绩效衡量、KPIs报告、销售规划、预测、自动化、目标选择和最优化的过程中都是十分有用的。读者通过阅读本书，可以知道如何为建立成功的数据分析团队奠定坚实的基础，并且了解到如何通过数字数据分析创造商业价值。

国际数据公司（IDC）表示，数字宇宙到2020年将会翻一番，达到40ZB行为数据［我们又称之为数字行为宇宙（digital behavioral universe）］。这些数据来源于地球上每个人互动、参与、行动所产生的点击流和数字足迹，它们正在形成或将要形成——这意味着到2020年，更多呈指数级增长的行为数据将会生成，并将远远超出所预测的40ZB（见图1-1）。到那时，关于人类行为、交易和元数据的数据量将会是网站内容的好多倍。换句话说，假如网页的平均大小约为1.4MB，那么用户访问网页时产生的行为、交易数据以及元数据则可以达到上百兆字节，甚至更多，尤其是考虑到内外部数据源，如广告、用户和客户关系管理的数据集。

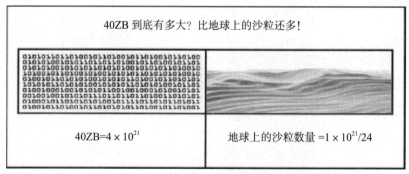

图1-1 预计2020年数字数据可能会比地球上的沙粒多4倍

资料来源：互联网数据中心和搜索引擎沃尔弗拉姆阿尔法（Wolfram Alpha）。

未来的数据分析将会不断创新，超越现在通过网站、移动网站、社交媒体、广告以及其他互联网体验（从交互式电视和电子广告牌、机顶盒、视频游戏机、互联网应用设备，到移动生态系统和应用程序）所创造的大数据。

美国皮尤研究中心（Pew Research Center）在其发布的报告《互联网与美国生活》（*Internet & American Life*）中称，美国 2012 年：

- 超过 59% 的人使用搜索引擎搜索信息和发送邮件；
- 超过 48% 的人使用社交网络（如 Facebook、LinkedIn 和 Google+）；
- 超过 45% 的人在网上获取新闻，而超过 45% 的人上网只是为了娱乐和消磨时间；
- 超过 35% 的人上网收集资料，比如寻找兴趣爱好。

联合国称，全球使用移动电话的人实际上比使用卫生间的人要多。全球 70 亿人中有 60 亿人使用移动电话，仅有 45 亿人能够使用卫生间。同时，25 亿人没有良好的公共卫生环境。移动设备所产生的大数据要比全球的人类公共卫生基础设施更为普遍。

自 2013 年开始，关于互联网行为数据分析的数据量已经处于监测和分析中（如图 1-2 所示）。然而，数据分析的前景很大程度上依然是未知的。美国信息存储资讯科技公司易安信（EMC）预测，多数新数据主要还是未加标记的数据、基于文件的非结构化数据，也就是说我们对这些新数据依然知之甚少。现存数据中，

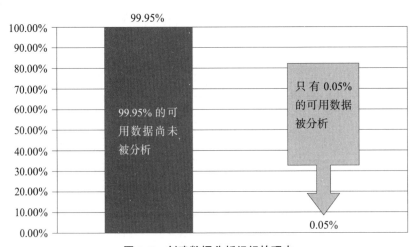

图 1-2 创建数据分析组织的理由

仅有 3% 可以分析，而事实上这些数据中真正经过分析的只有 0.05%。这相当于 99.95% 的可用数据还没有被分析（见图 1-2）。国际数据公司预计，到 2020 年，可分析数据的百分比会增加 67%。

如果公司的数据分析团队没有完全到位，那么该公司就无法充分利用现有数据，甚至无法利用未来更为巨大的用户、媒体以及客户数据所提供的机会。当然，如果一家公司能够聘请掌握数据分析技术的人才，那么运用数据只能让该公司获得竞争优势。但现在，不同的人才在数据分析及数据洞察上还存在着巨大的差异，这也给组建数据分析团队造成了很大的困难。考虑到所有公共部门和私营企业的大数据，估计未来还需要大量数据管理者（这些人能够理解和运用数据分析），并且还需要大量数据分析人才来支持大数据的不断增长。数据分析师及数据分析团队需要弄清楚这些罕见且数量上又显然不足的新数据，继而借助现存的以及未来的大数据创造价值。实际上，即便数据分析工作是高薪工作，该行业仍面临着数字数据标记、分析人才和技术短缺的问题，且缺口巨大。

找到有能力的数据分析师可能只需要几个月，而找到数据分析管理者和其他数据分析领域的领导者则需要更长的时间。本书可以帮助你和你的公司注意到数据分析人才的缺乏，同时能教授如何管理数据分析团队并取得成功。因为你不可能轻易或快速雇到一位数据分析师，找到有能力的管理者更是难上加难，快速建立一个分析团队更不现实，所以构建自己的数据分析团队的确是实际所需。本书会向你阐述构建数据分析团队初期，你需要了解什么；以及如果你已经构建了数据分析团队，你需要做些什么来进一步升级数据分析团队。

这本书涉及的内容更多的是如何构建数据分析团队，而不是如何构建数据分析组织。团队存在于组织内，而这个组织又存在于企业内。这本书并非只有数据分析的内容，还有源于真实实践的独一无二的内容，它可以让读者了解创造、管理、获得并成功运用数据分析需要什么，同时读者还需要注重分析思路、方法和框架，从而创造出可持续的业务和利益相关者价值。

定义数据分析

数据分析是什么呢？当前，数据分析指一系列商业和技术活动，这些活动会将数字数据定义、创造、收集、证实或转化为报告、研究、分析、最优化结果、预测、自动化技术和见解，从而创造商业价值。

数据分析活动在得到最高效和最佳运用时，能够增加公司收益或是降低其成本。数据分析活动需要协调公司内部以及外部合伙人和供应商的流程、人员和技术进行分析，这种分析要能够回答商业问题，根据严格的数学和统计方法提出建议，并在销售、营销再到管理的整个过程中发挥作用，从而推动商业活动走向成功。

数据分析能够在很多方面推动公司业务发展。高效利用数据分析的两大目标（产生盈利、降低成本）都是为了创造价值。麦肯锡全球研究所称，虽然零售商营业利润增长的 60% 都和大数据息息相关，但是只有定位大数据才有可能每年创造 6000 亿美元的市场。数字数据有可能以一种合乎道德并富有成效的方式形成商业，但是个人、公司或全球性公司如何能做到呢？本书将通过评论技术、程序（需求/问题、数据收集、界定、提取、转化、验证和工具配置）以及数据分析方法等对于数据分析至关重要的活动给出答案。通过对不同系统中的数据进行整合并做出连续的相关性分析，你就会明白怎样运用数字数据和数据分析来回答商业问题，从而为基于事实做决策打下基础。

本书阐述了创建并管理数据分析团队的方式，使该团队能够在回答利益相关者提出的"商业问题"的基础上去讲述"数据的故事"。这些答案中的分析见解能够为管理层提供意见和一些基于数据的指导，从而为公司创造盈利。数据分析团队成员能够从技术和业务上使团队达成统一，从而有效把握执行数据驱动的通信功能固有的上游技术、下游社群和组织过程，如果上句话难以解构，或者很容易理解，那么你就需要继续往下看，因为这本书将会包含以下内容。

- 我们把理解和创造数据分析过程的基本构成称为分析价值链（Analytics Value Chain）。我创造这一全新的概念是为了描述在战略和战术上均成功的数据分析所必需的程序和工作。分析价值链由理解业务的要求和问题开始，然后界定和收集数据，接下来审核、总结、沟通、分析，最后是运用数据科学对数字数据进行优化、预测和自动化。当然，该价值链的目的是通过数据分析创造经济价值。

- 数据分析中的 9P 理论：人员（People）、事先参与（Pre-engagement）、规划（Planning）、渠道（Platform）、流程（Process）、产品（Production）、声明（Pronouncement）、预测（Prediction）和利润（Profit）。

- 进行商业分析，证明对分析团队进行投资是合理的，就数据分析团队创建和运营所需资金进行投资分析。

- 为分析团队确定战略战术目标，确定分析团队职责。

- 购买或创建分析工具，以及如何通过运用和维护分析工具达到分析目的，包括对社交媒体和移动分析工具进行讨论。

- 运用数据分析讲述故事的重要性，并运用探索性数据分析理解数字分析所用数据。

- 应用分析技术是各种数据类型的首选，包括基于业务的基础统计评述，如均值、中位数、标准偏差和方差以及其他更高级的统计概念。

- 数据可视化技术综述，如绘图数据、方差以及其他图表和可视化技术。

- 为商务人士进行数字数据分析：数据相关性、线性回归和逻辑回归。

- 在进行数据实验、数据抽样和建立数字模型过程中值得借鉴的理念和最佳实践。

- 数据分析如何适用于其他分析、研究领域以及定性学科，如竞争情报、市场研究和从 VOC 中收集的数据。

- 数据管控，界定、收集、测试、核实及管理数据变化、分析和报告所起的作用，以及数据管控团队如何发挥关键作用。

- 如何建立数字优化程序；在回顾优化和优化引擎背后的统计和数学模型，如田古方法（Taguchi）和选择模型法（Choice modeling）时，运用冠军 / 挑战者策略和多变量测试方法进行优化。

- 咨询顾问、品牌、实际从业者常使用的 KPIs 概述，以及建立和扩展 KPIs 的方式。

- 对数据进行报告和分析的重要性，以及 RASTA 仪表盘（指相关性、准确且可操作的解答、结构简单具体、及时、有注释且有评论）和 LIVES 总结（指相关联的、交互式的、视觉驱动、呈梯队的和有战略意义的）之间差异的重要性。

- 数字数据使用的不同目标，包括地理定位、受众精准定位以及行为定位等。

- 讨论全渠道数据和多渠道数据的融合与集成，旨在运用数字数据了解用户、媒体、受众并创造可寻址的广告解决方案。

- 未来，分析将从与客户体验数据的交互转为运用感知和响应技术进行客户交互并警惕感性分析。
- 分析经济以及消费者、客户隐私和伦理道德现在和未来在数据分析各个层面的重要性。

第 2 章

分析价值链和数据分析中的 9P 理论

　　菲利普·科特勒（Philip Kotler）所著的《营销管理》（*Marketing Management*）一书受到了广泛关注，这本书介绍了营销的 4P 理论，即价格、渠道、促销和产品。波士顿东北大学教过我的一位教授在讲授服务营销时，在此基础上增加了与提供服务有关的 3P，即人员、程序和有形展示（Physical evidence）。因此，营销实际上应包含 7P。该课程的结论是，营销小组确定了产品、价格、营销渠道和营销地点后，如果需要的服务被提供（例如，安装设备或者修理汽车），人们就需要遵照这一程序并提供有形实物证据。这意味着你要让一个需要遵守汽车修理程序的人修理你的车。修好的车、崭新的保险杠，抑或是修车的发票，都是你的有形展示。本着科特勒的 4P 理论和另外 3P 理论的精神，类似的模式对数据分析也有意义。

　　以下是数据分析的 P 理论，在宏观分析流程中，这些 P 的应用就叫作分析价值链。分析价值链的最优过程包含以下 9 个 P：

- **人员**。他们的技能以及独特的经验和视角都应用在数字数据分析中。
- **事先参与**。所有分析工作都需要同"顾客"（无论是内部还是外部）进行谈话，以证实分析的可行性和可能性，从而为数据分析提供必要且潜在的可用数据采集系统。

- **规划**。所有分析工作都需要进行一定的规划，类似于项目管理，确定分析的结构、工作路线图和时间安排。
- **渠道**。收集、分析和交流数据所需要的一项或几项技术。
- **程序**。已建立或还未出现的程序里所有支持分析的分析工作。流程可靠的流程以及数据分析操作管理对成功很重要。
- **产品**。分析的产品涉及企业运营过程中与利益相关者事先接触以便进行策划分析的人员。
- **声明**。所有分析工作需要分析人员不仅对数据进行总结和分析，还要将分析社会化并就此进行交流，以解决相关的业务问题。
- **预测**。最高级的分析工作会将预测分析作为数字优化的一部分。预测包括在大数据中应用数据科学。
- **利润**。所有分析工作最终都是为了运用数据（还有你正在分析的交易或行为）创造收益。虽然不是所有分析最后都要以利润作为衡量指标，但是那些降低成本、增加收益的分析成果能够有效地提高公司的盈利能力。

本章后面阐述的分析价值链将会运用数据分析中的 9P 理论，并将其应用在战术框架内解释线性和递归工作，以支持分析创造出商业价值。本章接下来要从战略角度对数据分析的各个 P 进行解释，其依据主要是工作类型、工作方式以及分析团队在利用这几个 P 进行数据分析过程中采用的手段。

数据分析中 P 的解释

在接下来的内容中，本书会对数据分析中的 P 进行更为详细的阐述。试想一下，如何应用这些 P 所表达的概念，或者是如何将它们应用到自己的团队中。

人员，人员，人员

数据分析的第一个 P 就是人员。分析管理者的座右铭可能是"人员，人员，人员"，这就像房地产的标语"位置，位置，位置"一样。本书主要围绕"数据分析团队"进行阐述，其中"团队"包含的肯定不止一个人。人员（从分析师到利益相关者再到支持团队）到目前为止应该是任何一个数据分析团队中最为重要的组成部分。分析工具和技术固然重要，但毕竟是人来使用工具和应用技术。因此，最好的分析团队会对人员的吸纳、发展以及保留进行大量的投入。关于人员如何适应分析工作，请参见第 3 章的具体内容。

与客户和利益相关者事先接触

第二个 P 是事先接触。事先与客户和利益相关者接触，以便了解他们通过分析工作想达到的业务需求，这是数据分析团队可以努力做好的最重要的事情。**记住：分析团队的成功、工作流程和主动性，直接与所交付的分析成果如何很好地满足利益相关者的期望相关。**

事先接触中隐含的一个概念就是"事先"一词。这意味着在开始分析工作之前，你要先同相关人员进行交谈，这一点也十分有意义。也许你已经知道第一天需要做什么了，甚至你所做的也是正确的，但是直到你能让利益相关者看到你的分析愿景时，它都只不过是一个愿景而已，而且也许还是一个虚幻的愿景——除非你能让人们看到你的目标。

事先参与是一项包含了解分析工作的需要、动机以及催化剂的社会活动。社会化的根本在于共鸣，意思就是从他人的角度进行思考。毕竟在需求、对待和处理数据的方式上，对数字更为敏感的财务人员与那些在理解数据方面更注重审美、视觉效果的用户体验团队有很大的不同。财务人员通常更习惯于用表格检验数据和分析，而注重用户体验的那些人则更倾向于使用图标和曲线图。因此，在考虑如何同利益相关者事先接触的时候，你需要依据他们的目标，从他们的角度思考到底需要什么。

这些利益相关者对分析团队的积极看法，关系到分析工作最终能否取得成功，所以如果时间允许，分析团队应该为提出分析需求的利益相关者制订事先接触计划，以便更进一步了解他们。这个事先接触计划允许分析团队运用已知信息和活动解构、了解公司利益相关者及其需求，因此能够帮助分析团队了解分析工作人性化和社会化的一面。事先接触计划包括以下结构：

- 受众：明确利益相关者和利益相关者集团的名称；
- 活动：列出该利益相关者和利益相关者集团的商业活动；
- 业务问题：明确利益相关者所提问题的主题；
- 明确首选的交付分析成果的方式；
- 明确首选的交流方式；
- 联系频率：列出交付分析结果的频率和期限；
- 已知的偏见：明确该利益相关者曾对分析和分析团队有过的任何问题、关注、投诉或者是反馈；
- 目前的分析工作：列明过去 6 个月中任何正在进行或者已交付给该利益相关者的分析成果；

已完成的事先接触计划如下表 2-1 所示。

表 2-1 营销团队基本的事先接触计划

受众	营销团队
活动	营销团队协调客户调研，管理入站和出站的直接回应和宣传活动
业务问题	付费搜索、产品陈列、电子邮件宣传的每月表现如何？基于转化率和利润比较并分析宣传活动
首选的交付分析成果的方式	用幻灯片，而不是 Excel 表格
首选的交流方式	面对面会议
联系频率	每月进行两个小时正式会议，如有需要临时报告
已知的偏见	认为显示电子邮件的数据并非最佳的执行手段
目前的分析工作	目前有两份报告：ABC-123 和 ABC-124。每月收到一次分析报表

你的团队为利益相关者制订了接触计划后，将会同他们接触。尽管我们推荐面对面接触，但是商业全球化依然无法让我们做到这一点。因此，以下是一些常见的同利益相关者打交道的方式，每种方式都有其特色及风险。

- **一对一面谈**。分析团队成员在正式场合（比如在会议室、办公室）或者非正式场合（比如，午餐或咖啡时间）同业务利益相关者见面。在进行分析工作时不要低估同利益相关者进行非正式会议的重要性。

- **多对一面谈**。多名分析团队成员同某一利益相关者在正式场合进行会议。
- **多对多面谈**。多名分析团队成员和利益相关者共同在正式场合进行会议。
- **多对多电视会议**。个人和团队在虚拟网络或者移动环境下会面。
- **多对多电话会议**。个人和团队通过电话进行电话会议。
- **邮件沟通**。需求、问题以及回答都直接通过邮件往来解决。
- **正式的流程构件——敏捷模式或者瀑布模式**。敏捷模式或者瀑布模式等软件开发模式需要确定的流程、工作方式和与流程相关的构件，这些内容可以应用在与业务利益相关者有关的分析和工作中。

上述交互模式呈现了接触的机会。但是分析团队在这些接触模式中扮演什么角色呢？以下问题和讨论有助于回答这一问题。

- **什么是商业目标**？利益相关者应明确能够识别创造商业价值的清晰、现实的商业目标。
- **打算如何处理数据**？利益相关者需要告诉分析团队他们打算如何处理数据。分析团队需要从多个方面努力，他们要了解事情的来龙去脉，选择数据，同时还要确保数据不被滥用或者错用。
- **需要的数据类型**？如果拥有多种类型的数据，而你认为数据分析团队能够立即了解到分析所需的数据类型，那就太不明智了。许多情况下，数据分析团队非常优秀，能够了解大数据的细节。倘若利益相关者能够尽力为数据分析团队提供他们需要分析的数据或数据元，那将是大有裨益的。
- **分析结果交付的方式和时间是什么**？任何报告或分析结果的交付方式、时间和周期的选择应该提前确定。这些都会对努力理解资源和技术有所帮助。
- **如何判断分析团队交付分析成果是否成功**？利益相关者如何定义成功是分析中最重要的问题。每位利益相关者对此都会有不同的想法。有些利益相关者认为单纯得到准确信息或及时的报告就是成功，另一些利益相关者则或多或少需要一些产出，还有些也许更青睐于数据表、表格、图表而非文字分析结果。

虽然这些问题看似很基础，但都对分析团队理解分析工作至关重要。这些问题需要明晰的答案，并明确利益相关者的意图以及分析团队的交付成果。其中最后一个问题尤为重要。作为企业负责人，你要直接说明什么对你来说才是成功的，这对创建分析计划是十分有益的。

从接触的结果中，你可以理解以下概念。

- **工作投入水平**（Level of effort）。同其他项目比较，这一项目在时间、人力、协调方面所需的工作量是多少。
- **可行性**（Feasibility）。简单来说，可行性是对分析工作能否交付的判断。可行性和"做好事"是完全相反的两个词，因为不论结果如何，你必须断定是否能做。当然，假设拒绝分析工作不可能时，如何就可行性分析进行沟通会影响对分析团队能力的认知。
- **技术需求**（Technology required）。进行分析工作的过程中，需要对内外部数据进行收集、报告并引入分析系统。
- **人力需求**（Resources required）。预估人员数量，无论兼职还是全职都需要在公司内外部可用资源范围内工作，例如，咨询和供应商专业服务。
- **团队需要**（Team required）。多数分析项目都需要联系其他团队，并且要求这些团队不能仅仅代表分析团队进行工作。因此，为这些团队确定工作交付时间点和进程是非常重要的。因为其他团队有需要完成的非数据分析方面的工作，因此必须确定要求做此项工作的团队，并在工作未开始之前（或者刚刚开始后）同意合作。如果没有与这些跨功能的重要团队合作并得到他们的充分支持，许多分析项目会面临不小的挑战。
- **时间需求**（Time required）。因为这些和业务相关的工作需要交付结果，因此你必须和利益相关者明确交付分析结果的时间。需要明确的是，不要对工作和时间节点做超过自己能力的承诺，这样会给你的团队和支持分析工作的其他团队带来巨大的压力。

此时，通过以上几条接触计划建议，你能了解到以下内容。

- 利益相关者是谁？他们有哪些需要？为什么有这些需要？商业背景是什么？什么时候需要交付结果？如何交付？以及他们对以往的分析工作有哪些偏见？
- 项目的商业目标是什么？受众是谁？数据类型有哪些（这一点关系到数据分析方法）？以及衡量成功的标准又是什么？
- 需求可行性范围全面研究，包括人员、流程、技术和时间上的投入。

在充分考虑利益相关者这些不同方面的情况、所需分析工作以及为了按时交付分析成果所需的流程、人员和技术的需求后，你的团队不仅在利益相关者眼中被定位为成功者，并且久而久之能够掌握规划和维持分析项目的方法，还会开启并掌控全新的工作。

分析项目规划

数据分析中的第二个 P 是规划。需求规划意味着了解什么分析工作需要做，为什么要做，应该怎么做，谁来做，什么时候做，在哪里交付结果。需求规划的准备必须基于你和团队同利益相关者所制订的接触计划。

接触计划明确了你需要回答的业务问题：如首选的分析成果交付方式、交付频率以及利益相关者对成功的判断。在这种情况下，规划需要传达给你所在公司内部的利益相关者、分析团队、管理团队、项目管理团队（甚至是大型项目管理团队）以及公司内其他业务部门，就分析工作进行沟通，交付包括项目需要、所需资源、沟通分析结果的方式及频率等方面的书面结果。

分析规划通常包含以下几个部分。

- **受众目标**。谁将最终阅读和审核这些书面分析结果？他们需要从这些分析中得到什么？人们从这份分析报告中获得解决问题的最好方法是什么？利益相关者比较倾向的分析成果交付方式是什么？需要回答的分析问题有哪些？作为接触计划的一部分，你已经明确了利益相关者想要通过分析工作来回答的商业问题。因此，在你的分析需求规划中，需要列出你打算运用这些数据进行回答的正式问题。这些问题也许和利益相关者提出的问题一样，或者你可以和利益相关者合作，根据你对已有可用数据的理解提出新的问题。

- **团队需要**。公司内部和外部所需团队都应提前在人力、团队合作和所需项目管理方面设立明确的预期。在规划中列明所需团队，并使其参与到规划的社会化中，你就不太可能缺乏进行分析工作所需的足够资源或支持。另外，如果在所需资源或团队成员的能力之间有很大的差距，那可就这部分差距进行沟通，并提出相应解决方案。

- **数据需要**。你在进行了接触、了解业务问题以及分析工作内容后，必须先明确完

15

成分析工作打算采用的数据类型以及这些数据的来源。虽然你可能对所需数据有些想法，但你还是需要同利益相关者、支持团队以及其他分析者进行沟通协调，确保数据优质，并在可能的情况下，扩大工作所需数据及数据源。

- **技术需求**。在分析规划中必须体现出进行分析工作所需的技术要求。因为技术来源于内外部的资源，因此你必须确定分析方法、数据来源、功能型团队以及大多数团队执行分析规划所需的各类技术。你还要就分析项目将对整个分析系统和技术团队的影响做出现实评估。实际了解你要求其他团队（包括技术）所做的工作，以及他们已有的项目和"路线图"，你可以就分析规划中的期望进行交流。例如，假如你了解到 IT 部门的项目路线图中正在进行某个商务智能计划，那么你的分析规划就应该站在整个项目和 IT 部门的路线图的角度来进行考虑。

- **交付分析结果的形式**。虽然利益相关者可能会倾向于某一种分析结果交付的形式，但是你却不能总是以这种方式来交付分析成果。你必须和利益相关者们确定分析成果交付的方式，同他们达成一致意见。通常来说，沟通分析成果最为常用的是幻灯片、Excel 表格以及其他各种软件，如 Word，甚至还会采用其他供应商开发的报告和分析工具（从大型商业智能供应商到小型利基产品供应商，都专注于数据可视化）。这一部分旨在为你的利益相关者选择最合适的分析成果交付方式，利益相关者不同，适宜的交付方式也要有所差别。有些人对数字更为敏感，而另一些人则可能在理解分析报表中的数据和数字时需要一些帮助。利益相关者喜欢的方式才是交付分析成果最好的方式，而这种方式并不一定是分析团队所喜欢的。

- **交付频率**。因为分析团队的存在取决于下游 / 上游的服务供应商，因此在分析工作进行过程中，最难的一项就是确定什么时候交付成果。创建分析交付成果时，你必须要明确分析成果交付的频率，不要考虑工作可能遭遇瓶颈或跑偏，以及不受你控制的团队的日程和无法在分析团队工作上达成一致的人。分析团队的目标是以业务需要的频率来交付分析成果；这一点无法完成的时候，分析团队的目标则应该是对分析成果是什么以及如何解决问题、需要做什么等方面的预期进行最有效的管理。因此，分析团队的领导在努力规划和执行分析工作时需要克服其他团队造成的一切阻碍。

- **分析演示大纲**。分析规划中必须包含演示大纲，以便介绍分析成果交付的基本结构。在幻灯片中，这可能是那类幻灯片的高层映射，以及潜在内容区域的综述。

在 Excel 表格中可能是行和列都被命名的报表结构。不管你打算如何报告信息，这个分析规划的目的就是同利益相关者进行确认和交流，达成一致观点，这样的演示风格才能有效传达出分析工作的意义。

- **审核及跟进**。任何分析规划都要包含初步演示分析结果后同利益相关者进行审核和跟进的过程。在多数情况下，分析工作需要对利益相关者进行跟进，这是因为从他们问出第一个业务问题到你进行分析报告，再到他们最终采用了分析报告的整个过程中，他们的需求、需要、想法和目标一直都在变。因此，在将分析结果交付给利益相关者之后最好继续同他们保持联系并跟进几天、一周或是一个月，这样能够确保你与利益相关者不断变化和发展的商业需求继续保持一致。

分析规划中跨业务的考虑和一致性的内容有助于分析工作取得成功。对商业分析规划进行沟通交流的方法之一是，同利益相关者开展定期会议（也许是每周进行会议）来共同审核所提方案。不管你打算如何就分析规划进行沟通，某些方法总是应该优先选择的。以下交流分析规划的几个方面有助于理解和整合你提议的推动业务的工作。

- **定期安排规划会议**：职能部门之间通过定期会议，探讨分析工作及其影响，可实现沟通交流的目的，并达成一致。分析规划会议或一系列会议的节奏会基于公司不同的文化而有所差别。会议的频率也取决于组织的成熟度以及创造数字体验的不同方式。较敏捷的工作方法要求不拘泥于形式，少一些会议，多一些对正在进行的商业活动的认同。然而，更多创建数字体验的瀑布式方法则需要规律性和规划会议，尤其是在新一年即将到来之前做年度规划。对于那些规模较大、已经不堪会议重负的公司来说，减少会议频率是更好的选择。当然，对于那些需要加快新产品创新速度的初创企业来说，他们需要更多的会议。
- **正式议程**。很显然，制定分析规划审核会议的正式议程说起来容易，做起来却很难。一份会议议程可以使参会的团队成员避免深陷于讨论单一话题，或者深陷于不同观点，又或者偏离会议的主要目标。制定一份正式的会议议程，并在会前发送给每一位参会人员，这样他们也能够了解会议将提出的话题，也可以做好相应的准备。在会议开始的时候，大家应该再次共同审核该议程，如有需要，可以根据业务需求及时做出调整。议程的每一部分都要与一位负责人相关，如果资源允许，最好能够做出会议纪要，无关紧要的议题以及决定记录下来。会议记录可采用轮流制，根据一年会议安排时间由不同的人轮流负责。

- **对于将要做出的决定的预期**。如果已经完成接触，受邀参加分析规划审核会议的人也审核了分析规划，那么问题来了，为什么需要进行分析规划审核会议？毕竟大家都比较忙，而与分析团队的沟通也可能通过邮件进行。因此，在面对面会议中，参会者期待在会议上明确将需要做出哪些商业决策，这一点非常重要。在分析规划审核这一环节，应对项目进行更高层次的审核、并呈现给利益相关者，在分析团队和利益相关者间进行讨论，由团队最后决定接受或者拒绝提议。另外，分析规划审核会议还可能会评估、重组以及明确工作的优先次序。以上所有内容都将决定接下来要做些什么，并明确今后的分析工作内容。

- **今后工作的步骤**。假设，现在分析规划会议已经定期安排正式议程，同时公司和分析团队也了解了需要做出的决策；那么说明你已经走在其他对手前面了。确定今后的一系列行动计划，并一一确定完成时间，这才是成功的分析规划会议的成果。按照轻重缓急实施分析规划可能要在分析规划会议之外有所投入；然而，你仍然可以为分析规划确定一些时间节点，以方便团队展开工作。公司的发展方法和数字体验设计方式会对路线图产生不同程度的影响。在更为敏捷的环境中，可能每隔两周制订一次工作计划就可以，而在瀑布式的环境下，可能需要数月或者数年才能确定工作成效。甚至可以说，为分析工作确定时间节点更像是一门艺术，而不是一门科学。需要牢记的是，除非你和团队可以控制分析工作的所有方面，否则你需要确保你提出的未来路线图以及时间节点能够得到其他支持分析工作的团队的支持。

- **后续审核邮件**。如果可能的话，分析团队可以向所有利益相关者正式列出已讨论内容、已达成一致意见的内容以及下一步工作路线，以便进行后续沟通。在分析规划审核阶段，决策都已经做好，未来工作也已经确定（最好确定了完成时间），这个阶段之后，分析团队一定要和与会的所有利益相关者跟进后续工作，以推进下一步工作。如果规划阶段分析的项目比平常临时的项目范围更大的话，那么分析团队的领导者同利益相关者进行后续跟进就是有意义的。而另一种情况，就是团队规模很大或者呈高度矩阵结构，分析团队的领导通常会将领导权下放，仅仅跟进同事或其他业务领导的工作，又或者将后续跟进利益相关者的工作指派给其他团队成员。

规划尤为重要。通过了解事先接触到规划流程，你基本可以简单地就分析项目进行正式沟通了。只有注重对利益相关者需的内容，并把分析规划建立在对技术资源和所需工作充分了解的基础上，才能为所有的分析项目奠定良好的基础。

数据界定、收集、存储、总结、分析和优化的渠道

数据分析中的另一个 P 是平台。平台代表整套能够支持数字数据的收集、加工、总结和分析的基础技术和软件产品。进行数据分析所需技术的数量会根据数据类型、分析类型、分析目标，甚至是更为简单的预算或者是技能组合的不同而有所不同。有时候，数据分析团队也许只有一种合适的工具，例如谷歌分析，而其他团队则可能通过供应商工具或自行编码来定制解决方案。还有一些团队既会使用来自多个系统的内部数据，也会采用不止一家供应商所提供的外部数据。后者的情况是，公司的许多团队可能都为分析工具的创建和维护做出了贡献。无论如何，要想成功获得分析结果，任何数据分析团队都需要分析平台，去建立必要的技术基础和基础设施。再次重申，需要哪种确切的技术或几种技术都高度取决于业务需求。更多关于分析平台和分析工具的相关信息，请参见第 4 章相关内容。

可重复和可持续的分析流程

数据分析的下一个 P 是流程。在创建数据分析组织时，有必要了解流程创建的概念。进行分析工作时，分析团队必须和跨多个业务职能的业务流程共同作用，才能确保分析工作成功。分析团队总是在更大的公司流程范围内展开工作，不管这些流程是技术性的、财务上的还是组织上的。因此，对分析团队来说，与已有的团队有效合作并在公司已有的业务流程范围内工作是极其重要的。有时分析团队为了支持分析工作必须对已有的流程进行修改。而有的时候，分析团队必须要创建一整套全新的跨职能的业务流程，如果可以持续运用的话，就能够同其他部门（如 IT、工程、信息发布管理、产品、市场、营销以及更多的部门）紧密合作，成功完成分析工作。

在分析工作中，企业文化总是赢家。这意味着分析团队如果不考虑企业文化的话，也就不用期待去创建一套全新的流程，并把它们应用到业务中了。严厉手段根本不起作用。相反，分析团队需要采用一种更为敏锐的方式去理解现有流程，

并尽可能将分析工作融入进去。如果分析团队无法适应现有流程或没有创建自己的流程，那它们就无法发挥预期价值。企业要想利用分析制胜的话，就必须支持更新和创建分析流程。在创建新的流程或是对已有流程进行改进的时候，高层管理人员需要授权给分析团队。

无论你的任务是创建新流程，改进已有流程，又或者是优化过去几年由其他人创建的一套全新的流程。以下清单在开发和定义分析流程的时候有一定参考意义。

- **将流程需要社会化，并取得公司认可**。然而，就分析工作的专业性来说，流程需要似乎是基本的，因为并非每个人都如你一样看待世界。实际上，流程会创造透明，透明会创造问责制，而问责制则意味着对成功执行工作负责。因此，当分析团队创建的流程需要其他团队去配合时，假设这些团队并不想按照分析团队期望的方式去工作，是合乎逻辑的。将对流程的需要社会化意味着同其他团队的领导以及成员进行沟通并取得它们的支持和认可。就如何清晰定义上下游流程进行讨论并达成一致，这有助于其他团队更快更好地完成他们的工作。在创建或修改分析流程的时候，在必要和适当的时候，可以让高管层出面解决某些障碍、冲突和挑战。

- **确定支持分析价值链的团队**。因为分析团队无法独自完成所有的工作，因此需要其他团队的支持。如果创建的流程同时涉及分析团队和其他团队，则必须指出并了解这些团队。可能受分析流程影响的团队包括IT、工程、系统操作、商业智能、金融、营销、外部供应商、利益相关者以及更多团队。

- **运用基于行动的动词和短语描述所需创建的流程**。动词短语是英文中以"ing"结尾的词作为开始的短语。运用动词短语可以简单确定分析团队需要创建哪类流程。例如，计划营销活动、标记新的网站、选择新的供应商、整合新的数据资源、交流分析情况。你可以看到，每个流程都用动词作为开始。这些简单的技巧能够让人们思考需要做什么以及团队需要什么来支持这一流程。

- **列出基于行为的动词和动词短语，把流程描述在一个列表中并整合得出主题**。在你已经运用一套动词短语来描述所需创建、改善或优化的不同分析流程后，下一步就是创造并整合出完整的流程列表。有必要删掉列表中一些冗长的内容。最终结果应该既能表示内部分析团队活动，又能表示外部上下游支持的联系和交叉点，以及表示独立的分析组织的一系列程序。

- **将整合的流程与相关负责团队相匹配**。当你的团队有了整合后的一系列分析流程后，你必须将流程与提供支持的智能团队和流程执行所依赖的其他利益相关者相匹配。确定支持分析流程的团队，并确保他们了解工作内容并会按照流程执行。不要临时通知其他团队进行任何分析工作。每个流程所需相关负责团队的数量示情况而定。内部活动完全有可能只需要分析团队来进行。其他情况下，如果流程是跨多个团队的，那么涉及的每个团队都需要被列出。
- **对推荐流程进行评估：是全新的、已存在的还是对已有流程的改良**。除非你在一家新成立的公司，需要定义全新的流程，否则你可能处于各种公司遗留问题的烂泥中，包括不良数据、糟糕的流程、不成熟的技术，还有糟糕的员工。在这种情况下，分析团队需要去优化和改良已有的流程。当你觉得流程需要被创造或是改进时，不要太快做出判断，要迅速纠正。
- **创建流程中的各项步骤**。创建流程中最难的部分就是明确程序的各项步骤。这项内容一般来说需要跨团队进行。其他团队需要认同你提议由他们进行的工作，并派专人来阐述各个流程的详细步骤。这些步骤也应该是以行动为导向的，并且和特定负责团队有关。针对流程中的每一项步骤，都要做关于投入水平的预估，投入水平可以用小时和总的时间来计算。但请注意，要多次审核你创建的分析流程的各个步骤。这些工作由支持流程的职能团队来进行，而且你还要尽可能得到他们的支持。要让他们了解工作内容，努力从他们那里取得反馈。
- **从可达成的地方开始，构建成功**。在成功创建流程之后，分析团队应该在企业中宣传这些已创建的高效策略，尤其是向高管层进行推介。在这个过程中，可以委托分析团队的一员进行记录、综述，同时将其作为扩展和改良流程的一个关键节点。

流程能够缩短周期，加快进行分析和交付商业决策的速度。因此，成功的流程能够降低成本，增强成本控制能力，从而增加收益。如果分析团队按照企业不同职能部门都认可的一套可持续流程操作，这个团队将会成为成功的分析团队。

产品：进行分析和执行规划

数据分析中的下一个 P 是产品。在事前接触和分析规划之后，分析团队必须有所产出。分析工作和项目的执行就此真正开始了。分析师在进行分析工作时，可能会做出下列某一种、几种甚至是所有行为。

- **写下数据采集要求**。需要进行数据分析的数据往往并不存在，并且必须创建。很多年前，收集数字数据的方法只有几种：记录文件和页面标记。其他的收集方法虽然存在，但是并没有在常见的供应商技术中获得广泛应用。现在，数字数据采集方法包括应用程序编程接口（APIs），即同时从公司内部和外部的分析数据采集系统收集和设置数据，另外还有较低级的数据收集编程方法，如 Java，Objective-C 和 Python。

  由于不同类型的数据收集方法迅速增长，分析师们不仅需要了解如何收集已有的数字数据类型，也要适应数据采集方式的相关创新，并且能够快速掌握新的数据收集方法。数据采集通常需要采取书面形式来叙述数字接口和人类行为之间所需创建的关系类型（通常是名字/价值）。例如，一个移动应用程序可能有很多个点击事件，其中一部分事件可能是重复的，但还有很多是独一无二的，或者它们有助于分段使用独特的价值。因此，数据收集规范应详细说明要追踪的单击事件以及这些事件名称。例如，如果默认在移动应用程序中点击了搜索一词，那么为了解分段搜索行为，与之关联的关键词就可能被收集、统计和报告。你也许会将一些搜索称为"首次搜索访问"，其他的搜索称为"二次搜索"等。

- **与不同的团队合作，确保并验证所收集数据的准确性**。不管分析团队是否愿意，对整个公司的各个团队来说，通常他们成为数据真相和准确性的管理者、掌控者和检验者。尤其是当随着发布周期的推进或者新产品的发布，创建新数据或修改现有数据时，这一点尤为明显。分析团队通常会被要求去检验那些可能他们自己都并不了解的新数据和数据更改，这些数据可能来源于公司内部，有时还会来源于外部公开或私有的数据。

  即便其他系统已经超出了数据分析团队的掌握范围，企业还是期望数据分析团队能够获取跨业务的不同数据库的数据，然后在数据分析系统中比较这些数据。虽然这种跨系统的数据准确性检测和数据匹配工作大部分是用电子数据表来手动完成的，但这些普通的且具有重复性的数据审核工作是可以实现自动化的。拥有一个核心分析团队的一大好处是，它能够掌控"事实"。主要分析团队掌握了事实后，就能够调和不同数据来源间的差异，确定事实的唯一来源。如果分析工作不集中管理，任何一个分析师或者整个分析团队都很难证明数据 X 优于数据 Y，或者证明就商业定义而言，分析团队的数据要比其他数据更为准确。无论你喜欢与否，数据分析团队必须确保数据的准确性，这也许是分析工作最为令人沮丧同时也是最值得做的方面。

- **审核收集的信息，以满足预期效用**。数据收集后，通常需尽快花时间检测数据是否适合你的特定需求。人们经常期待经审核的准确数据能够满足他们的商业需求，然而往往事与愿违。因为数据采集和确认数据之间实际上有一定的时间差，在这段时间内，业务也许会发生变化，这些变化可能提前几天、几周甚至是几个月都无法预测。其结果就是，过去能够解决业务问题的准确数据也许已经不能匹配新的业务问题了。因此，之前确定的数据也许对于特定的商业目的已经没有了意义。业务可能需要不同的数据，因此分析团队需要根据新的需要对数据进行审核。还有最糟糕的情况，就是原来所做的工作全部被推翻。这些情况听上去令人难过，但事实就是这样。不过，如果你稍加注意，这种情况就可以适当避免。

- **跨系统或同一系统内的数据审核**。在数据丰富的复杂情况下，数据分析团队可能会遇到数据来源、报表和其他分析内容重叠，或者与已产出或规划的分析成果重复的情况。有些情况下，分析工作可能是在新公司或有些历史的公司进行，这些公司对分析团队目前的项目和目标已经很熟悉。尽管这种状况并不理想，但它确实是有好处的：第一，在大多数情况下，数据来源的审核相比新数据的确定、执行、核实和报告要更简单和迅速；第二，分析团队可以通过其他团队以往对数据的检查、推断、理解和审核加深对公司业务的理解。在审查数据的过程中，非常重要的一点是，分析团队不能预先假设其他团队的角色和责任。数据审核时，分析团队通常会视情况给其他团队分派一定的支持工作。

- **创建和修改报表**。在创建报表时，最常用的工具包括电子数据表和商业智能工具，它们都会有报告界面。在事先接触和分析规划阶段，分析师已经明确要做什么样的报表了。这样，利益相关者在分析师的帮助下，其报告中很可能已经有了包含已被认可的行列内容的模板，或者是控制版面中安排了 KPIs 和其他指标。另一种情况就是，利益相关者期望数据分析团队按照他们所认为的能够最好展现数据的方式去制作报表。如果不知道公司对于报表的需要或者结构，数据分析团队可以同利益相关者反复进行沟通，尽可能从利益相关者口中了解他们到底想要一个什么样的报表和控制版面。

- **运用第 5 章所提到的"数据分析的方法和技术"进行商业分析**。创建多种分析交付方式，如控制版面、PPT 以及其他进行分析结果交付的方式。我经常说报告不等同于分析。分析通常是分析师在最终汇报总结之前做的工作；尽管我承认大多数情况下这一点并不一定是正确的。虽然我们不能简单地称报告为"分析"，但是最好的分析就是能以简单的形式，通过运用叙述和文字来表达出复杂数据的相关概念以及结果。例如，统计盒形图能够直观表现出数据的分布。柱状图可以表现出数量和总数。回归分析能够让人明显识别自变量对于因变量的影响。时间序列分析可以表明随商业活动的变化而产生的指标波动。分析师的工作就是运用有效、严格的方法弄清数据，最终得出见解。然后这些见解需要运用能够解释那些数字的词句来表达，不仅要用数字来解释，同时还要用一些文字和图形。

- **对分析的相关问题进行回应并明确分析工作完成的时间。** 在事先接触的过程中，如果利益相关者认可分析工作，并且开始创建分析的话，你就可以等着他们来联系你了。利益相关者会记录并了解分析工作的预计完成时间。他们也许想知道你将如何进行分析。这时候分析团队必须回答这些问题。为了给利益相关者满意的答案，分析团队应该为定期沟通和项目签入设定适当的时间节点和指导方针。同时也要制定流程，这样分析团队才能够跟随利益相关者的步伐，或者说至少分析团队在一定时间内能够为利益相关者服务。有一种方法就是分析团队开放办公时间，或者实际上利益相关者就按自己所想要求分析团队回答，并公布分析成果交付的时间表。

分析中的声明：要做到浅显易懂

数据分析中的下一个 P 是声明。声明这个词可能听起来有点奇怪，但是这个词的意义非常普遍。它也代表典型的人与人之间的沟通交流。声明意味着和业务相关者以适当方式进行沟通。在分析工作中，你可能很久才了解到，其实根本没有人在意你为了完成分析工作所用的统计、数学以及分析技术和方法。利益相关者关心的是业务问题，而不是数学或者聪明的标签。所以，对受众来说是"随机的"而不是"随意的"。其他时候你可能想要用相当多的学术术语来表达复杂的概念。

虽然你和分析团队可能对为解决商业问题而充分运用某一特定模式印象深刻，例如，将逻辑回归应用到营销组合模型——但是你要考虑到你的受众多半在大学之后就没有接触过回归模型了，也可能根本就没接触过。所以，分析声明意味着讲话和书写的时候要用商务人士能够理解的术语。事实上，你完成的分析应该让 12 岁以上的人或者是跟你的爷爷奶奶同龄的人能够理解。这一点在某种程度上有点开玩笑了，但最好的分析应该跟标题一样简单，能够让大部分人易于理解。

你应该得到的结论是：最好的分析应该以最简单的方式表达出来。这并不意味着要简化所有的东西。我并不是说你的分析一定要让 12 岁的孩子也可以理解。分析的意义在于运用数据清晰明确地进行说明，进而解答商业问题。换言之，分析要能够有助于战略战术决策的制定，以及决策制定流程的投入。为了完成这些目标，受众必须很好地理解分析，其中的复杂性必须恰到好处，做到不多不少。在分析的表达用词上，要让商务人士能够理解——要根据受众的具体情况选择不同的表达方式。另外，尽量像标题里提到的一样，不要用华丽的辞藻（如"随机的"）去表达简单的概念（如"随意的"）。

以下是在分析的声明和解释中需要注意的几点。

- **进行正式分析工作评估会议**。沟通分析工作最好的方式之一就是定期进行正式的分析工作评估会议。这些会议可根据软件出版周期、敏捷迭代开发周期、不同的开发工作流以及其他工作方式来决定。会议的频率可根据分析的需要和有效性来决定。

- **沟通分析工作切勿仓促**。当数据分析团队已经开始准备分析工作的时候，很可能利益相关者已经等待数周或者数月了，因此没有异常紧迫地去匆忙分析解释。实际上，解释分析工作时要有条不紊。抽出一些时间去看一看事先接触的相关记录和分析规划，确保交付的分析成果能够达到预期，解决商业问题，并完成业务目标。

- **试着理解**。为了与利益相关者高效沟通分析成果，你要主动理解他们的需求，而不只是随意断定数据或者自说自话。即便分析团队所交付的信息出人意料，但只要你理解了受众，你的解释就可能达到预期。

- **在回答质疑时要开诚布公**。尽管你可能花费了几个月收集需求、建立文档、与不同的团队合作，以便对数据进行收集、核实、报告和分析，但是对于主题的熟悉度会让你在工作中有失偏颇。因此，在同利益相关者交涉时，确保你在听到他们的问题和一些顾虑的时候保持开诚布公的态度。在利益相关者不认同你的分析，又或者是评价或批评你的工作时，你不要有防范心理。相反，如前所述，你要保持理解和开诚布公的态度，尽最大努力交付分析结果，以一种非政治的方式帮助企业取得进展。

● **决定接下来的步骤并确定下次会议的合适时间**。你在沟通分析工作时，最终说到收益递减的事情。只有对彼此有完整全面的理解时，这个结论才可能出现。讨论分析工作可能会引出更多比分析工作本身更亟待解决的问题，要计划下一步工作。无论如何，在分析工作第一次进行展示后的两周内，你应该通过会议、邮件或者公司成员更倾向的沟通方式落实好下一步工作。

通过解读数据"杯"中的"茶叶"进行预测

分析工作中的另外一个 P 是预测。比起相关的术语、数据科学，预测性分析这一概念是更为主流的方法。预测就是一类数据科学。一天晚上，我坐在沙发上，听到电视里播放了一个有关运用预测性分析来提高机器人工作效率的商业广告。我觉得这则广告运用了大数据和数据科学，多么让人激动！这则广告让我开始思考数据分析如何成为预测性建模所需数据的主要来源之一。

用数据进行预测其实和吉卜赛人解读手纹或茶杯中的茶叶没什么不同。相比而言，预测性分析比用茶叶占卜更科学，因为它依据数学原理，也就更准确。无论是在 1000 多年前，还是可运用先进数据端的现在，人们都可以预测未来或者至少说出未来也许会发生什么，并认为这种行为有益于人类。信息技术时代充斥着大量可用于计算和处理庞大数据集的设备，再加上数学运算和商务统计的应用和演变，这样的环境不仅使得预测成为可能，而且变得相当频繁。

如今很多行业都在运用预测分析，例如，保险、汽车和金融行业。保险行业运用预测模型主要是为了识别高风险客户和潜在客户。在汽车行业，预测模型主要用来了解未来库存趋势。在金融行业中，预测模型用来估计全球市场上股票的动向。大量金钱基于统计模型进行交易，其中许多模型为预测模型。

最成熟的分析团队应该有预测建模能力。分析师通常都能够理解预测建模背后的一般主题。然而，很少会有人真正知道如何将一个给定的预测模型应用到真正的商业问题上。因此，那些既能够创建预测模型，又能运用数据科学的人往往可以获得很高的薪资。提升数据分析团队能力的最佳方式之一就是加强预测分析和预测建模的能力。

你可以通过以下几种方式使用数据分析预测建模。

- **客户细分建模**。现代企业根据客户的不同属性对客户进行细分。细分可以依据不同的方面，包括活动、地理位置、时间、价值、人口统计学、心理学、行为和交易等。

- **预测客户终身价值**。计算客户终身价值对于品牌来说很重要。对客户终身价值的预测可以采用多种形式，通常来说是确定已有客户或者潜在客户的未来价值。

- **确定库存物品以进行销售**。通过运用库存数据的各种属性数据以及线上线下店铺库存周转方式的数据，预测分析可以应用到销售当中。预测分析也可以依据不同的客户行为获取这些信息，这样才能在最佳地点、最佳时间为正确的客户提供最佳销售货品。

- **确定何时能最好地向特定受众展示在线广告**。使用预测分析，线上广告可以获得额外收益和更高的价值。当某些广告存货特别适合将一支广告有效推送至顾客时，模型会提出建议并自动化。预测分析有助于应对这种挑战。控制实验、多变量测试和回归分析等数据分析技术可以用于在线广告数据。

- **预测市场营销的盈利**。市场营销活动能够进行分析，而且这些营销活动的成本可能与网站上计算盈利的行为的代理价值相关。来自第三方的其他数据、事件级别数据以及来自数字体验的客户、行为和交易数据都可以用预测性分析来建模，以预测市场营销活动的潜在效果。

从现有数据中盈利

数据分析中的最后一个 P 是盈利。所有分析工作都应该尽可能直接与分析（还有你分析的数据、交易、事件或者行为）如何创造价值、产生回报、降低成本以及增加收益联系起来。这样貌似很简单，可要真正实现就相当困难了。数据分析通常都和市场营销而非财务相关，所以数据分析团队可能无法得到一些必要的财务数据，应用到财务计算当中。在有些公司，收入数据是不会公开的，因此不同业务计划的增量成本是很难确定的，或者说在确定的时候会牵扯一些政治问题。不管确定数据分析所需的正确的财务数据有多困难和复杂，始终都是可以完成的，即使有争议的代理价值是唯一的选择。

有以下几种方式可以表明数据分析团队的收益。

- **评估因分析工作而产生的活动的影响，追踪推荐的结果**。最好的分析工作能够为公司提供一系列建议，对利益相关者有帮助并且能够指导其制定决策。尽管数据分析团队无法保证利益相关者会采用任何建议，但是可以进行后续追踪从而找出这些建议的影响。他们可以同公司的利益相关者进行面谈，让他们评估分析团队的工作给他们的工作带来的财务影响。所有这些投入都可能是跨多个项目进行记录，用于评估和证明分析的商业价值。

- **与财务团队合作了解各种商业活动的成本以及数字行为的收益**。财务团队对资产的流入和流出都相当了解，它们对公司内部每个职能部门的相关损益都了解得一清二楚。对于市场营销这样的部门，财务团队通常会追踪各种"单位成本"指标以及其他衍生的广告和营销指标。你也可以识别出网站上或通过数字体验而创造收益的各种行为。将财务团队确认的单位成本指标和行为的代理价值相结合，你就可以预估收益了。这样的计算直接和分析活动以及由分析建议、优化、预测和自动化得出的结论相关。

- **将转化率这样常见的数据分析指标同收入和利润结合**。数据分析团队应了解转化率波动的增量影响。最好的团队能够估计出收入和利润百分之几十或几百的转化率的影响。例如，网站转化率每增加10%，收益每周就会增长20 000美元，平均订单金额增加17美元。

- **确定拜访广告商的价值，利用这一价值展现优化活动的影响**。计算数字体验价值的一个简单方法，就是将数字体验的总收入或总利润除以参与数字体验的总人数。例如，如果你的公司从10万次访问中取得了100万美元的收益，那么每次访问的价值就约为10美元。如果分析工作有助于增加访问量，那么在一定时间内（例如每年）访问量的改变可以被建模为运用10美元的价值，并可以用来评估分析活动贡献的价值。很明显，这里提到的方法是简单粗略的，可以通过访问者及其他方面的细分来确定访问价值。通过追踪受众在一段时间内基于价值的指标，并将其中的变化与业务活动（例如营销计划）相关联，用财务术语表述的数字行为就可以理解了。

- **让利益相关者预估为其服务的分析团队提供的分析数据、报告、分析的益处**。要想确定分析活动可能的盈利，一个有潜在风险的方法就是让利益相关者来评估。这样做的风险就在于利益相关者可能会从分析工作中估计出负盈利，又或者是遇到某个未知的问题。最好的情况就是，利益相关者能够预估分析工作的商业价值，你可以将该评估结果交给管理者或是用以证明分析团队存在的合理性。

- **部署分析解决方案，将先前的手工工作自动化，估算由此获得的效率**。当采用了新的分析技术和团队的时候，一些其他的资源可能会以不同的方式得到利用。人员可能会被分配到新的团队或者项目当中去，甚至有可能因为分析的自动化而完全转到另一个新的角色当中去。员工往往是公司最昂贵的资产，因此公司通常会对每一位员工的收益影响建立可追踪的财务指标。这些都可以用于预估分析团队的影响，同时资源也会产生变化。

分析价值链：战略战术成功的流程

分析价值链是一个解释广义的数据分析过程的六阶段框架。价值链同样囊括了广义的分析流程。在分析价值链中，每个阶段的执行的目的在于，完成分析价值创建的必要工作。价值链的意义在于，为想要了解数据分析和改进团队的人提供一个简单的用法，用以描述分析团队在工作时进行的各项活动。

人们经常认为分析师手里会有一些可以随时使用并有详细格式的数据，这些已经分析过的数据可以立即解答商业问题，并且可以直接给利益相关者答案。虽然有时候确实如此，因为数据已经存在，并且被分析以及总结成了报告；但是大多数情况下，一定程度上的准备是必要的。换句话说，被分析数据并不仅仅因为网站、社交或者移动体验的存在而存在。创建和验证准确的数字数据需要大量复杂的工作。在商业环境中，也需要不同的专业技术为利益相关者准备和分析这些数据。下面的分析价值链以线性方式解释了分析流程，使商务人士更容易理解。正如分析师所知，分析工作和团队活动可以从价值链的任意一个阶段开始，并进行递归，而不是一个阶段紧跟另一个阶段进行。但是，下面所描述的线性分步价值链能够作为一个良好的推进框架，以理解数据分析是如何进行的。分析工作可以从任何阶段开始，而且针对不同的公司，分析团队在每个阶段要完成的工作类型也不同。公司规模越大，不同分析价值链阶段涉及的人员和团队也就越多；公司越小，价值链执行所需的人员和技术也就越少。

分析价值链包含以下六个阶段。

- **了解分析什么**。同利益相关者共同确定并收集商业问题和需求，审核以往分析的内容并了解已收集的数据。询问"如果你手里现在有了数据和分析成果，你将做出什么商业决定"。

- **数据的收集、确认和管理**。确保对相关的准确数据进行界定、收集、核实、管理，并能够及时准确地为相关分析进行服务。

- **报表和商业智能仪表盘**。在相关的、可操作的和准确的，并能够及时、简洁和无偏差地解答特定问题的报表和商业智能仪表盘中，将数据格式化并以可视化方式呈现。在报表和商业智能仪表盘中采用数据可视化、信息映射、叙事技巧和优化设计原则。

- **分析数据、沟通并对其进行社会化**。在数据分析的过程中使用严格和有效的数学及统计技术和方法。提出的建议应关注结果以及商业价值的创造。集中为利益相关者的商业问题找到准确答案。集中力量帮助利益相关者运用分析结果进行决策制定。专注于提供卓越的分析来创造和维持商业关系。

- **优化、预测和自动化**。运用控制实验和测试、冠军/挑战者策略和多元的技术与方法优化和改善客户体验、特征、流量、转化、广告和销售以及数字体验的其他元素。运用数据机器学习技术和算法预测未来事件以及客户和受众行为。运用分析数据和输入使业务程序自动化。

- **展示经济价值**。确保所有的分析工作旨在回答并解决商业挑战和难题。对由分析驱动的启发性建议、优化、预测和自动化进行追踪，因为分析工作的商业结果通常会和金融业务指标相关，例如成本、毛收入、边际利润、利润和净收入。

确保你对分析价值链有了一定的了解，因为要创建数据分析团队，利用数据分析对利润进行管理，分析价值链是基础。。

了解分析什么

分析价值链的第一步是弄清楚别人到底要求你分析什么，这些都会以商业问题的形式出现，并且附带相关商业挑战、难题或者问题。以下几个问题虽然不是商业问题，但确实是商业人士经常向数据分析团队提出的问题："我们有多少独特的访问者？"或者"相比上周，某活动这周表现如何？"这些问题可能对于提问者很重要，而且似乎很容易回答，又或者回答这些问题会花费大量的时间，但实际上这些问题并非商业问题。在分析师的帮助下，这些问题都可以归为一个单独的商业问题，如"我们对客户营销活动的改变对收入和受众的影响如何？下一步应该怎么做？"一个商业问题必须和商业事件或者是企业相关，但不仅仅是简单地询问数字变化，理想的情况下商业问题要同盈利或成本节约相关。

商业问题

最先要问的一个问题就是："数字体验为何存在？"或者"这个网站为何存在？"这些关键问题可说明公司为何网上运营。答案可以是"销售产品"或者"联结受众和广告商"，又或者是"销售我们的服务并创造商机"等。解构并深入理解数字体验存在的原因，你就可以开始确定有用的数据和分析方法，并感受到可能的分析效果。分析团队完全有必要同利益相关者会面，并对数据分析所要回答的商业问题进行讨论、达成一致、进行社会化、沟通交流，并得到公司的支持。如果你不打算回答商业问题，在数据分析方面是不会取得成功的。从针对目标提出简单的问题开始，之后帮助商业人士将经常被简化的问题变为丰富的专业问题，这样有助于完成商业目标并赚取更多的利润。分析那些利益相关者提出的商业问题，要确保得到了利益相关者的签名认可，这样你就可以追踪分析项目的源头并能够和业务保持一致。

数据定义

数据需要进行定义。定义要以业务为中心、有可操作性、技术上准确并被一致认可。就其本身而言，最佳的数字数据定义有三种形式：（1）商业定义；（2）操作定义；（3）技术定义。你可能有一个数据管理团队专门负责数据定义。如果没有，那么分析团队需要定义数据、社会化、实践和实施数据定义。你应该创建"数据定义"文件并最终获得签名同意。涵盖所有商业数据定义的主要数据定义文件可以保留。由于数据定义要以书面形式呈交给技术、运营和业务客户，所以要确保分析团队的数据定义获得了其他对数据有贡献或是参与数据处理的团队的认可。有时候其他团队帮忙定义、完全定义或部分定义数据是很有必要的。例如，像 IT 和工程这样的技术团队去定义技术数据是合情合理的。因此，分析团队应该确保在必要时授权其他团队定义数据。例如，业务团队必须赞同业务定义，同样地，在创建业务定义后要进行协商（请见第 6 章）。

数据的收集、验证和管理

在确定了商业问题和定义数据后，接下来就是收集数据并核实其准确性和有用性。虽然数据收集的意思很好理解，但是收集新数据其实是有细微差别而且很复杂的，将多个来源的现有数据汇集到一起也相当复杂。尽管许多供应商为数据收集提供各种各样的选择——从 JavaScript 到 API 调用（API calls），但是数据验证和管理上的选择更有局限性。为了确保数据能够保持可接受的准确性，通常会对数据进行人工审计、抽样调查或多步检查。关于这个话题更为详细的介绍，请见第 6 章。

数据收集规范

在确定了为什么需要数据、需要什么数据以及数据的定义后，你要定义数字数据，这些数据被收集在名为"数据收集规范"的文档中。数据收集规范可以有很多名称，可能是"标记细则"或者"数据收集要求"等。广义上来说，数据收集规范是一个硬拷贝或软拷贝文件，规定需要收集什么数字数据、什么时候收集数据、在什么样的条件/限制下收集以及如何收集数据（即技术方法）的。这个文件是软件和网络开发过程中的一部分，同其他普通文档和开发过程中的产物，例如功能要求文件（FRD）、技术要求文件（TRD），甚至是产品定义文件（PDD），同等重要。该规范由分析团队撰写，它们负责收集必要的数据以解答商业问题。当然，数据收集指的是将需求编码放入数字体验（通常是 JavaScript 或 API 调用，或者是直接的服务器与服务器的对接）——以及创造被分析的数字数据的键值对（name-value pairs，一对一或者一对多的关系）。你也许还会用许多格式、标记和编码去创建和定义数字数据的元数据。创建数据收集相关文件对于数据分析来说是十分重要的一步。虽然数据收集规范的格式因人而异，但是文件基本上包括被追踪的行为/活动/事件的名称及其发生的原因、数据收集所需具体工具，以及期望采用的技术格式中标记的相关元数据。

数据收集执行

通过同 IT 部、市场营销部和产品部（也可能还有其他部门）进行跨部门合作，你可能会在某种情况下获得满足商业需求的战术和操作上的支持。换句话说，你需要同其他部门合作来确保数据收集规范能够被充分理解，并首先纳入实施计划中。基于 IT 和开发部门提供的分析计划优先次序，执行分析所需要的时间会有变化。对现有工作做出改变可能是必要的，或者分析计划可能就是路线图或者待办事项中的一部分。无论如何，工程或者 IT 团队接下来会按照一致认可的日程安排执行技术工作，这对实现收集数字数据的代码而言是必要的。数据收集的技术工作可能充满挑战而且很棘手，这是因为功能性、特征和数据流总是优先于分析数据收集。因此，数据收集会沦为最后才做的工作或者是没有被开发团队优先考虑的工作，又或者作为工程团队的事后想法，成了网站的"热修复补丁"。实际上，对所有数据分析团队而言，最有挑战性的活动之一是要确保标签和其他数字分析数据收集方法能够正确实施，并随着用户体验（数据流和特征）的变化而将不同版本放在网站。像标签管理系统（TMS）这样的技术能够在数字数据收集发生改变或者进行定制化的时候，通过减少对 IT 部门的依赖来减少挑战，并且加快数字数据收集的速度。

数据收集测试（品质保证）

当"标签""调用"或者是"任何新的方法"在网站上或者在数字体验中被成功实现，分析团队（在大多数情况下）将会进行测试，并且会签字确认所有的责任或其他团队的工作。换句话说，分析团队通常会对开发者执行的数据收集代码进行测试，或者至少对开发者代码向分析工具的输出进行测试。值得注意的是，在很多情况下，质量保证团队会协助这一工作，或者工程团队也许专注于准确性，但是最好不要指望这一点或者期望在分析数据收集的检测上得到支持。目前由于在测试和确认方面缺乏其他部门的支持，数据分析中的数据收集对于许多分析管理者来说是一个挑战（经常是噩梦），他们会因未曾预料到即将发生的事情而遭受指责。要注意，如果随便哪个开发者去掉了收集 KPIs 数据的标签，你却不知情，不要因此生气。发布之后，随着网站的更新和改变，确保定期对数据收集进行检测。那些在分析方面做得很成功的公司能够提供充足的人力资源、足够的测试时间，以确保品质，并对所有的分析数据收集进行检测。在这方面做得糟糕的公司则不会提供资源做数据分析测试以及标记测试。一个分析团队得不到标记测试的支持时，分析团队的领导应该加强重视，建立为分析测试和质保措施投入资金的商业案例。最坏的情况下，一些公司可能有必要评估其品质保证团队的领导力，确定分析团队无法获得品质保证团队支持的原因。我坚信，不论是对分析团队还是对业务来说，不支持标签测试和数字数据收集的质保主管在完成其技术职责方面都是有所欠缺的。

报表和商业智能仪表盘

分体团队在对数据进行收集、整合和验证后，将会对数据进行探索，进行观测性分析，并了解其价值、模式和趋势。数据分析团队会以多维方式对数据进行细分、过滤和探究。开始分析工作的时候最主要的文件之一就是报表。从交叉制表、数据透视表到更简单的数据表单，做出报表是很关键的一步，而且也需要进行验证。虽然数据库中的数据是准确的，但是由于某种原因，报表中的数据可能就不准确了。这可能是由一个手工错误或者格式错误所导致的。为了避免报表中的数据不准确，在公开报表或者将报表递交利益相关者之前，需要对报表进行审核和确认。而报表通常源于分析（理想情况下）。关于报表和商业智能仪表盘的更多信息，请见第 7 章。

创建报表

数据被证明准确无误（对数据的完整性进行验证）后，报表创建团队成员需要创建报表，用结构化、精心设计的方式来阐述数据。当然，报表并不是分析。报表包含了能被分析以及能够应用到分析中的数据以及相关的可视化信息。最好的情况下，如果你同意解答商业问题，你的分析团队必须能够使用分析工具、数据库以及数据，这样才能够创建相关的报表。报表必须包含数据和可视化信息并以书面的形式呈现，帮助人们理解数据在阐释什么内容。第 7 章对报表以及创建报表和商业智能仪表盘的最佳实践进行了详细论述。

报表测试

报表是准确的，但是在对报表进行规划、自动化、切割、细分并进行深度探索时，它们还准确吗？如果报表在进行变更后未进行审核或管理，结果会怎么样？其结果就是，这些报表会变得不准确而且失去效用。也许总体上来看还好，但是在细节上可能无法达到期望的准确率，因此分析团队需要不断对报表进行检验和再检验，直至获得准确的报表。否则，就是搬起石头砸自己的脚，很可能发布了在细节上不过关的数据，那你和团队之前的所有努力都会白费。你应该对报表和任何同报表相关的数据进行检测和再检测，之后你应该定期审核报表的准确性。审核报表的周期可以不同，但应该是每月、每季度，或者是每次发布或者系统变更之后。

分析数据并对分析进行阐述和社会化

分析团队最终的交付成果都是分析报表。维基百科将分析定义为"将一个复杂的话题或实体分为小的部分，以便更好理解的过程。虽然相对而言，该方法作为正式的概念是最近才发展起来的，但是在亚里士多德（公元 384—322 年）以前，它就已经运用到了数学和逻辑学的研究当中。"分析团队通过分析工作获取报酬。然而，还需要很多其他活动来支持分析工作的创建，前面提到的分析价值链中的步骤只能帮助你进行分析工作。使你获得报酬的是分析数据的工作，而非标签或者数字数据收集的奥秘。

分析价值链中的下一步是与要求进行分析工作的利益相关者讨论和沟通分析工作的结果。正因为对数据和分析进行沟通的活动发生在人与人之间，因此通常也免不了夹杂着隐含的意义和情绪。分析团队利用多种方式来揭示人们工作的成功（或失败），这关系到人们对自我价值和身份的认知。同样地，分析团队必须对团队成员的不同个性及他们的组织行为非常敏感。你阐述分析的方式、你的敏感度以及情商有助于或者会毁掉你要表达的信息。许多情况下，当你在交流分析成果时，数据本身往往没有你描述的那样重要。因此，在将数据社会化时，要保持情感上的敏锐——不管数据表现的是什么，你传达的信息才更可能为人们所倾听、理解和相信。要记住，不管怎么样，如果你阐述的分析成果改变了人们通常保持的信念、展示了糟糕的业绩或者不如人意的工作，那么无论怎样做，你的分析都会受到挑战。

传达分析成果和报表

在准备完报表并确认了报表的准确性之后，就需要交付报表了。要注意，不要将报表仅仅发送出去，实际上要尽可能避免预先安排报表自动化。只有少数情况下，你需要自动化预定的报表交付。更好的方法是，提供一个自服务环境，这一环境对数据的需求具有商业理由，而不仅仅因为人们的请求就自动发送数据。分析团队的时间有限，但工作量很大，分析团队绝对不会想每周都一直在问同一个人一些同样的问题。因此，完全有可能为百分之八十的普通报表请求建立自服务环境，从而提供一组高水平报表。这些报表应该包含所有常见请求信息。那样的话，分析团队可以集中精力于那百分之二十、需要额外工作和客户化的报表，以及分析准确报表中的纯净数据。

同样，完全有可能为分析创建一个自服务环境（不止报表）。许多大型公司充分利用像 Socialcast、Sharepoint、维基百科和博客这样的技术，向利益相关者阐述关键分析结果。不考虑你选择阐述报表和社会化分析的方式，如果你未曾建立起一定水平的自服务，就无法很好地完成工作，可能会浪费大量时间准备报表，而最糟糕的是，这样的报表也许根本没有人去看。当然，只有首先确认了报表的准确性，才能发送报表和分析结果。确保有规律地定期进行抽样调查并审核你的自服务报告，确保它是最新的、相关的和准确的。

分析报表的阐述和社会化

数据、分析和研究如何呈现给那些在分析价值链开始阶段提出商业问题的利益相关者，这一点和分析工作几乎同等重要。数据的呈现依赖于科学，但是和所有的社会沟通一样，也是充满艺术的人际活动。有时候，在数据阐述过程中，阐述方式要比分析报表中的数字、数据、趋势等内容更重要。作为一个专业数据分析人士，说什么、怎么说、首先对谁说以及表达的方式（即肢体语言）等对于分析报表的成功交付来说，要比数据本身更重要。在阐述和社会化数据的时候，要确保你对公司的政治、业务关系和社会关系有一定的了解。作为一个人际沟通活动，阐述的过程其实就是分析师运用数据、饼状图、条状图、文字、电子数据表或者是多媒体演示（无论是虚拟的还是真枪实战的）对其想表达的信息进行编码，期望利益相关者能够解码并认同这些信息。因为数据分析很复杂，而且引用了一些新概念，对于分析师试图要阐述的内容，人们可能较难理解，因此分析团队在进行阐述和沟通的时候也需要采取一定的策略。以下几点是我在过去的工作中使用过或见过的一些颇有成效的策略。

- **为某一个或多个具体团队指定领航者**。领航者就是一位分析师，负责与一个或多个团队紧密联系和合作。例如，你可能为营销和产品团队各指定了一位领航者。领航者负责收集分析需求和工作，但并不一定会具体落实该项工作。相反，领航者可能会把工作指定给其他团队成员，并确保分析团队能够完全满足他们所领导团队的需要。
- **指定具体分析师与特定的利益相关者进行沟通**。常见的方法就是指定一位具体的分析师同具体的商业人士进行合作。鉴于大多数分析团队的规模都比较小，一对一的模式要谨慎使用，仅仅在面对更高级别的利益相关者时才会采用。分析师基本上负责交付，而大多数情况下其实是在完成利益相关者要求的分析工作。
- **定期制作预定报表和分析成果**。分析团队要想保持在关键路径内，并继续成为正在进行的交际和工作流的一部分，就需要定期制作满足利益相关者需要的可交付结果。从行业报表到执行主管的 KPIs 数字仪表盘，定期制作报表和分析成果的选项只受需求、预算和资源的约束。
- **安排开放的"办公时间"并定期举办培训会议**。每周有一个固定时间让一个或多个分析师提供培训，或者应要求为那些愿意参加的利益相关者提供培训和帮助。
- **运用社会技能促使分析师紧密合作**。博客、维基百科以及 Socialcast 或者 Yammer 这样的协同技术，都有助于公司成员向公司其余成员阐释数据分析，并为收集反馈和新项目提供技巧。

优化、预测

能够执行分析价值链的成熟的功能分析团队会为优化、预测和自动化做好准备。从根本上来说，优化就是提升数字体验的决策效果。数据分析团队最经常采用的优化是登录页面优化和转化优化，其他的优化还有客户优化和产品优化等。在进行数字体验优化时，你需要进行假设检验和控制实验。像 A/B 测试和多变量测试这样专业的优化软件产品可以从很多供应商买到。

优化也可能包括基于以前的数据预测可能发生什么，但是通常来说，运用数据对未来状态进行预测，进而改进这一状态潜在结果的数据科学是一门独立的学科，我们称之为**预测分析**。作为数据科学的一个分支，预测分析运用机器学习和统计数据挖掘方法、技术和算法进行数据建模，并会采用像回归分析这样的分析技术。预测分析的目标在于，运用已有的数据及其中的自变量来预测一个因变量或者确定一些未来的潜在经营状况。例如，假使一个客户有某种行为表现或者基于当前行为模式行事，假使某些客户细分将要改变或者是有大的变动，预测分析都能够用来确定在这种情况下哪种转换、收入或盈利会出现。无论是优化还是预测建模都会用数字数据（动态的个性化到高级推荐引擎，再到能够自动化与数字界面交互的感知–检测技术）为自动化创建机会。

优化

在对数据进行了收集、验证、分析、阐述，并最终确定其真实性和解答商业问题的有效性后，关键的问题在于通过"优化"采取"行动"。优化会涉及一些不可避免的问题："这个如何？""那个如何？"这些都是利益相关者会针对你的分析提出的问题。

另外，如果他们的问题需要后续的工作和周期来解答，其实利益相关者是可以通过正式的分析工作请求流程来要求进行这些工作的。要注意，不要让利益相关者把最初要求的分析工作转移到优化流程中。分析最终会导向优化，但是优化本身却是一项不同的工作。**分析优化**不是一项简单的工作，它需要跨职能的业务支持以便执行分析价值链。优化可能和特性、功能测试一样简单，或者随着时间的流逝可以弄清楚到底什么能提供最好的经营业绩。越来越多昂贵复杂的优化程序要用到整个团队，创造"方法"以及各种内容、创造力、提议和文本的组合。通过运用多变量测试分析软件，这些组合可以被应用到数字体验中。之后这种软件会告诉分析团队用户体验元素的最佳组合，为特定目标最大限度地提高经营业绩。多变量测试分析软件会告诉分析团队用户体验要素的最好组合，进而为给定目标提供最佳业绩提升。例如，多变量分析软件可以推荐网站颜色、图形和创意文本等的最优组合，这样可以为某一具体的客户细分提供最高的转换。你可能经常听到"优化"讨论，事关提升与营销活动相关的登录页面的转化率。

预测

本书前面部分和第 8 章内容都对优化进行了讨论，预测通常和优化在同样的环境背景下被讨论，不过二者又有区别。优化更多的是一种存在的概念和一系列相关的科学技术，而预测则是利用统计方法进行数据挖掘和机器学习，通常运用软件程序来确定接下来可能会发生什么或者下一步的最佳行动是什么。优化可以运用预测建模、算法和相关的数据科学。预测分析通常也称为数据科学，会为今后商业事件预测的自动化创建算法和模型。正如我所说的，一个优化工具或分析程序完全有可能以某种方式运用预测分析，但重要的是要理解预测和优化其实是两个不同的相互独立的概念，它们也许会同时出现在商业价值分析的执行中。预测分析运用控制实验和数据科学对未来的业绩进行预测、优化和估计。

自动化

从测试、优化程序及预测分析这样的数据科学中得出结果和认知后，可以创造机会，使数字数据应用于数字体验的自动化。甚至那些关于以往行为、明确的偏好和倾向以及其他兴趣的数字数据，都能为自动化提供数字数据。关于自动化，一个简单的例子就是，如果某人对某个具体的话题有了自我认定的某种偏好，等他下一次访问网址的时候，就已经动态地定制了内容体验。再比如，一个在线银行 App 中的一笔存款交易和投资产品的浏览记录，可能使某个推广优惠被自动发送到你的邮箱。当人们认为数字数据对于商业流程自动化十分必要时，分析团队将会协助界定、收集、验证和确定数字数据的准备，以便加强自动化来满足商业需求。自动化在数据分析中也是罕见的，相较于实时数据，自动化绝对有助于（常常和很关键）得到实时或者是接近实时的数据。

展示经济价值

公司和企业以利润和留存收益的形式创造利益相关者价值。成功的公司通过为消费者生产和销售产品及服务来创造可观的经济价值。同样，对分析团队最高明和最佳的运用，会将数字行为、事件和交易同财务指标相联系，这些财务指标包括：成本降低、效率提高、新的增量收入，以及盈利能力的增强。

同收入、成本和利润相联系

任何一位工商管理硕士或商业人士都会同意一点，那就是当一个分析程序将自己同利益相联系的时候，未来就会一片光明，以至于所有团队成员可能都需要戴墨镜了。严肃点来讲，要证明分析团队的价值，就要将团队的行动与收益、利润或成本节约相联系，展示你的团队对于营收、利润和留存利润的影响。转换率作为一项指标，能够帮助你将人类行为和财务表现相联系。其他的数据也能够用来衡量财务价值，例如，市场营销活动所产生的收益是什么？营销成本是多少？以便计算数字营销可能的盈利。一个网站上面的每个行动、事件、交易和行为都可以与财务指标（或一个分数）相联系，可以是与实际价值的联系，也可能由概算价值代替，将数据分析同财务数据相联系。网站搜索的价值是什么？新用户注册的价值是什么？订阅邮件注册的价值是什么？通过测试网站上的行为和指标如何转化为利润，分析团队可以用损益表中的营收和利润来追踪他们的建议、优化、预测和自动化的影响，而且还可能会证明利用数据分析，公司不仅拥有了竞争力，还成功地取得了利润。

上述分析价值链概述了跨功能完整执行数据分析工作的复杂性，要在你所设定的流程内执行此项工作，所采用方式可用于你的业务，并可进行定制。

分析工作请求流程

"如何确保我为对的人做了正确的工作？"这个问题仍然是数据分析师首要考虑的问题。分析团队的时间是有限且宝贵的，因而不能将时间浪费在报告或分析那些背后没有强大商业理由的数据上。在很多情况下，企业内部人员不了解对报告和分析而言必要的工作，因此他们会要求分析团队进行报告。但是做这些报表其实是浪费时间，因为这些数据并不能起作用或者是那些提出请求的人无法用它来做任何事情。我们把这种请求称为 JWaLIT 请求（Just Want to Look at It）。为了减少 JWaLIT 请求并确保分析团队能够将精力集中在最高效的工作上，团队必须创建一种流程，以方便收集、审核、接受 / 拒绝、许可、优先排序和制订分析计划。

分析工作请求流程有助于接收、审核、分配、开始、执行和完成报表请求。该程序必须在公司内部创建，并适应现有流程。同样，你可能会考虑运用现有的票务系统，该票务系统配置了 IT、工程、客户服务和支持平台，或者你可能想创建一些专利或购买现成的软件。不管你如何获得和完成分析工作，要确保你的系统能够追踪整个报表请求，从最开始的分析请求到请求者 / 团队确认满意交付成果，再到分析师和利益相关者的后续会议。

当这个票务系统可用之后，所有请求报表的人员最好填写在线表格。在线系统能够追踪虚拟的工作流。这个表格应该请求以下的信息，并能够清楚表明如果分析团队无法得到所需信息，那么在所需信息提交之前，该请求将不会被审核。分析请求也需要服务水平协议（SLA），这样的话分析团队可以在 48 小时内对分析请求进行核查并回复。当然，越快越好，24 小时之内答复肯定是利益相关者更喜欢的。要记住，分析团队开始工作的时候所遇到的情况和我下面列出的有所不同。还有，工作请求过程中会存在很多意外，即使很努力，也并不一定所有请求都能被满足。

- **收益有风险吗？** 如果收益有风险，那么分析工作就有必要进行！盈利是所有公司的生命力所在。能够支持收益产生的分析则是最高级的分析，但是你必须证明这一点。仅仅因为你在能够产生收益的团队工作，并不意味着你的请求没有得到满足时会使收益产生风险。你需要明确告诉团队哪里存在风险，不要泛泛而谈。
- **谁提出了请求？** 你的老板，她的老板，还是他的老板？弄清楚后才能进行工作。这里我们不是指那些薪水最高人士的意见，我们所指的是组织内最有权力的人。记得要让你的老板高兴。

- **该请求难度有多大**？某件事情"太难"并不意味着无法完成，但是作为分析专业人士，在分析请求很困难且费时的情况下，需要设定交付期望。也许原有的模式需要修改、变动，或者是重新建模来得到所需数据；也许你需要重写标签、重新配置工具、创建一系列新报表，然后确定数据交付工具。也许其他五个团队需要在完成他们各自项目的同时协同合作，从而得到能够报告的数据。因此，要经营好请求者的期待。

- **可以自助服务吗**？只是因为请求者不知道如何使用工具或者是阅读手册太慢、不知道报表在哪里、看不懂报表、得不到网页分析、不知道如何写结构化查询语言（SQL），或者是不知道去哪里找，并不意味着网页分析团队会为你去做这些你工作的分内之事。分析团队应该将自助服务作为最优方法，因为将时间浪费在浅水域捕鱼意味着你可能错失了深的数据池中某个大的分析捕获机会！你需要告诉利益相关者，分析团队无法像"比萨外卖服务"那样可以按照需求提供所有特殊的辅料。相反，分析团队要和利益相关者沟通，让他们理解分析团队是为那些想要得到分析结果，而不仅仅是得到报表（想要在30分钟内得到所有内容）的人提供增值分析服务。

- **何时需要分析工作**？当然，时间框架能够帮助你优先安排工作。要让利益相关者确定何时交付分析成果，并确保无论对分析师还是对其他帮助分析工作进行交付的支持团队来说，时间安排都是合理的。分析工作请求者总是想在明天结束之前知道昼夜平分的某 N 秒时的世界重量。除非收益有风险或者他们自己就是老板，否则他们可没那么幸运。一周的时间？也许吧，但是世界的重量需要去问地图集数据库，而且这样的查询又和古代水星运行不同。先把这些古老的玩笑抛开不说，分析师需要根据一系列与工作交付时间相关的、相互作用的因素来设定期望。不要对不合理的时间表做出承诺。分析师需要坚定立场并花费必要的时间开展工作，同时还能保持高度的紧迫感。

- **为什么需要分析工作**？除非公司高层提出请求，否则你必须去了解"为什么"要进行分析工作。是不是人们就单纯好奇为什么 X 数从 Z 变成了 Y，或者是好奇人们在你的微型网站 Z 页面停留的时间？或者是他们需要做一个真正的商业决策来推进公司的核心业务？通过同分析团队沟通请求的"原因"，分析师可以运用这些信息来对其他工作进行重点排序，利益相关者则可以运用这些信息来表明更快的服务优先级。那些了解为什么他们要进行分析交付的分析师们可以更有效地寻找、收集和分析数据，也能够更为准确地设计最后的分析交付。

- **你认为都需要什么数据？** 通常情况下，尤其是在一些大企业里，利益相关者可能已经从以往的经验中知道他们需要什么样的数据了。因此，询问他们是否知道需要什么样的数据是有用的。也许其他团队或者雇员曾经做过他们需要的分析工作，又或者是已有数据存在，但是没人创建过报表。通过询问，你可能会发现这个请求比预想的节省了很多工作量和时间。不要假设数据是否存在；无论利益相关者怎么说，你和你的团队以及其他团队都要进行检查。

- **如果你无法取得这些数据会怎么样？** 这个问题可以帮助你对优先级别和业务影响进行评估，因为大多数利益相关者都会认为他们的请求才是最紧迫的。然而并非如此，只是有时候某个分析请求可能是分析团队最需要紧急处理的。分析团队将根据这个问题的答案来拒绝或接受请求，从而管理和交付工作。有时候如果分析团队认为某项请求工作的执行对业务影响有限，那么这项工作就可以被拒绝或者推迟到资源更充足的时候进行。另一方面，这一问题也有助于明确重要的工作，也能够为分析后发生的商业活动以及其他可能看到这个分析结果的人提供一些见解。

作为一个专业分析人士，你要用这些问题：

- 对工作进行优先排序；
- 弄清楚什么是重要的；
- 决定如何对期望值进行沟通和管理；
- 交付必要的信息尽快推动业务；
- 不要持续将宝贵的时间服务于那些低价值和劣质的请求上。

本章最后，你已经对分析以及进行"分析工作"时的一些基本概念有所了解。分析中的 P 为理解成功的数据分析及其团队所需的内容提供了简单的记忆技巧。另一方面，分析价值链阐释了能够生成价值的一些工作。分析价值链的基本概念框架浓缩了在管理数据分析团队及其工作的过程中可执行的不同工作内容。最后，你学习了如何获取、表达，并开始了解如何将利益相关者请求的分析工作进行优先排序。在继续阅读本书的同时，请记住这些基本结构，并继续学习构建数据分析团队的更多相关内容。

第 3 章

创建分析团队

分析团队是决定数据分析工作成功最重要的因素。人员是分析团队成功与否的主要驱动因素。其实，分析团队除了技术、程序、数据科学、大数据以及优化和预测外，还要做最为困难的分析工作。分析团队的人员为利益相关者的分析项目提供重要的人性化界面。分析团队提供人工程序，并通过该程序对分析请求进行可行性评估、优先排序、追踪、交付、后续追踪和最终完成分析请求。更重要的是，分析团队人员会提供前端支持服务，并在团队中起到导向作用。因此，你必须雇用综合掌握技术、商业和社会技能的人员来向商业人士交付有效和见解深刻的分析成果。

什么是集技术、商业和社会技能于一身呢？答案当然要根据每家公司的独特需要而定。鉴于如今的商业世界里，分析工作回归主流，并且其重要性日益增长，我经常会听到像"数据科技""增长黑客"（growth hacker，指既懂技术又懂营销的高端人才）以及大量高级的统计技术和知识的名词，这些词都与最新的尖端技术相关，如分布式计算 Hadoop 或者分布式存储 Cassandra，又或者是精通商业智能软件。尽管对分析团队来说，具备必要的技术水平以及收集、处理和管理分析术语的能力至关重要，但是这些技术并非一直必要；然而，在组织分析团队时，有必要雇用相关的技术人才。毕竟只要这个人有学习的愿望，即便是最深奥的技术和数学技能也能学会。也就是说，对的技术团队当然要有相应的技术技能和技术支持，但是要记住，分析工作并不是数据库操作。例如，如果缺乏懂得数字数据的数据科学家，那就雇用一个具有其他领域分析技术的数据科学家，然后再教授其数字的概念，将数据科学应用在数字数据上面，这也并不是没有的事情。

本章内容为创建和重建分析团队提出了框架，以便分析团队能够着重开发商业价值。无论团队使用哪种潜在的技术和分析方法，商业价值一定是成功分析工作的最终目标。本章内容的结构如下：

- 掌握有助于进行分析处理的几类技术；
- 分析团队常见的不同工作和组织结构类型；
- 针对创建分析团队投资考量，以及分析技术和工具的资金支持等事宜形成商业判断并进行讨论，同时商讨将它们呈现给利益相关者的构架；
- 如何证明和展示分析团队正在创造商业价值，即证明分析团队存在的价值；
- 探讨分析团队常见的组织策略和架构，分析团队成员的角色和责任以及如何创建分析团队；
- 进入分析行业来助力职业发展的方式；
- 构建数据分析组织的一系列步骤和注意事项。

在 2009 年的 eMetrics 营销优化峰会上，我就一个成功数据分析师通常应有的性格特质发表了自己的看法。这些特质在专业活动中或者是阅读其简历时不一定能发现，而更有可能在工作以外最适合的个人发展中体现出来（当然从工作中也能够体现出来）。在组建数据分析团队的时候，成员需要具备以下有用的技能。

- **数字计算能力**。了解如何通过应用数学和统计方法处理数字。分析团队必须能进行数字化思考并使用定量技巧。
- **充分的技术**。根据工作对细节的要求程度，了解如何使用对数字数据进行收集、存储、汇报和分析的系统和技术，这是十分必要的，而且团队中具备专业知识的人也经常会成长为导师和教练。
- **以业务为中心**。分析的核心目的在于运用数据降低成本或增加收益，最终创造商业价值。最好的分析师懂得将数据分析同提升商业计划、业绩和利润相联系。

- **数据可视化**。运用创建图表的工具对重要的数据和数据关系进行可视化阐述。除了运用工具，好的分析师本身就能够对抽象的和具体的概念进行可视化思考。

- **模式识别**。人们可以从数据和可视化中看到模式。与可视化思考类似，分析师不仅要在数据可视化中，还要在数据表格和相关的定性、定量数据中识别出模式。

- **多维度**。知道如何跨多个概念和想法进行思考，这些概念和想法也许直接或间接相关，也许毫无干系。许多方面要求有对数据、报告、可视化和分析进行检测和深度探讨的能力，这些方面包括：内部和外部数据、社会和政治的、战略与战术、柱状图和散点图、盈利与亏损、收益与成本、线性的与二次的能力等。

- **好奇心**。渴望学习新学科、概念、话题和结构。分析工作人员需要有好奇心，并且能对他们已经了解的以及需要学习的新学科进行深入探索。

- **钻研精神**。对已经了解和正在学习的东西进行深入细致的探究。遵循好奇心进行钻研是一种对数据和研究的内在运作和基础细节进行探究的能力。最好的分析师自然具有探究精神，并且具有基于他们的学习和知识探索、了解、提出意见和做出决定的品质。

- **深思熟虑**。因为分析工作涉及很多模棱两可的数据，很多时候达不到最优数据，因此最好的分析师要能深思熟虑地解决问题。另外，在呈现数据的时候，人们之间的交流方式也要缜密。因此，这种冷静的情商对于分析人才来说是十分重要的，这使他们能够带着同理心与合作意识进行交际和说服别人。

- **意志坚强**。分析极具挑战性，原因很多：数据质量差、要求不明确、系统不完善、资源缺乏等，优秀的分析师面对分析工作要有坚强的意志。他们要在明确自己是正确的前提下，坚持他们的工作、项目分析和建议，拥有坚定的信念，而且还能从不同的角度看待同一个事件。优秀分析师依据准确的信息达成共识，尽管这样做可能会面临压力。

一流的、成功的分析团队并不是基于星辰、魔法咒语，或者是技术与商业人员最好的意图。在一个合适的组织内，专业分析人士需要多年才能成长为成熟且经验丰富的分析人员，他们会不断丰富自己的技能以激发和释放分析团队真正的能力。跟管理任何团队一样，团队心理、个人和内心动机、灵感和领导力理论在管理数据分析团队的时候都是相关联的。

汤玛斯·戴文波特（Thomas Davenport）在其著作《工作中的分析》（*Analy -tics at Work*）中给分析团队提出了以下建议：

- **集权**。像财务部门一样，所有分析小组都向同一个领导汇报。
- **咨询模式**。所有分析师都隶属于某个组织，并由多个公司和部门"出资聘请"。
- **职能性**。分析师位于每个职能部门内，如市场营销和 IT 部门，在这些职能部门内，分析师专注于研究那些与他们的职能相关的数据。
- **轮辐模式**。虽然分析人员分布在各个职能部门，但是他们以某种矩阵方式松散地统一成更大的概念性团队，这个团队我们通常称为卓越分析中心（Analytics Centre of Excellence ）。
- **分散管理**。分析人员遍布公司，缺少逻辑，较少受控制，或者资源、责任、数据、报表、分析和领导力不集中。

你可能会纳闷"数据分析团队到底是干什么的"，除了我在第 2 章阐述的"分析价值链和数据分析中的 9P 理论"，在我看来，数据分析团队的工作有以下几个方面。

- **根据商业问题和商业需求对数据进行整合、收集、评估、报告和分析，协调必要的团队执行项目和计划**。之前已经提到过，分析团队的目标在于进行数据分析并阐述那些通过创造收益或降低成本而创造商业价值的数据故事。运用数字数据来改善、提高和优化企业的盈利能力有多种方法，如 KPIs、仪表盘和日常分析会议等，这些方法可以用来提高转化率、完善和创新产品、提高客户体验，并为基于真实数据的决策打下准确的基础。分析团队通常会进行可行性评估、捕捉公司和其他利益相关者的需求并进行优先排序或批准。当分析团队没有直接创造或参与数据分析时，也会为其他团队提供支持（在这种结构下，分析团队则作为分散的分析组织存在）。
- **为全球业务范围内的客户和用户行为提供跨企业视角**。当全球性分析团队得到有效的资源配置时，它能够帮助理解初始数据中的宏观和微观模式，进而识别不同业务部门衡量指标的一般行为模式。盈利分析对于执行团队，如同客户流失对于销售团队、终身价值对于营销团队一样，而盈利分析结果可由数据分析团队的分析师来提供。
- **为基于事实的战略战术性商业决策提供数据**。有句话叫"没有调查就没有发言权"，意思就是首席营销官知道有一半的营销预算被浪费了，但却不知道是如何浪费的。如果公司没有专门的分析团队，就很可能无法有效管理数据，因此也就无法运用分析来帮助和引导决策制定，并以此来达到收益、利润和利益相关者价值最大化的效果。

- **尽可能根据需求集中分析报表，以确保一致性和准确性，并提供自助服务。**如果每个人的工作就是要和数据打交道，并创建有意义的报表和具有说服力的商业分析，那么分析团队就有存在的必要。但毋庸置疑的是，如果"数据厨房"里有很多"厨师"，那就自然会有很多"菜肴"。专业分析人士最不想看到的就是很多人一起围绕着多组数据进行工作（这通常是最矛盾的一点）。实际上，在建立分析团队的时候，会有多个数据源，这些数据源拥有类似的或相同的度量标准，但它们却有不同的定义，这是很常见的。如果数据的增值会导致冗余、数据定义不佳或混淆的话，那么在这种情况下对分析进行集中管理会有一定的帮助。因此，无论分析团队集中管理与否，团队的首要任务应该是在准备阶段到分析成果交付的整个过程中，对数据、报表、分析结果以及调研进行管理。毫无疑问，一家公司需要一定程度的自助服务来管理并优化数据来源。其实，分析团队以外的一些人也需要原始数据，也需要具有查询原始数据的能力。但除非有很强烈的商业目的，否则这种情况和需求是很少会出现的，它需要强有力的商业判断，并能在一定时间内对数据访问进行授权的数据管理流程进行追踪。

只有得到授权的分析团队集中管理，并尽可能远离公司政治时，才能最终取得成功。虽然很多管理者认为无须集中管理，但基于我多年领导分析团队的经验，我对此持保留意见。我的好朋友，也是之前的一位经理，过去常常跟我开玩笑说，虽然其他团队也可能多少会有些分析工作，但是执行总裁就是需要一个"能够责怪的对象"，因为在上市公司里面我要对所有的行为数据负责，而他作为我的经理，也一样要负责。对数据进行集中管理不仅可以提供"能够责怪的对象"，而且还能授权团队去执行和使用数据。

- **参与制定与客户商业数据需求相匹配的标准数据定义。**正如之前所讲，程序对于成功执行分析工作十分重要。因此，在进行有关数据、数据需求、数据定义、数据管理、数据调查、数据维护、数据修正和补救等决策的时候，分析工作的领导者以及分析团队的关键成员最好都能够"在场"。这样的话，分析团队才能够确保参与到程序的创建或者演进当中，进而支持分析成果交付。

- **后台基础设施、报表工具和交付平台的技术配合。** 虽然很多简单的分析团队也许只有一台装置或者一种分析工具，但更常见的情况是分析团队拥有多源数据和工具，能够收集和汇报冗余或者相近的数据。在一些技术丰富且复杂的基础设施环境中，通常会看到成百上千的分析服务器在一个数据中心运行，甚至是在云环境中运行。作为分析业务负责人，你需要对技术环境如何对内外业务产生影响有足够细致的了解，这样才能够对技术的使用以及运用特殊技术的影响做出决策。也就是说，你并不需要去理解每一个单独的技术细节及其细微差别，那样会浪费时间。把细节留给技术和 IT 合作伙伴，让他们负责提供服务水平协议（SLA），该协议至少能够达到或超越软件即服务供应商的服务水平协议（SLA）（这些软件即服务供应商可能觊觎取代你的 IT 团队的分析职能）。尽可能确保你有影响力，并且对分析团队最终使用的技术和工具保有决定权。

- **借助职能伙伴的咨询和分析支持更快、更明智地制定决策。** 分析团队一定要具有咨询和社交能力。要记得在第 2 章中提到的分析价值链中对数据进行沟通并使其社会化的重要性。如果你的分析团队只顾着自己的一亩三分地，或者同公司业务分离，深深沉浸在 IT 里面，只是处理一些日常功能性文档工作，或是照搬其他各种项目管理成果，那么你的分析团队很可能完全不起作用，也可能被认为是浪费经费（或者很快就会这样）。如果团队里都是"只会写报表的人"，而他们没法离开自己狭隘的圈子"进行教研"，无法相互合作并同利益相关者步调一致的话，这个团队根本就算不上是分析团队。说得好听点，它就是一个制作报表的打字员团体；说得不好听，它就是一个数据库人员团队，他们只能保证图表里包含数据，但却不清楚这些数据如何应用于业务。分析工作是管理部门的业务职能，但是它拥有非常重要和必要的后台基础设施来创建和报告数据。分析团队与业务相联系并有助于盈利；然而，对基础设施进行管理的技术团队（他们可能称自己为"分析师"，但并不真正进行分析工作）其实并不是分析师，而是技术人员，负责维护服务器、数据收集、数据库、工具和报表的运行。

- **通过目标设定/KPIs 和绩效考核来进行评估和问责。** 如果你可以在工作后（工作前更好）"对评估进行管理"，那么你就已经能够根据以往的业绩和目标来为未来的业绩设置一定的标准。你的分析团队能够帮助公司了解过去的业绩表现，从而设定基准和未来目标。因此，在 **KPIs** 报表中，你要运用过去的业绩、基准和目标来分析现在的业绩，并预测未来业绩。分析数据、报表、咨询和研究可以帮助企业了解企业活动是否达到预期目标，还要做些什么才能做得更好。

- **帮助内部客户解读数据和分析报表**。在最佳的情况下，一个分析团队犹如三角洲特种部队，他们可以像冷酷的雇佣兵一样空降到一个业务问题上，准确有效地确定那些有助于解决业务难题的数据、分析和研究。在这一点上，内部分析团队应充当咨询者，帮助公司主要成员（整个企业）获得将数据应用到工作中去的信心和能力，做到"以分析制胜"。

- **加深客户关系**。客户关系管理分析是一个新兴领域，其中分析工作用来创建、构建、加强、维护和保留客户，客户关系管理分析直接应用于内部客户人口统计、企业统计和其他售前和售后的销售数据中。被称为社会化分析的数据分析是指使用来自全球不同社交网站的社交媒体数据和客户关系管理数据，并将其与来自数字体验的行为数据结合，以此来创造商业价值。

- **通过数据和分析创造额外或新的盈利收入流**。为公司创造利润，从而让利益相关者、管理者和员工满意，这是成功分析团队的最好结果。许多公司有机会将数据资产转化为现金，但都在具体实施的时候失败了。客户和客户细分的相关数据是可以销售给其他公司的。例如，某招聘网站可能会把用户输入的技能和人工费率信息卖给其他公司，它们可以用这些数据来计划劳工投资活动。某时装零售商可能会提前确定全球时装潮流趋势。

- **降低成本**。数据可以用来控制浪费、提高效率、优化产品，还可以用于许多其他有细微差别的地理位置、部门、行业、公司、公司文化和团队。分析数据可以用来确定线下营销活动的最佳地点，或者是更好地确定线上广告活动。

人们通常认为，数据分析应该以营销为依托，或者认为它就是营销职能的一部分。你可以运用数据来确定最高效的营销和广告活动，并优化表现较弱的活动。分析有助于识别和培养潜在客户。分析工作能告诉营销人员受众的属性和行为，这样营销人员可以有针对性地提供最好、最合适的信息。分析一定要用于优化搜索。尽管这些观点都没有错，但是还有其他业务功能可以受益于数据分析。

- **产品开发**。要想成功开发线上产品并持续扩展其功能设置，数据是至关重要的。数据驱动的决策制定能够帮助产品经理了解如何提升某个产品，从而满足客户需求。对用户体验的元素进行跟踪和测试，以便测量和优化转化率，因此分析捕捉和汇报的数据，能够帮助产品开发者快速确定和扩展他们所设计的有用特色和流程，并消除那些没用的部分。

- **销售**。销售人员掌握了能够确定受众属性及其人口统计、心理统计的相关数据后，能够为销售演示、确定潜在客户、确定受众范围和频率、展示网站较其他竞争者的优势等提供支持。掌握这些数据的销售团队可以充分发挥自身优势，更为战略性地进行销售，并能拥有更多指导销售过程的信息。

- **融资**。客户或网站用户的某些行为所创造的价值能够量化为硬货币，从产品购买到广告收益，再到某些行为的实际或代理价值，例如注册或者点击量。善于计算的人能够分析这些数据的趋势和偏差，以实现、估计和预测商业周期以及他们的数据对企业财务的影响。

- **客户服务**。客户流失或账号注销、新用户激增、某些产品购买量增加以及客户交易量的趋势和绝对值的相关数据能够帮助客服人员了解客服专家担心的领域。

- **工程和研发**。尽管市场营销人员并不是很关心分析工具中的技术数据，例如 JavaScript 支持、Flash、Flex、银光、浏览器类型、屏幕分辨率等，但是这些类型的数据对于那些努力开发新版本的技术人员来说是很有用的。技术相关的数字数据也可以用来帮助创意团队进行数字体验设计，帮助营销团队更好地理解它们。

- **客户体验**。设计者应该注意（通常是不良的）浏览器覆盖和热映射可视化，点击跟踪报表，形成完工报表和遗弃报表，以便了解他们的设计产品如何能（或不能）达成目标。

其他业务职能也能够从数字型数据中获益。商业计划制订者也许会看代表季节性流量趋势和采购周期的数据。战略家可能运用数据为业务扩展提供建议。业务经理可以根据某些产品或客户的表现来细分数据。

证明对分析团队的投资是合理的

由于大数据和数据科学越来越受欢迎，许多公司都在雇用分析团队。事实上，很少有大公司用十几或二十几个人的分析团队来负责分析价值链的各个阶段，甚至是所有与分析价值链呈直接、间接或矩阵关系的一些阶段。由 1 到 5 人组成的小分析团队更为常见。50 个人这样的团队并不常见，而且通常需要有技术、业务职能以及资源的交叉。

尽管如此，公司不对分析团队进行投资是有很多原因的。以下是一些常见的原因：

- 没有可用投资；
- 费用过高；
- 分析团队没能证明对其进行投资是合理的；
- 对于投资分析工作的必要性缺乏理解；
- 组织存在局限性和流程缺陷。

本章后面会对各个情况进行做进一步讨论。

没有可用投资

没有可用投资，这是我所了解的企业不投资分析团队的最常见理由。这个理由通常会让人非常不解，因为你可能会看到大量的投资发生在你的周围，发生在那些帮助你们、与你们竞争或与你们无关的团队身上。拒绝资助分析团队增加新成员可能会让人感到困惑和沮丧，但毫无疑问这是有原因的。

通常来说，大多数分析团队得不到投资是因为他们没能充分证明自己的价值。通常分析团队会为了获得关注而做一些工作，或者试图将自己插入到业务流程中并创造价值。这之后，公司则开始让分析团队去做大量工作。分析团队会突然间淹没在分析请求中。分析价值链也许存在，但是分析请求的数量也许会使现有员工超负荷运转，最终导致压力和消极怠工。这时候，团队会向分析主管抱怨没有足够的资源，分析主管紧接着就会请求再聘请一位新的分析师。然后你瞧着吧，一般会遭到拒绝！没有预算。

要应对这种常见的状况，当然是要提前至少两个季度估计分析工作所需人力投资。虽然两个财政季度听上去太漫长了，但是对于业务周期而言，26 周的时间才能确定投资新职员是否必要。有时候，你需要提前为每个财政年度制订计划。因此，你最好预估六个月到两年的分析团队投资，而且提交增加新员工的需求应该至少提前六个月。

费用过高

拥有足够的业务和技术能力且经验丰富的数据分析专业人才不多。在大中型企业成为高层分析管理者的专业人士，与具有相似资历（这里指工作年限）的分析专业人员相比，他们的技能市场需求更高，他们也可以获得更高的薪资；与其他领域拥有更多工作年限的人相比，通常也是如此。

数据分析协会和 IQ Workforce 的数据显示，分析师的薪水水平从入门级分析师的 60 000 美元到分析管理者的 200 000 美元不等。消费水平较高的地区（如纽约）的薪资水平同消费水平较低的地区（如亚特兰大）不一定相同。换句话说，作为数据分析专业人才，你在美国南部工作要比在北部有更多的可随意支配收入———一切都是公平的。收入则大致相同。这些可用数据反驳了证明分析投资合理性成本高的理念，因为如果工资溢价，就会出现资源缺乏的现象。因此，如果你的公司无法承担那些经验丰富的专业人才的费用，那么可以采用以下措施：

- 培训现有人员；
- 聘用外部顾问；
- 聘用实习生；
- 共同承担或支付跨业务部门的费用。

当然，克服费用过高的副作用在于，你可能无法培养出经验丰富的分析专业人才，因为他们能够在接下来的工作中得到比现在更高的薪水，所以稍有经验就会跳槽了。

投资分析的商业价值缺乏证据

投资某一业务职能部门意味着，公司必须了解该职能部门继续存在和收回投资的价值所在，尤其还要考虑什么时候雇用员工（公司最为重要的资产）。同样的规则也适用于分析团队。好的分析团队能够展示他们的分析成果、见解和建议是如何创造商业价值的。当然,他们面临的挑战则是对商业价值的追踪和估计。下面是一个商业案例。

负责对一个注重转化的网站进行分析管理是我职业生涯的一个阶段。网站的目标是销售产品。我们为了吸引网站上的用户,创建了一个高级客户个性化分析和定位引擎,以便为每一位客户(无论是新的客户还是重复的客户)分配特定的客户类型。根据客户类型,访客会看到一系列营销模块,其价格会与客户的意向相匹配,从而吸引他们点开这些模块,最终购买和转化。

虽然这在产品的技术规格上听上去很不错,但是数据以及我们团队的分析结果显示,某些商品销售模块的定位并不完美,而且季节也的确影响了销售过程。分析团队建议对模块的内容、报价、位置和时间进行全面整改,从而更好地反映客户行为。因此,几周后,我们对新的营销组合(相比从前的性能和已知的基线)做了测评。结果显示,新的模块在性能上要优于从前的模块约 500%,也就是说每周可增加 200 000 美元的收入。

这些分析的"胜利"可直接追溯到那些本该得到记录的商业价值。所以查阅这些记录能够直接证明分析团队创造了价值以及创造了多少价值。详细记录分析工作的价值不仅对于扩大团队规模非常重要,而且能够在受到挑战时,证明分析职能存在的重要性。

对于投资分析工作的必要性缺乏理解

分析主管可能会遇到完全不懂投资分析工作必要性的高层管理者。分析行业通常会拿 HiPPO(薪酬最高的人的意见)来开玩笑,虽然这个词对于管理人员来说有些无礼,而且等于是从负面角度来看待领导者,但是当遇到的某些高管无法"get it"的时候,我常常想"这就是成为薪酬最高的人的理由"。"Getting it"是分析行业的术语,是用分析工作进行竞争并获胜的一种压倒性的认知和认可。

分析经理的目标是战胜理解方面的欠缺,用数据分析的术语来说,就是使那些薪酬最高的人或"比你工资高点的"经理"get it"。最后两个阶段对于处理成本和证明的解释可以帮助经理了解到，为投资是必要的。但需要警告的是；你虽然可以指引马去众所周知的水源地，但是你没法强迫它喝水。你在决策是否投资分析工作的过程中，会有一些不能"get it"的同事，原因如下：

- **没时间。**主管和各级员工手头有很多工作要做。
- **我已经看过报表了！**报表和分析经常混淆。
- **我已经了解这个业务了。**对"简单的"、内在的或者是可学习的不涉及数据的管理能力过分自信，这种情况并不少见。
- **这个数据是错误的，所以我没信心。**以往在数据、报表以及分析团队方面有过不好的经历，可能会对未来的考虑产生一定的影响。
- **我们拥有需要的所有数据，但是我们不会对其进行分析。**考虑到数据分析系统所收集到的数据通常为外来数据，可能会有这样一种看法：数据的数量不代表数据的质量。
- **虽然团队已经够大了，但还是不能产生数据。**大数据处理需要资源和基础设施，同时也需要适当的投资。

正如你在前面主题中看到的一样，高层管理者未能看到分析职能的价值。虽然以上列出的每一条"原因"都不同，但是其中的主旨是相同的。分析团队没能将价值的观念交付给高层管理者。这一现象并不意味着分析团队不再创造价值，虽然也有这个可能，但是通常来说都是因为分析团队无法有效传播价值。要想改变分析团队的看法，让他们的价值得到理解，可以采取以下方式：

- 定期召开跨职能分析团队会议；
- 提供"开放的办公时间"，邀请分析团队的内部客户进行提问；
- 请高层管理者同分析团队见面，并介绍团队的角色和职责，以及团队个人和整体所完成的项目及其价值；
- 建立数据管理战略。关于数据管理的更多内容，请参见第 6 章内容；
- 确定分析团队从开始到结束是如何分配时间执行工作的；
- 创建简报，记录分析团队在某一特定时间段内交付的主要项目，比如月报或者季度报。

上述解决方法能够最终决定分析团队是否有用，并有助于公司的人进行额外沟通和社交。不能仅仅希望人们去了解分析团队每年、每个季度、每天在做什么。你要记住，如果你整天都只和系统、数据、报表打交道的话，你这样就不是在工作。你必须教会人们去理解和尊重分析价值链和分析程序（详见第 2 章）。

克服由组织局限性和处理不当带来的投资阻力

公司有很多人对业务活动有自己的看法和意见，这些业务活动包括老产品、新产品和创新以及一些日常业务。因此，本质上，组织是政治性的，而围绕着分析的政治又是一个特例。考虑一下第 2 章讨论到的负责整个分析价值链的集中式分析团队，由分析团队创造的数据、分析成果、报表和预测模型都是强大的商业工具。分析工作能够鉴定业务绩效，也能将其同以往的某个基线做比较。数据创造了透明性，它能公开准确和错误的信息、成功和失败的业务。因此，人们会觉得受到了数据的威胁，这通常都是因为他们不明白数据，而且在数据显示的情况与人们感知的现实不同时，人们往往会不喜欢。

我总是给团队这样的建议：只要数据能够支持人们普遍持有的信念，并从正面表现他们的业绩，人们就会比较喜欢。否则，人们会找各种各样的理由来说明数据是错的。

一般来说，相比其他职能团队的规模，人们关于分析团队大小的看法会加剧政治问题。还有一些与团队的角色和职责相关的问题，可能会导致分析团队内外部人员之间发生摩擦。提出对分析团队进行投资的时候，团队成员的增长可能会导致出现以下负面看法。

- **团队内部**。除非即将聘用的团队成员是团队内最年轻的，否则其他更年轻的成员可能认为自己会错过晋升机会。有些团队成员可能会认为或者感觉到某些团队成员在技能、经验上存在不足，或者是刚好胜任，这种感觉可能对，也可能不对。有时候，团队成员会莫名地不喜欢彼此。
- **团队外部**。所有团队的领导者都可能会说他们团队的资源不足。因此，在分析团队雇用员工而其他团队却不能雇用或者是缩减人力的时候，问题就会出现。数据分析也是"热门"行业，许多其他的团队可能也想要在分析价值链中占有一席之地。增加分析团队成员很可能会被认为是为其"建造帝国"，或者是试图剥夺其他团队的权力，使这些团队失去影响力，例如商业智能团队。

对于分析领导者来说，克服由公司政治和观念带来的组织局限是最为困难的挑战之一。这需要领导者们在任何可能的时候走出去和人们进行沟通，并如愿获得投资者的支持和认同。以下策略可以帮助分析团队克服政治阻力，有利于分析团队的投资增长：

- 在协同而非竞争的背景下，解释分析团队做什么、不做什么；
- 明确为什么要雇用人员，以及为什么要从外部人员中雇用；
- 用合适的商业案例向试图阻止你的领导者介绍你曾经创造过的商业价值影响；
- 同管理者、其他高层管理者以及他们的业务主管举行跨职能会议，介绍商业案例和商业评估。

还要重述一下，"沟通、沟通、再沟通"是关键，你需要注重投资的潜在商业价值，用能帮助公司增加收益或减少成本的成就和计划来证明投资你的团队具有积极的价值。

创建分析团队的商业评估和投资建议书

最终你要书写、制作幻灯片或做主旨发言来创建商业评估。和其他商业文件一样，你应该注意你的受众以及高层管理者和行政管理者，并遵循以下指导：

1. 完成的文档要让12岁以上的人都能理解。
2. 不要花时间弄得很复杂。越简单越好，记住奥卡姆剃刀原理。
3. 用20磅大小的字。
4. 幻灯片保持在10张左右。
5. 包含一个有效的财务模型，例如净现值/内部收益率（NPV/IRR）。
6. 通过估计节省的成本、增加的收益或利润来确定投资的商业价值。

记住以上这些高层指导方针，考虑以下关于投资建议书的结构：

- **这个文件是什么?** 写清楚文件的内容,这样人们能够考虑为什么要读它。
- **概要。** 高层管理者通常很忙,所以要创建一个关于文档关键点的简明扼要的总结;
- **阐述投资机会。** 介绍通过解决商业问题能够创造的商业价值。
- **阐述问题。** 列出需要解决的商业问题。
- **解释哪些事件、理由或原因导致了该投资需求。** 描述该提案的来源,例如某个问题、缺乏效率、约束等。
- **概括所有可能的选择。** 从投资建议到什么都不做,以及这二者之间的所有可选项都应列出。
- **建议选择。** 明确你基于分析工作推荐的做法。该文档其余部分当然就是对你的建议的支持。
- **财务的考虑。** 无论你的公司使用什么样的财务衡量指标(从美元到欧元),列出你的投资需求。如果你知道投资预算从何而来,最好在这里体现出来。
- **净现值模型和资本考虑。** 运用有效财务模型,如净现值模型或其他模型,预估利用最佳资本预算实践的影响。
- **效果。** 如果你的建议被采纳并获得了相应投资,未来几个业务季度和年份会有怎样的结果和业务影响;
- **总结。** 将投资建议书中的主要内容总结为一些要点,支持和证明分析投资建议的商业案例。

向管理者和其他团队报告分析价值创造

在论证投资的合理性时,很重要的一点是要明确上一年团队所交付的商业价值。准备幻灯片或其他叙述形式,以便记录和沟通所要求的任何一个时间段内 3 到 5 个主要团队的贡献。如果时间长,比如说一年,则应该有宏观层面的贡献总结,而时间较短的时候则需要更为战术性和具体的贡献。这个清单应包括真实的、可验证的业绩指标(可能的话),这些指标强调分析工作具体的数字上的贡献和成果。最好的情况是使用像分析见解、建议、优化和预测所节省的成本或产生的收益机会这样简单的财务指标。要确保证明分析团队不仅能对数字产生影响,还能对分析工作所影响的外部事物产生影响,例如搜索优化 [搜索引擎营销(SEM)

和搜索引擎优化（SEO）] 以及新客户和重复客户行为。同时，确保整个分析价值链中帮助（或至少试图帮助）你执行分析程序的分析团队能起到作用，并就此进行阐述。

以下例子显示了充分且高水平的要点，体现了分析团队的商业价值，这些要点能证明现有以及将来的预算分析团队资源：

- 提供跨商业的分析和数据驱动建议，提高网页性能和客户体验，这些都会直接归功于分析团队：
  - 7% 的订单增加；
  - 17% 的新客户增加；
  - 60 天内 44% 的重复客户增加；
  - 90 天内 47% 的重复客户增加；
  - 51% 的平均订单价值增加；
  - 20% 的购物车内放置的物品数量的增加；
  - 30% 的电子商务产品订单利润增加。
- 搜索引擎上的网站知名度同比增长 13%。
- 为全球网站和新闻的搜索引擎优化提供分析见解和意见，其中包括特殊的 x 和 y 计划；
- 通过指导和引领路线图计划各方面的执行，降低商业活动成本。通过熟练掌握已有的、创造价值的分析建议，并对其进行优化，这些内部的复杂工作为公司节省了几十万美元。
- 提供更好的分析结果，包括为全球业务部门、企业、子公司和合作伙伴的所有团队提供按需以及自助服务的报表和分析支持；
- 为将要向客户服务团队发布的数据、报表和建议建立分析框架；
- 交付配套产品开发、隐私、法律、安全、作假、营销以及销售团队的数据。

分析团队的结构：组织结构图

对于以分析工作创造商业价值来说，集中管理是有帮助的，在某些情况下也相当有必要。我们在第 2 章讲到的分析价值链需要跨职能的所有权和联盟。集中式分析团队能够为分析程序和项目的开始、控制、追踪和结束提供必要的卓越中心。这一说法不排除增加分析团队的结构，使其成为一个辅助部分，例如作为轮辐、同盟、矩阵等（参见本章前面内容）。因为事实上，公司规模越大，由非集中的分析团队来创造数据和进行分析就越不可避免，因为不可能有集中式分析团队存在，或者即使有集中式分析团队，也没有足够的资金和资源。数据增生是缺乏集中化的结果，其实数据增生是集中化的对立面，可能会导致全球性分布组织内关于分析标准创建和采用的各种问题。

我们一般认为轮辐模式更可能成功，而这个建议恰好与之相反。然而，集中式团队正是轮辐的核心部分。因此，在开始延伸或识别跨部门和地区的"辐"的概念之前，你必须首先把轴的概念确定好。另一方面，应当从有能力、有专业知识的个人分析师中，甚至是从整个分析团队选拔人才，创建一个集中的分析团队，或者是把他们中的一些或者全部人员作为集中式分析团队的辐射部分。无论如何，集中化有助于更好地控制分析过程，从而强化执行；同样，也会通过消除数据冗余来降低成本。因此，分析的集中化会创造商业价值。使用拥有三个子团队的集中式团队的益处如下．

- 组织架构和数据收集团队负责数据的收集、校验、管理以及系统的配置和管理。在你需要更深层次的专业技术知识，而只负责业务的数据分析师无法满足时，该团队可以负责同技术团队进行沟通，以支持路线图的制定以及特殊的、紧急的或基于程序的工作。（参见第 4 章内容）
- 报表团队负责所有自助服务和特殊的报表，包括对数字数据进行报告的自助服务和特殊系统的维护、核实、审查、修正和完善（参见第 7 章内容）。
- 分析团队负责分析项目和结果交付的创建、阐述和后续工作（参见第 5 章内容）。

运用该结构或其他类似结构，你可以搭建一座由团队成员、协同工作和流程组成的桥梁，从而助力分析工作从业务开端向技术进化过渡，再最终转化为业务中的沟通、判断和感知。有关数据分析师工作的更多内容，详见第 2 章。

下面的例子阐述了团队如何在不同阶段的程序中进行合作从而完成分析工作：

1. 要优先回答通过标准分析工作请求流程提交的业务问题；
2. 在特定时间内，分析团队内指定的负责人对团队分析请求的列表进行评估和管理，在必要时通过以下几个方面的决策对工作进行优先排序：

     a. 该工作是否有正当理由并具有可行性（有原因的话，是可以说不的）；

     b. 数据已存在并提供自助服务；

     c. 数据已存在且必须由报表团队准备报表；

     d. 数据已存在且必须由分析团队进行介绍；

     e. 数据不存在。

3. 在以上 a 到 d 的情况下，分析团队负责完成对执行请求和管理期望来说必要的工作——只要所请求的数据能够且应该交付到请求分析工作的人那里。

4. 像 e 这种并不存在数据的情况，会为决策提供机会：

     a. 拒绝长期商业评估。例如，产品经理可能会需要机密财务报表或个人识别信息（PII）数据。

     b. 同意：

       Ⅰ. 请求者必须按照路线图和标准的周期流程协助分析师进行优先排序，必要时同其他团队进行合作；

       Ⅱ. 架构团队作为主导同技术团队合作对后台数据进行处理，同时还要和数据管理团队合作确保数据界定及其标准化。

5. 交付分析工作请求并在工作追踪系统内完成。要确保对工作交付对象、原因和交付者以及分析价值的分配进行记录（这样有助于确认和证明分析工作的投资回报率）。

从抽象角度来说，在组织架构团队、报表团队和分析团队这三个垂直团队中，每个团队在分析程序的各个阶段都有其职责：

- 这三个团队中的任意一人，也就是负责人，要检查、评估和分配工作，必要时也要同其他团队进行合作，得到他们的协助；
- 报表团队要根据已有的数据准备必要的报表；
- 分析团队对已有的报表和数据进行分析，之后准备并呈现分析结果；
- 组织架构团队要同 IT 及其他技术团队（例如开发和质量保证团队）合作，进行数据收集，配置和准备分析系统，以供相关团队使用。

你可以从例子中看出，通过在分析价值链内采用该程序，整个团队都可以彼此合作，并同支持团队以及外部利益相关者共同协作。

设定分析团队目标

设定目标是分析团队领导者和成员的一项重要工作。短期和长期规划需要目标和时间表，而且因为分析团队支持正在进行的商业战略和运营，分析团队的目标和公司的整体目标一致也很重要。你应该建立以下几种类型的目标，并对每一个目标进行检查。

- **团队总体目标**。每年对这些目标进行审核。团队总体目标代表创造商业价值的有形和无形的交付成果，这是每年团队活动的组合得到的结果。
- **领导目标**。每半年对这些目标进行审核。领导力目标确立愿景，是由包括"老板"在内的所有团队主管为实现团队目标而定义的。这些目标比团队战略目标更有策略性。
- **团队分析师目标**。每个季度进行审核。团队成员的目标是主管分配给他们执行的计划和项目的基础。团队目标可以是策略性的，但通常都会是战术性的。这些目标可能构成了人们获得奖金这一目标的基础，或者有可能就是人们获得奖金的目标。

团队目标来源于商业战略，体现在分析价值中分析流程支持的战术目标。分析师目标则是根据创造商业价值的战略战术，成功执行项目。

目标可以为每名团队成员提供动力，并且对于建立管理信誉十分重要。有一句谚语适用于分析团队，并能够表明目标的重要性："如果你一无所求，那么你每次都能实现目标。"因此，要想分析工作创造商业价值，就必须设定目标。接下来，我们将会探讨如何制定分析目标，并提供展示团队、领导和分析师分析目标的例子。

创建团队目标：战略目标

团队目标是由分析团队的领导者（包括高层管理者、跨职能的利益相关者、分析主管以及分析师们）综合多方面的意见而制定的。因此，最好的团队目标就是综合了许多不同人员对于下一年分析工作价值的预想结果。尽管这项工作似乎让人望而却步，但是最佳办法就是通过强调宏观主题和目标来使其简化，注意不要过分抽象或者大量使用流行语。

创建团队目标可以考虑以下方法。

1. 与主管探讨机遇与挑战，你问的时候就好像它们已经存在或者你知道了一样。

2. 一起确定一套交付方法——由你们来确定其详细和明确的程度，并大体预估一个时间表，你们认为这个时间表能够充分利用现有优势，且较为实际。

3. 运用商业术语确定交付方法，不要过多使用分析或者技术上的专业词语。

4. 确定三到五个团队目标，抓住分析价值链内主要的交付成果主题。

例如，这里是某一年内的几个有用的团队目标：

- 为以下几个团队的路线图项目收集、评估、报告、分析和预测客户行为，这些团队包括营销、产品、销售、金融、研究、法务、隐私、欺诈、媒体、投资人关系以及公司其他部门；

- 支持 X 公司软件开发生命周期以及相关工作流程和项目的全球性路线图；

- 提供具体、准确、及时和可操作的数据和分析成果，以便支持企业发展战略，该战略能够增加利润、提高转化率、加强客户体验并促成基于事实的决策制定；

- 收集来自多个系统的数据，采用人工智能对其进行整合，并向公司解释数据含义以及数据分析方式。

- 确保包括执行团队在内的主要利益相关者能够理解全球性和本土主要战略战术决策的商业影响。

- 交付报表和分析成果，表明商业决策对网站性能的贡献日益增长。

- 拓展、维护和增强全球的分析基础设施和分析供应商关系，以确保分析的一致性和准确性，并提供自助服务环境。

正如你在这些团队目标中看到的，这些目标可以被剖析和开拓，从而创建接下来所讲到的领导和分析师目标。

创建领导目标：战术目标

领导目标指主管们所支持的一些具体的团队目标。领导者可能没必要一直或者积极地完成分析项目；有些主管指导分析流程，有些主管评论模型，还有一些会直接参与分析工作。数据分析工作的现状、工作量以及资源的不足意味着领导者不能整天就只是坐在办公室里琢磨团队效率，追踪团队绩效。尽管有些分析主管不会采用积极主动的方法管理分析工作，但是最好的领导者可以和各个级别的分析师和经理共同合作，采用最佳领导力战略来支持团队目标。

创建领导目标可以考虑以下方法：

1. 同外部利益相关者以及内部分析师讨论团队最终目标，并探讨双方认为有必要亲自管理的方面；
2. 确定并列出管理战术以及执行这些战术的成果（如果取得成功的话）。当然，这些要架构在团队目标之上；
3. 列出这些战术及其结果，并弄清楚领导者将如何实现这些目标。

下面是团队目标中的一些领导目标：

1. 创建一套 KPIs，以便追踪计划和项目的交付情况以及每个分析团队规划计划的成功；
2. 对分析团队的建议和工作创造商业价值的案例进行计算并归档。用商业术语架构这项工作，以此支持增加收入或降低成本的商业策略；
3. 建立并改进分析沟通程序。将分析团队的目标社会化，并从认为分析团队成功的利益相关者和客户那里收集反馈；
4. 注重提高团队的一致性、准确性，维护可证实的数据，并提供自助服务环境。

创建分析师目标：计划和项目目标

团队的每位分析师都需要 3~5 个目标，并专注于按计划进行交付，同时在联系分析团队进行计划外工作时，提供一致的服务质量。在这一点上，你必须要考虑，尽管应该根据对分析工作有意义的时间段对分析师进行评估，但是对每位分析师进行季度性测评会比较有帮助。这样的话，在确认工作成功或在问题发生前需要纠错时，你就不会浪费太多的时间。分析师的目标可以集中注意每日的工作、计划项目和一些紧急项目（通常来自高管层）。在分析工作的噪声中，最好的分析师需要一定的结构，但是这种结构不能太多，否则会阻碍分析进程。除非迫不得已，否则要避免对分析师进行微观管理；如果你不得不这样做，那肯定是出了什么问题。

创建分析师的目标时，可以考虑以下方法：

- 根据一系列计划和项目来探讨分析师的职业目标；
- 让分析师制定自己的目标，给他们分配愿意承担的计划和项目；
- 如果能够提前了解计划和项目，那么让分析师根据他们的意向选择项目会更有帮助，同时基于商业需求和个人兴趣对委派的工作设定明确期望；
- 列出分析师应该完成的一些已知的计划和项目（目标设定时已经知道的前提下）；
- 让分析师根据你提供的清单以及整个团队的目标写出他们的目标；
- 审核分析师的目标，在双方认同的基础上，进行必要的修改。

以下是之前提供的一个例子，显示了领导目标和团队目标：

- 跨职能合作，支持以下计划和项目：XXX、YYY 和 ZZZ；
- 根据 X 模板记录每一个你认为产生了分析价值的案例；
- 基于其他分析团队成员的意见，集中创建一个标准格式，交付书面的项目分析成果。

确定分析团队的角色和职责

你已经了解了分析团队的重要性以及成功的数据分析师的特质。你学到了如何创建一份数据分析投资意向书，同时克服了分析团队通常遇到的投资障碍，这些障碍通常来自管理者。你也已经学习了推荐的创建投资意向书结构，并且评估了为分析团队、团队领导以及分析师制定目标的重要性。现在你已经掌握了创建强大分析团队的方法。

根据公司、对分析工作的投资、分析团队雇用员工的预算不同，分析团队的具体角色也会有所不同。你已经在本章前面了解了组织架构、报表和分析团队这三个垂直的团队，你的组织结构应包含这三个团队。在为每位分析师策划具体角色和职责的时候，要考虑到怎样才能创造最合理的秩序和结构，允许团队尽可能多花时间进行真正的分析工作，并对商业人士起到帮助。组建团队时不要错误地过分关注分析的技术工程。

无论是重新组建团队还是对其进行重组，你应遵循创建分析团队角色和职责时的黄金法则：

技术角色是关键且必要的，但是解决创建和收集数据难题的技术工作大多都是看不见的。商业人士需要的是能够为他们的商业问题及时提供相关答案的分析师，这些答案来源于准确的数据，并通过可操作的方法、以一种易于理解的方式呈现给他们。

记住这一法则，表 3-1 展示了大型分析团队中常见的角色及其职责。如果你在一个较小的分析团队工作或者负责一个较小的分析团队，那么一个人的工作很可能会覆盖很多个角色。可以推断，随着团队规模的扩大，职责会变得越来越具体，对于某些特殊的业务部门来说会更为具体。

表 3-1 数据分析团队结构

组织架构团队	报表团队	分析团队
主管、分析工作架构和开发经理	主管、分析报表和数据交付经理	主管、分析和优化经理
商业系统分析师（们）	团队领导	团队领导
数据库分析师-内部数据	报表分析师-销售	分析师-销售
数据库分析师-外部数据	报表分析师-营销	分析师-营销
系统管理-后台系统	报表分析师-财务	分析师-财务
工具管理-分析工具	报表分析师-客户服务	分析师-客户服务
项目经理	……对业务需要和预算是有意义的	分析师-应用分析和数据科学
		分析师-多渠道
		……对业务需要和预算是有意义的

数据分析师职位描述

数据分析师职位的招聘信息比较难写，这是由分析角色的各种性质所致。不过有时候，职位需要的分析技能众所周知，又或者正好赶上职位空缺的时候，职位信息就会好写一些。然而，很少有人能对着一个空白屏幕敲出一个团队成员的职位描述。相反，你可以浏览其他招聘网站不同的职位信息，把一些写得很好且和你的工作最为相关的职位广告重新组合，做出你自己的职位信息。以下描述能够提供一个有用的出发点，制定出满足你的具体需求的职位描述。只要有意义，你可以随意使用全部或者部分内容。

数据分析师的目标是运用数据进行分析，从而帮助企业创造经济价值，同时成为一个对公司的分析团队和利益相关者有重要意义且受欢迎的商业伙伴和队友。这项工作是运用数据、研究和分析成果向公司讲故事，从而创造出更好的数字体验！尽管这项工作包含了技术部分，但是数据分析师需要精准、多维的智慧对大数据进行分析，并运用分析成果获得更大的商业成果。

- 回答问题，为全世界的利益相关者提供解决方案，这些利益相关者涵盖了各个团队中的高管到分析师，例如市场、产品、财务和研究团队。
- 对多来源、多渠道数据（线上和线下、定性和定量）进行分析，包括客户细分、采集来源［搜索引擎营销（SEM）、搜索引擎优化（SEO）、网络营销（OLM）、客户关系管理（CRM）］以及其他网站、邮件和社交分析数据；
- 培养与策略性产品变更、产品发布以及战略性的跨业务活动相关的数据驱动的洞察力；
- 同许多不同的人进行合作，他们不同的目标、项目和想法都要依靠你的分析和建议去实现。
- 担任数据分析方面的专家，数据分析与产品、营销、推广、品牌、类别、网站测试、商业目标和战略等相关。
- 创建书面的分析结果和数据可视化，对提高网页性能的数据分析、洞察、建议、策略和战略进行解释说明。
- 将复杂的数据和概念通过易于理解的、综合连贯的方式以书面的分析、报表和研究成果的形式呈现给内部受众
- 及时从不同的系统和来源收集数据，做到独立、有创造性并充满紧迫感。
- 超越汇总数据，运用详细的数据直击业务的核心问题，包括帮助相关人员提出最佳问题，推荐和理解适合的数据。
- 确定一个可持续、可重复使用的结构，来收集、报告和分析数字行为和网页分析数据，从提高商业策略预期的转换率、留存率、忠诚度、收益和利润的目标。
- 管理商业需求的各个阶段，包括 KPIs、数据收集（包括网站标签和 QA 测试）、报表创建（包括测试）和分布，但是主要注重分析、精确的分析阐述、整合以及

可行的见解和建议。

数据分析师的职位描述示例

- 文学学士或理学学士学位，学士学位以上优先。
- 至少 3 年数字评估和网页分析相关经验。
- 熟练使用分析工具，如 IBM Coremetrics、网络日志分析工具 Webtrends、Adobe 营销云、Omniture。
- 了解受众测评、竞争情报、顾客之声（VoC）和其他定性数据以及商业智能工具，如 comScore、微软商业智能以及商业目标。
- 熟练书写在商业环境下的标签说明、测试标签、创建定制报表并进行数据分析。
- 在时效性强的环境中，能够在各种活动和广阔的范围内同时管理多个项目，并具有高度的紧迫感和责任感。
- 具备独立处理复杂项目的能力，并在紧迫的节点和时间约束下，优先排序和管理多项任务。
- 扎实的组织能力、跟进能力、注重细节，同时能够在非结构化环境下组织和管理项目，按需创立新的结构和流程。
- 在一个不断变化的环境中具备强大的自信心、职业道德和高度的责任感——唯一不变的就是变化!
- 在处理与公司数据和业绩相关的敏感问题时，能够做出良好的判断。
- 既能够在无人监督的情况下独立完成工作，也能够在团队中密切合作。

成功提升职业生涯

许多人可能因为各种原因渴望成为一位全职数据分析师。这份工作有趣、有创造性、节奏快、比较前沿，而且一个有丰富经验和技术的分析师会得到相当高的报酬。在大公司内，新手数据分析师如果有技能但经验不足的话，通常可以根据分析工作的类型拿到 60 000 到 80 000 美元的年薪。新手分析师也面临竞争，但是因为分析专业人员（尤其是高级分析专业人员）的严重不足，相比其他工程、市场或销售类工作，这种工作的竞争要小得多。有研究证明，分析主管每年的收入很容易超过 200 000 美元。

但是，数据分析并不是一个很容易踏入的领域，因为没有一个让你能够获得实际经验从而找到工作的捷径。你不可能突然有一天说："我不想再做现在这份工作了，我准备开始从事数据分析工作。"很难获得在职分析工作经验。当公司需要一位数据分析师的时候，通常不会从内部寻找合适的人员，而是会雇用已在其他地方有过数据分析经验的人，这也让完全没有经验的人进入全职分析师这条路变得更难。

因此，有抱负的数据分析师要怎么做，专业分析师又要怎么做，才能使其职业生涯迈向下一个阶段？幸运的是，你能通过很多途径获得一些实战经验，使你的职业生涯沿着自己希望的方向发展。像许多其他领域一样，分析领域也有一个专业人士"社群"，其中来自不同地方，甚至世界各国的分析专业人员会相互合作和鼓励。同时，也有一些教育机会。以下的潜在选择能够开启你的职业生涯：

1. 参加分析从业者、咨询师和供应商，例如国际分析研究所（IIA）、美国互动广告局（IAB）以及数据分析协会所创办的分析行业协会；
2. 充分利用分析教育的多种选择，例如当地大学和学院、在线课堂或者英属哥伦比亚大学、芝加哥大学、加州大学欧文分校、北卡罗来纳大学等；
3. 寻找已经存在的一些当地的分析活动或是开创自己的活动，例如，"周四数据分析"（Digital Analytics Thursdays）、移动星期一（Mobile Mondays）、转化星期四（Conversion Thursdays）等；
4. 参加私人举办或者有供应商赞助的行业会议，例如 Adobe 峰会、eMetrics 峰会、eTail 中国电子商务峰会等；
5. 安装免费的分析工具帮助你获得有助于找工作的实际经验和开发技术，例如谷歌分析、Piwik 软件、OWA（Open Web Analytics）等。

创建数据分析团队的步骤

本章探讨了分析团队的重要性、分析团队的工作、分析团队的投资规划，以及如何组建分析团队。虽然这些信息都有帮助，但是你可能还是会好奇是否可以遵循某种方法或步骤来组建数据分析团队。事实上，你可以根据以下几个步骤来创建数据分析团队：

1. **理解要点和业务问题**。同利益相关者和业务人员沟通，确定目前的业务问题、面临的挑战以及分析工作需要注重的领域。

2. **确定投资需要**。在有必要进行投资的时候，数据分析主管应快速做出决定并申请投资。

3. **确定业务和技术**。在了解了商业计划和困难、申请了投资和所需技术之后，下一步就需要沟通创建数据分析团队的计划。

4. **管理流程和规模**。考虑到在大数据和数据科学时代，资源往往在你想要的时候很难找到，而且比较昂贵，因此你应当开始规划未来团队的规模和流程；

5. **处理数据**。大数据会不断涌入，而且规模会越来越大。数据分析团队必须保持它们的系统和工具能够与不断涌入且不断变化的数据相匹配。

6. **充分利用团队**。通过采用强有力的领导和激励技能，团队领导者应尽最大努力充分发挥团队的作用。

7. **充分利用技术**。通过跨职能部门的合作和团队建设，分析领导者必须最大限度地维护同 IT 部门的工作关系并保持团队公平。

8. **充分利用供应商**。通过与供应商合作并保持良好的关系（这意味着不要总是让供应商难堪），你可以因此获得最大的利益。

9. **得出分析结果并进行阐述**。分析团队成功的关键在于提供必要的后续跟进工作和持续支持，定期得出分析结果，并向利益相关者进行阐述；

10. **业务改进**。分析团队凭借富有洞察的分析成果和建议，进行跨业务工作，通过在宏观层面上降低成本、创造新的或者增值的收益、提高盈利来改进业务。

遵照以上步骤，并将本章所学知识与你的商业目标和需求相结合，你就走上了创建世界级数据分析团队的道路。

第 4 章

何为数据分析工具

　　数据分析工具是指独立软件和软件即服务技术，它对于收集、报告和分析数据十分重要。例如谷歌分析、Adobe 营销云、IBM 数据分析、微策略软件（Microstrategy）、网站日志分析工具 Webtrends、移动分析工具 Localytics、统计分析软件 SAS 等都属于分析工具，市面上的其他分析工具也多来源于著名的科技品牌，如微软公司和甲骨文公司。实际上，许多公司、顾问、相关从业者以及销售人员都希望你相信他们的技术是大数据分析工具。然而，并不是所有分析工具都是为实际分析而生的，一些分析工具分析能力有限，并且其功能主要集中于收集、转化、报告数据以及现存数据的可视化。

　　许多工具在分析价值链的不同阶段扮演特定的角色。我们在第 2 章中讨论过分析价值链。例如，你也许会用一个工具收集数据，用一个工具将分析方法应用到数据上，然后再采用另一个工具来汇报数据。基于所用分析渠道的数量，你有可能使用多个工具来收集你需要的不同类型的数据，用另一个工具将从不同源头得到的数据整合成一个数据库，再用其他工具弄清数据的分析意义。

　　数据分析工具被广泛应用于数据分析行业，然而大家应该弄清楚，尽管许多工具运用分析功能参与价值创造，但真正用于分析的工具却寥寥无几。真正做分析工作的是数据分析团队中的人员。在进行数据分析的过程中，分析工具十分重要，但其本身并没有什么价值，而且被认为是一笔开销（间接成本或沉没成本）。甚至有些人认为工具根本不做分析，人才是关键的。

我的朋友阿维纳什·考希克（Avinash Kaushik）热诚地提倡 90/10 模型，用于配置各种分析预算，其中 90% 的资金投资在人身上，而剩余的 10% 则投资在工具上。虽然这个比例可能富含哲理，它或许可能成为资源配置的最优层级，但实际上却很难与方案相匹配，我的朋友很聪明而且做出了前瞻性思考，把标准设高并且在正确的框架内对分析进行资源配置。正如我所说的，人员是最重要的。其余的人确定了在人和工具的预算配置中按照 60/40 的比例来分配。对于人来说，投资工具的最佳比例取决于自身的生意需求，所以现实情况是，没有一个比例可以适用于所有案例。50/50 的分配比例对于涉及软件许可证和基于云服务的项目来说是合适的。分析工作的领导者需要确定最佳以及最准确的分配比例，事实上，公司越大，数据越复杂，预算的天平越有可能向分析技术这边倾斜，因为当收集和处理大的数据量的时候，花费很多。我们先不管任何建议比例的精准度，最需要明白的一点是在一些工具上的投资是必需的，但同时需要与现实情况保持平衡，即真正做分析的是人，不是工具。于是，如果说分析者了解到的工具都是分析工具，那么如何更清晰地理解数据分析工具呢？

通过在 ReDCARPS 框架中将工具分类，我们找到了答案。工具可被认为正在做以下一个或多个项目：要求（Requirements）、定义（Definitions）、收集（Collection）、分析（Analysis）、报告（Reporting）、预测（Prediction）或者存储（Storage）。

- **要求**。自始至终，技术用于获取、分类、优先排序、计划以及追踪分析工作、项目和计划。
- **定义**。所有的数字数据都要被定义，以便让创造和使用数据的利益相关者都能够明白。定义需要涵盖业务定义、操作定义和技术定义（详见第 6 章）。
- **收集**。技术运用不同方法收集数字数据，例如数据包嗅听、数据库写入、日志文件、脚本语言、应用程序接口（APIs）、服务器到服务器的连接、数据填充以及其他方法，包括提取、转换和载入数据。

- **分析**。分析方法在数据上的应用起源于分析科学（和艺术）。分析者和分析工具通过特定方法使数据科学能够应用于数字数据，例如结构方程模型、方差分析、确定分散方法、创造回归分析或者应用先进的机器学习、数据挖掘相关算法以及统计方法。当你看到某个分析结果或者使用某个分析工具时，你知道是因为该工具的输出其实可用于解答业务问题。为了用人类可理解的方式实施分析，分析工具允许分析师运用一个或多个系统的数据，最终创造分析。分析者要利用分析工具弄清楚复杂的数据、度量以及可视化，然后综合并简化关键数据后展示给团队成员。

- **报表**。这种工具可以在各种粒度上提取数据，并在一些设备上以人类可读的格式展现数据，该工具还经常允许一定程度钻取和探索包含报表在内的数据。数据维度也许会有交叉或过滤，度量会增加，数据会被大致分段。报告工具包括商业智能工具，它会在事先安排或计划好的报告中汇报数据，例如 Cognos 或者数据库软件、桌面电子表格和数据可视化工具（例如 Prezi、幻灯片和仪表盘）。

- **预测**。无论分析方法和数据类型是什么，这种工具可以收集与过去和现在相关的数据，然后用于预测未来事件（详见第 5 章）。预测性分析和预测性分析工具可以告诉你"接下来会发生什么"。你知道你正在使用预测分析工具，当输出结果向你显示出未来可能的状态（而不是主要集中于解释目前和过去的数据以及它的趋势、运动和模式哪些能理解），常常多到要调查过去的数据，从过去收集的数据中创建变量输入预测模型。

- **存储**。这种工具用于提取数据并将其放在一些存储媒介中，例如 SAN 存储网络，或者本地磁盘，又或者存储在软件即服务（SaaS）的云中。存储是指一种用于记录和维持大数据的磁盘空间。一般数字数据最短存储周期为 13 个月，以允许与去年同期进行对比分析。

仅用于分析和仅用于预测的工具之间的界线并不像汇报数据和分析数据之间的界线那样清晰（详见第 7 章）。预测涉及分析，而分析涉及报告，所以预测当然涉及报告采用了分析方法的预测模型的结果。我们要在每个概念作为分析价值链的一部分如何创造价值这样的背景下来理解这些不同的概念。你可以用分析工具来预测，但你不一定会使用预测工具来了解你所收集的数据的意义，或者解释一个时间序列里的变化。然而，现在和过去的数据总是充当预测模型的输入。

上述工具往往可以做多种事情，供应商常常销售给你补充工具，可以做ReDCARPS 中的任意一项，如表格 4-1 所示。

表 4-1 应用于常见数据分析工具的 ReDCARPS 框架

	IBM	Adobe	Webtrends	Google
要求	X			
定义	X	X	X	X
收集	X	X	X	X
分析	X	X	X	X
报告	X	X	X	X
预测	X	X		
存储	X	X	X	X

每个分析师和分析团队都有一些偏好的工具。例如，许多数据分析师很熟悉Google 分析和 Omniture；但是，其他类型的数据分析（如电子邮件、用户和高级分析）要求更强大的知识和不同的工具组合（SQ、SAS、R 等）。你对目前已有或新兴的那些有不同历史的分析工具越熟悉，拥有的职业选择也就越多。

尽管分析师会偏爱某一种工具，但许多工具其实拥有相似的功能，所以不要太依赖或者只使用某种工具。过度强调一种工具会让你在想象和领会数据分析的过程中产生偏见。在用一种工具遇到困难，觉得需要"大师"技能来解决的问题，也许用另一种工具就能轻而易举地解决。

熟悉工具是有用的，这解释了为什么人们会偏好特定的工具，但对于创建不同类型的分析来说，使用不同的工具是必要的。你不会委托青铜雕塑家去画一幅水彩画，就像你不会聘请一名 SAS 程序员去与一名管理者交流业务分析。显然你必须选择与任务匹配的工具。所以，为了顺利执行一个分析可视化任务，你可能需要使用多个工具，就像一个分析团队需要不同的人，用他们互补的技能来执行分析价值链。

为了帮助你进一步了解 ReDCARPS 框架之外分析工具的格局，我们把分析工具分成以下几种类型：

- **互联网工具**。一直被应用在软件环境中（也许在数据中心，也许在云端），你所服务的公司的职员出于各种意图和目的来控制、管理和配置互联网工具。

- **网站分析工具**。网站分析工具通过不同的方法从数字网站收集数据、存储、聚合并报告数据。一些工具支持数据探索，例如，数据维度的交叉、深挖或者过滤以及分析方法的应用。

- **商业智能工具**。商业智能工具包含数据库以及支持数据存储和处理的系统，一般处于 IT 和技术的控制下。分析团队利用商业智能数据，并且将其与其他内部或外部数据结合起来。商业智能工具支持数据提取、转换、加载、存储、报告、可视化以及分析。在一些案例中，其直接应用于数据的分析能力十分先进。

- **高级应用分析工具**。应用分析工具在现有数据中运行，也许会要求数据本身得到特殊转化或者准备好在工具中被模型化并进行分析。高级分析工具允许用户将统计学精密的模型以及算法应用于数字数据以及其他类型的数据。SAS 便是个常见的例子。

- **桌面分析**、**报告及测试工具**。许多分析师使用一些可用于常见台式刊印程序的工具或者一些由小型软件公司创造的程序来完成一些特定任务。例如，分析师可以使用 Excel 来操作数据、编排格式并使其视觉化，也可能使用基于浏览器的工具，例如 Fiddler 和 Charles 来测试数据收集。随着电脑功能的增强，桌面工具也可能包括一套引人注目的统计方法，例如数据回归。

- **自产自销**、**内部创建的工具**。有时候，现成的工具和商业智能工具不会去处理分析数据需要做的事情，所以公司需要通过定制技术或者创建软件解决方案来提供分析。这些解决方案百分百自产自销，或者由多个供应商系统拼凑而成，又或者甚至是现成企业软件产品的高度定制版本。

- **在线宣传和营销工具**。这一类内部工具包括一些技术，它们用于分析在线展示、重新定位、优化、投标、规划、执行、完成、发送邮件、客户关系管理工具等。这些工具可以由你的公司配置并管理。换句话讲，这是一个由你做主的服务，而不是由其他公司所提供。

外部工具包括以下几种。

- **竞争情报**。许多工具可以帮助一家公司获悉自己的竞争格局，了解谁是竞争者，清楚它们的地位，当然还有它们的关键指标以及数据，这些数据与市场份额、钱包份额、企业表现以及具体业务和行业里的大量其他度量相关。

- **数据增强**。这种工具提供了该公司的数据。这项新数据要与内部数据联合才能创造更多有意义、有价值的数据。这样的公司有选择点（Choicepoint）、益百利（Experian）、瑞普利夫（Rapleaf）等。例如，某家公司会有一张其他公司的客户列表，并且会从数据增强公司购买邮件数据来提升客户信息的质量。

- **受众测量**。竞争性受众测量工具包括一些直接从数字体验上收集数据的公司，公司主要观察统计上显著的受众以及评估数字行为和度量（面板数据采集），同时将统计数据和面板数据相结合。这些公司包括康姆斯科（comScore）、尼尔森（Nielson）、康皮特（Compete）、Quantcast、谷歌等。

- **基于云计算的、软件即服务在线宣传和营销工具**。软件即服务技术用于分析在线展示、重新定位、优化、投标、规划、发送邮件、客户关系管理等。这些工具由供应商控制在云里面。

创建还是购买

创建或者购买是否有意义？这是关于分析技术和可用分析工具的一个核心问题。换句话说，你通常会通过投资软件许可证或者软件即服务技术去购买分析技术，用于采集、报告、分析、预测和存储数据吗？又或者说，你以及你的工程、IT、发展、质量管理和商业团队会从头开始创建分析工具生态系统，且这些系统使用了你要求的定制软件开发与工程吗？

购买还是创建，这看起来是个十分简单的问题，但实际并非如此。只要有钱，每个人都可以购买软件，这就意味着他们会使用一样的手段和数据来分析体验。以谷歌分析、IBM Coremetrics 以及网络日志分析工具 Webtrends 为例，这些工具全都可以汇报访问者、访问行为以及基于时间的度量，并且支持收集和汇报自定义指标。对于一些特定行业和活动而言，这类共性十分有用，而且通用词汇对于促进业务十分有效。然而，这三家供应商的数据名目虽然相同，但是数量完全不同，因为工具收集和处理数据的方式不同。

网络广告行业目前是重要的，观众的买入和卖出操作需要共享指标以便评估广告成功与否。推荐可用于各种工具的度量标准包含各类总收视点（gross rating points）以及其他广告触及范围和频率（reach and frequency）。在行业需要共享指标的情况下（共享指标一般通过行业协会出版的一些标准来确定，例如负责网络广告的互动广告管理局），有一组至少共享一些通用指标的工具是有帮助的，这些指标用类似（最好是相同的）方式定义。

然后你也许会问："为什么企业用内部资源来创建自己的分析技术？"原因有多种，且一般会围绕着对具体商业目的特定数据的需求，这些数据常常被公司专门化甚至只限于公司内部应用。详见以下内容。

- **商业秘密和专有知识**。许多公司经营要依靠商业秘密和专有知识，如果通过任何形式与外部共享，可能会导致潜在的商业问题和财务危机。例如，一家世界 500 强公司被另一家规模更大、实力更雄厚的公司定为直接竞争对手，而这家更大的公司也提供了一种流行的分析工具，允许用户与供应商分享它们的商业数据。企业应该用这个供应商的工具吗？如果大多数人都知道这个工具并且想使用它，又会怎样呢？尽管有这样的使用愿望和主张，但其带来的商业风险实在太大。

  这个抽象的例子其实是真实存在的。谷歌公司提供的谷歌分析允许用户加入并与谷歌共享他们的数据，这样谷歌就可以将这些数据用于其他的产品和服务。谷歌在其证券交易委员会声明中，把最近收购的皮艇（Kayak）和环球怪兽集团（Monster Worldwide）列为竞争对手，因为这些公司提供的数据顶端搜索技术是谷歌没有的（分别是旅游数据和就业数据），而谷歌也不曾涉及这些行业的经营。于是，没有数据和技术保密的保证，皮艇或者环球怪兽的分析团队部署大规模的谷歌产品执行计划是毫无意义的，例如谷歌增值和谷歌环球就毫无意义。

- **技术要求和标准**：许多公司都有专门的技术模型，其中与其业务的细微差别和独特性相关的新数据之前是不存在的，必须经过创建、收集和存储。以 Yieldbot 公司为例，它有基于专利技术建立的市场，这些技术用于理解目的并将其与相关内容和其他可以帮助人们在线操作的理念匹配，例如在网上购物或成为会员。Yieldbot 会指出超过付费搜索最高转化率的转化率。Yieldbot 不能单纯购买这项现成的技术，因为这项技术是由这家公司构思、创新和创造的。在这个例子中，

Yieldbot 的数据模型不仅具有专利，属于商业机密和知识产权，它们还需要基于商业理念和产品的创新型复杂工程要求之上创建产品。

推动公司创建自己的数据分析解决方案的技术要求和标准的另一个例子是，数据必须进行渠道分析。公司也许已经购买并成功使用了覆盖业务的网站、搜索功能、电子邮件以及网络广告技术，但并没有一个单一的分析平台用来分析多渠道数据，以了解其是一个单独的综合数据集，我们称其为"全渠道分析"。尽管供应商们已经开始以全渠道分析前景为目标销售解决方案，但是企业倾向于聘用商业智能团队，在来自硬件供应商或软件供应商的专业服务团队的帮助下，扩建这类数据架构（详见第 12 章）。

- **所需数据、报告以及分析的复杂性**。即装即用的软件或者软件即服务意味着这个产品团队将它们认为消费者需要的"资料"全放进了盒子里。对于分析工具而言，要轻松获取一定的数据收集、报告和分析 / 预测能力，可以在每一页上放一张标签或者对分析服务进行特定的 API 调用。在过去几年，供应商提供方法扩充"盒内"数据模型以涵盖用户自定义的业务指标和维度，并称之为事项。尽管这些特征增强和基于供应商的分析创新是必要且有效的，但在许多例子中，仍然有企业想要以特定方式提供服务的特殊数据片段；所谓特定形式必须为内部设计，而不是放进盒子里。

  想想保险公司的案例，保险公司跟踪源头并完成整个报价过程（例如，报价开始和报价完成），乍一看好像很简单。你需要考虑到必需的报告应该是纵向的，并根据其他相互不连通的系统里可用的各种指标和维度分段。供应商工具也许不能在你需要的粒度上存储足够的数据，或者允许数据探索、钻取以及交叉维度以满足商业需求。技术团队也许从来没有考虑过企业里的每一个人都希望以你希望的方式来看数据。数据模型也许不能支持你想要查询和分析的关系。在这些案例中，正确的选择是定期把数据提取到内部数据库，然后将它与其他必要数据整合起来，在另一个工具中汇报。以保险报价开始和完成为例，添加四种不同类型的开始 / 结束选项，每种包含跨越 50 个状态的五种类型的开始 / 结束选项，并且包含客户级数据。这些要求使得在数字分析之前有必要进行数据整合或新的数据建模和报告。

- **强大的信仰和策略**。创建总是比购买好；认为人们反对购买的原因只是由于单纯对创建技术有偏见，这一点看上去似乎有点可笑甚至荒谬，即使当财务和功能都

指向购买而不是创建时。抵抗新技术的往往是那些曾经投资购买或创建工具并且
对其有根深蒂固执念的人们。政治因素可能会导致人们不愿意考虑由他们的商业
对头提供的替代品。软件即服务分担了一些 IT 部门的责任，并且降低了 IT 部门
在分析价值链中的重要程度。一些 IT 部门高管也许会制造一些障碍，拒绝一些他
们认为可以接管 IT 团队工作以及边缘化 IT 部门责任的软件即服务技术。不管人
们出于什么强大信仰或缘故，导致他们对先前的技术有如此根深蒂固的依赖，分
析团队及其领导者都会弄清楚。

毫无疑问，创建和购买两种决策是有细微差别的。除了创业公司外，大多数
公司都需要考虑分析的数据"包"。你可以对照以下状态来评估目前的分析技术。
这些状态可以确定你的分析团队做了多少直接分析工作，有多少时间没用于分析
工作，以及分析工作进行之前在分析价值链的其他方面花了多少时间：

- 不需要任何东西——保留目前所有的工具。分析团队将 90% 的时间投入分析工
  作，而不是投入汇报和社会化工具的使用上。
- 需要一些东西——保留目前所有的工具，加入新工具来提升。在这种情况下，分
  析师 70% ～ 90% 的时间用来做分析和社会化的工作，剩余时间则用于工具使用、
  配置和报告。
- 替换目前的一些工具，同时保留一些。在这种情况下，分析师 20% ～ 70% 的时
  间投入到了分析工作和社会化中，剩余的时间则用于工具使用、配置和报告上。
- 用新工具替换所有的工具。分析师 80% ～ 100% 的时间都用于维护和处理工具、
  收集数据，灯总是亮着——利益相关者若是不高兴，便有必要考虑更换工具。

接下来，这一章会更详细地评估商业考虑及指示，以了解哪个选项更适合你
目前的处境。

不需要任何东西：保留目前所有的工具（无须替换）

少有的理想状态是，分析工具能够适应任何方法，以帮助分析师创建分析，
并且传递商业要求。因此，那些达到这一理想状态的分析团队应该得到祝贺，因
为他们的公司已经爬到了分析竞争中的最高梯队。以下是其他一些不需要额外分
析工具的原因。

- **禁止重复成本**：成熟的公司会利用大量投资和开发周期创建为特定目的服务的分析系统。它们也许不完美，甚至在某些方面存在严重的缺陷，然而鉴于当前的可用预算，需要做出保持现有系统的决定，因为重新创造和提升的成本在目前没有任何经济意义。

- **包含自定义的互联网协议（IP）或可识别的个人信息（PII）**。出于法律和隐私方面的担忧，分析工具会包含个人可识别信息，人们认为这些信息可能无法安全地存储在公司外部的分析系统中，并让风险最小化，例如软件即服务供应商工具。因此，公司会继续使用那些总是被用来收集和存储数据的老旧系统。

- **专为重点目的创造**。老化的分析工具时常能成为特定的利基商业功能，并且能够通过高度定制化实现这一功能。比如，客户关系管理团队自主研发了一个属性工具，它能从全营销渠道来辨别客户关系管理的起源和成本，这些渠道均采用了专门针对业务的复杂、高度明确、有细微差别的商业逻辑。这样，属性工具既不能迅速轻松地采用可用资源重新创造，也不能被工程团队透彻地理解。而且由于属性工具对工作有效，也就无须用最新、最好的属性技术来代替它。最新的属性技术采用了全新的或不同的属性模型。

- **报告不可替换的数据**。随着时间的流逝，准确的数字数据收集（如网站、应用程序以及其他的数字体验）一直在面临执行方面的挑战，而维持起来难度更大。复杂的数据收集工作已经进行多年，而且源于被收集数据的汇报也是准确的，为什么要替换这个技术呢？

- **没有可用投资**。不幸的是，你要直面分析没有可用投资这一惨淡事实，而且这种情况一直存在。

- **缺乏可用资源**。有时候你希望改变和提升，可资源往往用在了现有工作上。

需要一些东西：保留目前所有的工具（无须替换）

分析团队最常见的状态便是工具永远存在，只是它们被渐渐废弃，或者与那些混乱错误的数据一起变得臃肿不堪，从而被懂得数据细致差别的职员们多次复活和检验，也许这些工具会永久存在。在一些例子中，停用某个商业化工具可能需要几年的时间，如从 Brio 转移到微软。人们常常将自身与数据以及为他们服务的工具捆绑起来。于是，工具便很难被替换，而团队新成员则通常希望购买那些他们已经知道或者希望知道的工具。在一个公司里，至少使用 6 个不同的报告系统，它们都拥有分布在不同地理区域的相似数据，这些系统必须被巩固、优化和增强。以下是分析团队需要更多工具的几大原因。

- **信息收集已崩坏**。收集数字数据的过程十分复杂。许多标签需要统一操作。当这些标签遭到损坏或者数量不足时，数据收集就需要被优化。也许需要标签管理系统。代码可能需要重写。数据收集类型可能需要再设计，以使用应用编程接口和网页服务。

- **人手不足**。随着企业发展以及资源转移，系统可能成为没有主人的孤儿，在藤蔓上渐渐枯萎，缓慢死亡，数据变得腐朽，最终彻底失效。

- **成本**。替代品成本过高，而免费使用或低价的工具也许不能提供必要的功能。

- **报告不灵活**。数据探索、分析和可视化所需能力不足。

- **失去支持**。随着时间的推移，工具发生改变。新版本发行，产品成了明日黄花。

- **不能对其他系统进行扩展**。编排和处理数据的新标准对于创造数据池十分重要，而数据池对于报告和分析也十分有必要。

替代一些特定的东西：外科的再造工程

第二种最常见的状态是分析团队中有成员掌握一两个核心工具，并且处于正在整理和围绕分析边缘而增加工具使用的过程中。你可以让采用谷歌分析和商业智能解决方案的团队来做核心分析工作；对于更专业的工作，这个团队通常会用 SAS、Kissmetrics、Monetate 和 Sysymos。以下是分析团队需要替换某些工具的原因。

- **在更大环境中出现的集中管理的分析团队**。当公司集中分析工作时，团队在资源不足的条件下很难满足所有利益相关者的要求。因此，人们可以多拜访分析团队并使用免费工具，例如谷歌分析，它们正在等集中管理的分析团队来传播。

- **持续升级和维护**。工具需要升级，以掌握新技能。当运行多个工具时，也许难以提供相同甚至是当下的工具特征。

- **使用数据仓库最佳实践来创建数据集市和业务数据商店**。将所有数据放在一个数据集市里也不是没有可能。通常有多种工具提供数据访问，并且提供在一个工具或位置无法看到的数据视图。同样，企业可能想转移数据并将其整合以创造数据之间的新关系，允许用新的方式对其进行探索。一个模型就是要创建一个企业数据仓库，需要用到所有关键的分析数据、有特定功能的开放式数据服务（ODS）以及针对每个业务单元的数据集市（DM）。例如，一个负责财务的 ODS 或 DM，一个负责营销，另一个则负责销售，诸如此类。

- **请求变得重复，人力难以为继**。尽管将人才和工具进行了最佳融合，企业还会要求进行创造、收集、报告以及新报告的分析，而目前的人员和工具套装并不能满足自动维持报告的需求。

- **新产品和渠道需求**。工具的功能有限，不能应用或扩展到企业创造的新产品和新数据上。

- **无法获得工程支持**。工具不仅在没有主人的时候开始消亡，在得不到 IT 部门的支持和拓展时也会如此。

每个事物都需要改变：更换一切

幸运的是，大多数专业分析人士从未体会过紧张的时刻，从未意识到分析引擎以及支撑它的所有工具需要关闭，全部替换掉。在这种情况下，公司会意识到它在分析上彻底失败了，或者说之前从未尝试过"分析"。为了不错失良机，就要马上做出安排。我在职业生涯中经历过一次这样的事情：一个由 Java 构建、用来处理服务器脚本文件的复杂商业智能系统需要被完全替换，它覆盖 200 个网页，并且采用高度定制的数据分析软件——软件即服务技术。在这个案例中，分析师少于 20% 的时间用于分析和社会化，其余都耗在了工具使用、配置和报告上。以下是分析团队需要更换所有工具的几大理由。

- **已损坏，尽了最大努力也无法完全修复，速度不够快**。公司也许会有专用的空间和时间来修复现有工具，但始终不能满足需求。通常情况是，较老的工具没有新的技术特征，或者公司无法使工具的维修和使用同时进行。

- **人力不足**。由于组织结构和投资的缘故，没有专人管理和维护工具，且替换、增加、培训或者雇用新职员的花销是一律不允许的，或者说被视为一项没有价值的投资。

- **当对分析工具及其输出的感知薄弱，且有可用投资时，要灌输信心**。对一个现有工具的感知度较差时，好的办法便是毁了它或者替换它以提升感知度，有时候人们会出于各种原因，在用一些特定的工具时体验较差，最靠谱的办法便是弃用它，并启用不受以往认识和判断偏见束缚的新工具。

- **供应商针对全新的、基础的和核心的技术实行产品转变**。任务从一个主要供应商转到另一个供应商会促使基础设施快速变化。例如，公司可以只使用开源软件或者由特定企业软件供应商提供的技术，又或者是支持一定技术功能的工具。

- **没有解决业务问题**。随着企业的改变，购买工具的商业理由已经转变而且也不再有意义。工具也不再单纯地与其收集、报告、可视化、分析、预测以及优化的数据相关。

- **突出的供应商问题**（例如培训）。复杂的工具需要培训人员或者雇用受过培训的人员。培训也许花费巨大，所以企业为了节省成本便要求员工自学如何使用工具。然而，这会导致工具并未被充分利用，且达不到预期效果。因此，人们感知不到工具是有用的，只是因为公司没有给员工提供正确的培训，又或者是没有给员工足够的时间，并且没有支持员工自学。

平衡分析技术的管理：企业运营还是 IT 部门运营

正如我在书中不断提到的，一个分析团队需要来自 IT 部门、工程 / 发展和质量保证部门的支持。这些部门的支持程度由数据分析团队所要求做的工作来决定。基于你的团队在组织结构图中的方向和定位，你可能属于业务部或 IT 部，这种情况下，你可能负责运行分析技术，用于建立或者提供用来报告的用户界面。或者你也可能是报告和仪表盘的消费者，它们由运行技术和为你提供商业服务的人提供。因此，你的分析价值链可能会存在误解和低效现象，这种情况可能由预期、目标和愿景的错位所导致。

我的专业背景是商科，而且我也将我的职业生涯全部奉献给了软件技术和互联网。我所经历的事业巅峰和经历教会我，让一个掌控全局的企业领袖成为最高管理者是有道理的。在落后的"唯报告论"的方法中，分析团队在支持工程技术方面容易变成操作者和交易者。对照起来，"唯业务论"会留意到分析团队缺乏了解软件开发生命周期以及数据采

集、报告可行性的技术知识和经验。因此，有必要通过平衡商业和科技确保你的分析团队不会走上极端

在某种程度上，我描述的是一个概念，即技术商业智能团队可以提供分析，而业务团队则负责管理分析技术。缺少一方，另一方就无法实现价值最大化。因此，分析团队平衡的解决策略就是整合由企业领导的具备丰富商业和技术经验的团队。

企业领导者站在最高位置上来领导分析团队，可以确保分析以企业优先，并且能够集中主要力量回答企业问题，而不是回答技术路线图或者技术问题。技术服务于企业，而不是企业服务于技术，所以企业必须让技术为其擅长的分析价值链的环节负责，例如系统维护、网络化、数据仪表化和质量保证。企业确保技术团队负责以下几种方法。

- **组织方法涉及团队架构和角色定义**。例如，商业智能团队用直接手段或虚线方式向分析工作的领导者汇报工作，这是有道理的。大量可用的 IT 小时被分配给分析工作的 IT 任务。再培训、雇用以及替换职员，创立问责制。敏捷迭代中可用的点可被分配来支持分析工作。
- **策略方法**。有必要训练、教育、开发新方法或者努力适应技术过程中分析的细微差别。
- **财务方法**。IT 部门的薪酬和奖金激励与满意度绑定。

选择分析工具

显然，数据分析工具对于任何分析项目来说都很重要。工具是多样的、各异的，而数字数据的收集、报告，甚至分析的选择也是每天都在进步。无论软件是否由 IT 团队在本地或者云中运行，例如软件即服务，或者是来自第三方数据供应商，例如受众测量公司，数据分析供应商都把重点放在了移动、社会化、多渠道和全渠道、优化以及用大数据科学进行预测上。

多渠道的概念意味着数据存在于多个渠道。全渠道指以客户为重点，用综合方法在一个以上的渠道上分析数据。在传统媒体中，渠道也许是电视、广播、广

告牌、直接邮件、报纸、杂志等。在数字媒体中，渠道也许是付费搜索、自然搜索、展示广告、快速响应代码、超本地化移动广告活动或有针对性的社交媒体活动。最佳的工具供应商致力于将所有数据整合、组织起来，允许询问和报告，并应用可以预测未来的先进统计技术。通过将所有这些数据转移到数据库，有望从这些数据中挖掘一些关系，以帮助了解如何创造新的或增值的商机。

那些沉浸在"工具战役"中的工具很难与免费工具相比，但它还是完成了。一个普遍的观点是，大企业可以通过使用谷歌分析的免费版本来完成任务。但是，这得看情况。越复杂的企业环境越能从免费工具中获益。也许谷歌分析付费版或通用版更有用。又或者是来自 Webtrends、IBM 或者 Adobe 的工具更有用？

以下是用来选择分析工具的框架，在你考虑购买新的工具或扩展目前所使用的工具，又或者是想使用免费工具时，需要回答以下几个关键问题：

1. 我的预算是多少？
2. 我有什么资源？
3. 我是否有组织能力，是否在运行内部软件解决方案时足够成熟呢？
4. 我是否愿意消除经常费用和技术花费，方法是将我对数据分析技术和基础设施的控制权委托给来自供应商数据中心的托管解决方案？
5. 我是否希望将来自多渠道的（在自己的系统内或我的公司外）分析数据整合在一起（又称跨渠道数据整合）？如果是，什么系统会有我想要的数据（客户关系管理、广告服务器之类的工具）？我的 IT 团队可以支持以哪种方式提取、转换和加载数据呢（例如网页服务、API 调用以及平面文件）？

在讨论并得出这些问题的答案后，你会确定一系列值得考虑的供应商。

供应商选择框架基于产品的各项重要特性以及出售它的供应商来评估产品。以下标准列表并不详尽，它仅是本书提供的一个例子。我们将会讨论这些标准是如何与你的企业的需求和目标相关的。

整合并应用这些标准，建立一个矩阵，其中左侧轴表示标准，顶部表示你选择的公司。根据以下这些准则，将用于评估供应商的客户信息录入单元表格（每个供应商为电子表格中的一列）。

- **商业价值**。包括主要项目的业务计划和 KPIs。

- **利益相关者**。参与项目或受项目影响的商业团队和人员。

- **架构**。愿景、标准工具、所需服务水平协议、备份的需求都分别指什么。

- **交易结构**。表明首选的财务、发票和付款条件。

- **公司描述**。使用公开可用的资源来说明和描述公司。公司成立多久了？偿付能力如何？客户如何评价该公司？

- **总的技术说明**。阐述技术的含义以及它是如何运作的。当深入探讨研究数据时，置信水平和置信区间会有何联系和变化（即误差幅度）？你能从各个维度，就一部分可用数据的属性进行报告吗？还是说报告内容有限？报告输出情况如何？

- **产品和服务能力**。行业评估时，评估供应商总体的技术和服务组织能力。有多大比例的客户成功采用了标签并从一开始每个页面都完整覆盖标签呢？或者一开始就转换成功，正确分析了自定义日志文件？

- **产品所需的解决方案**。列出产品或者支持全面解决方案所需的产品。可否运行相同的查询系统，并在公司所有技术方面得到相同的答案？

- **易用性**。指明通过浏览界面和报告进行交互和导航的复杂性。从可用性和信息结构视角评估 UI 的用户体验。你可以轻松找到获取分析动力的数据吗？

- **产品更新和难点**。指明产品更新中的难点和一般的升级迁移途径。在发布中充分利用新功能时，是否需要对标签和其他数据收集进行升级？

- **实时报告延迟**。确定在技术范围内数据可用性的延迟或滞后。是连续处理还是分批处理？

- **实施时间**。指明部署基准线和解决方案的时间。试试开始后一个月内有多少公司客户能标记所有的网页并处理日志？3 个月内呢？6 个月内呢？

- **易于实施**。指明使用该技术的难度系数。如果没有对 JavaScript 页面标签进行任何修改，你可以使用多少百分比的公司应用程序？

- **数据收集模式**。确定数据收集方法。公司的数据模式只是简单地累积、报告各个时间段的独特数据，删除基础数据（即使你不买附加产品）吗？维持 13 个月完整且未归纳总结的访问者数据要花费更多的费用吗？维持 26 个月是更久呢？

- **数据保留和数据所有权**。请说明你是否保留数据所有权。保留多久？保留的粒度如何？公司会保留访问者数据多长时间？对于所有的应用程序是否都一样（不只是一个数据库组件）？

- **集成**。确定并描述数据源的数量、格式、维度／事实、要求的数据保留和更新频率、元数据、历史、数据分类以及要求的数据转换。指明和外部系统集成的特征和方法。应用程序界面？网络服务？总结摘要？仅仅是 Excel？

- **创新**。与行业竞争对手进行比较时，通过深入研究公司状况来明确创新水平。分析师怎么看？公司的工程组织规模有多大？公司在研发和合作关系上的总费用比例如何？

- **安全性**。确定安全模式。该工具是否支持与目录服务和企业软件的集成并用于管理用户。如果支持，是什么样的模式？每个席位的成本或许可费用如何？

- **细分**。指明细分数据的灵活性和易用性。现成可用的细分数据的总数和最大数是多少？如果想增加细分段和过滤设置，费用会增加多少？如何创建这些细分段？

- **高级分析**。识别统计、预测、数据挖掘、机器学习和其他复杂的分析要求。

- **存在的属性越多，问题也就越多**。要真正理解一项分析技术，就意味着要问一些有难度的问题，评估公司回答你的后续分析和选择等方面问题的方式。

社交媒体工具

社交媒体工具指的是范围广泛且不断增长的技术集，它们以免费或收费的软件或软件即服务形式存在，对实时数据、潜在的细节数据、作用于一个或多个地区的社交媒体数据进行收集、存储、衡量、报告及分析。社交媒体工具可由社交媒体平台（如 Facebook 精准营销数据分析，Twitter 分析）和非社交媒体平台（comScore、Compete.com、Salesforce.com）提供。

社交媒体工具数量之多，数不胜数。这样，你的业务会更容易从社交媒体专家处受益，他会用统计模型收集管理数据，而不是像社交忍者一样，只会向有影响力的人舞动拳脚，向批评者挥舞双节棍。因此，最好的社交媒体工具可以帮助数据分析人员（和名为社交媒体分析师的集体）从谷壳中剥离社交数据的麦粒。

前面我们回顾了一些值得借鉴的、有助于选择数据分析工具的标准。许多相同的标准也适用于选择社交媒体分析工具。然而，在选择社交媒体分析工具时，你还需要考虑能支持社交媒体独特性和新概念的那些特点。

以下是一些有助于进行社交媒体分析工具评估的衡量标准。

- **用户**。确定分析团队如何使用社交媒体分析工具会比较符合常理。该工具是否需要一位专门的管理员？是用户自定义角色吗？你应该设置多少用户，扮演什么角色？如何处理用户安全问题？

- **聆听和参与功能**。找出一种可以测量社交媒体分析聆听和参与的方式。谈话是环环相扣的吗？是否进行了实时数据采集？你能否只在工具中回应社交媒体渠道？什么类型的元数据或其他不同社会源数据可以使用？

- **搜索**。社交媒体传播的高文本性（甚至是视频、文本、图片和网页等对象的标签）要求具备强大的搜索能力。一定要了解每个工具在你的社交媒体搜索分析功能上的细微差别。什么技术适用于搜索？哪些语言可以用呢？自动分类、分组、文本分析，还是不同语言或地域中那些奇怪的多义词呢？查询语言？单次搜索成本？使用关键字列表？按条件筛选结果？钻取？保存？重新运行？用电子邮件发送结果？自然语言？布尔值？

- **感悟、文本分析和分类**。明确文本挖掘和分析的特征，并确定该特征是如何定制的。根据客户参考资料，讨论文本挖掘工具是否有用，或是否在某些方面仍存在不足。该工具如何处理语言的细微差别和文化上的差异？文本挖掘工具可以轻易地让人们感到惊叹，因为它很容易被掌握，并且在帮助业务发展方面有着巨大的潜力。然而，目前还没有最佳的文本分析方案。所以，要深入研究文本分析及其如何处理多种文化背景（不同符号标记）和不同语言（一种、多种或一个国家范围内）中的多义词。确保该工具可以适应当地和区域语言特点，能识别口语和俚语的细微差别。

- **数据访问与整合**。社交媒体数据本身具有价值，但其价值只能通过与其他数据整合后才能实现。对来自客户关系管理系统、第三方数据供应商［康姆斯科和普利夫（Rapleaf）］、数据增强商［益百利（Experian）］、大型数据平台（谷歌和Facebook）和客户数据（客户关系管理系统中的数据）的数据进行整合是有可能的。要明确如何以及何时对数据进行收集、存储和总结。时间是多长？预计成本是多少？谁拥有所有权？数据访问能否在不脱离社交媒体工具或借助工具本身的情况下进行？有哪些已知的合作伙伴、已证实的应用案例可以证明数据访问、提取、转换、加载与社交媒体工具有联系？

- **集成**。在比数据集成更宏观的层面上，所有系统可以被连接在一起，通过共同运行来产生商业价值。Adobe Genesis、Webtrends Connect、comScore Social

Analytix、Salesforce.com 都是系统集成的例子，都能在供应商或客户层面实现。

● **定制和成长**。社交媒体是动态的，不断有机发展的；因此，社交媒体分析工具必须具备可以使数据收集、处理、报告和分析有可扩展性的特点。此外，社交媒体分析的聆听、参与、管理等特点必须继续进化。该工具将如何应对 21 世纪社交媒体必然的快速变化？

● **跟踪、报告和分析**。该工具可否追踪社交媒体团队的时间和活动、消息存档、进度管理、数据仪表盘、调度报告，还是其他第三方数据的应用？

移动分析工具

移动分析工具同数据分析工具相似，应该使用本章前面已经概述过的相同标准来衡量。这些工具可以进行数据收集、处理、报告、可视化，甚至可以直接从手持移动设备及安装的应用程序和软件上收集数据并进行分析。最好的工具可以提取设备中的移动数据，甚至将其与其他数字或传统数据进行整合，如定性数据和客户需求数据信息。其他移动分析工具同营销工具相结合，来呈现移动营销的特点和功能，如应用程序内的消息、购买或跨应用程序的移动营销平台。

移动分析工具可分为以下几种类型：

● **内部移动测量工具**。通过数据中心 IT 部门安装和维护的软件进行布置，或者由像 Webtrends 和 Localytics 这样的软件服务供应商提供。

● **外置移动测量工具**。尼尔森和康姆斯科等第三方数据供应商会收集、汇总数据并形成报告，并从专用系统提取分析数据，将分析数据和其访问权限销售给客户。

由于移动分析是另一种数字渠道，所以许多相同的原则也适用于选择移动分析工具，同样也适用于选择数字分析工具或社交分析工具。移动渠道同其他渠道还是有细微差别的，因此，需要关注以下移动数据的收集、报告、分析方面的难题。

● **数据收集**。正因为并非所有的移动浏览器都执行 JavaScript 的程序语言，所以最常用的网络分析数据收集方法并不适用于所有设备。因此，供应商为数据收集提供了选择。目前，移动分析产品包括基于图像的数据收集方法、数据包嗅探器、无标签的服务端、网络服务、日志文件等。

- **由于缺乏 Cookie 支持且 IP 地址不断变化，产生了独特的访客识别问题**。当在塔间切换时，移动浏览器的 IP 地址会发生变化。此外，很多移动设备将网关的地址作为 IP 地址，使得所有设备都像是同一个设备。而且，不是所有移动设备都支持 Cookie，这就加剧了独特性评估的难度。人们都知道，在进行网络数据分析时，Cookie 有助于定义独特性和进行移动分析，在 IP 地址中途改变时有助于串联远程信息。当你不能使用 Cookie 时，可以退而求其次，用 IP 地址或用户代理来代替。可当你不能设置 Cookie，IP 地址和用户代理又相同时，该如何区别唯一性呢？这就是个挑战。有趣的是，数据嗅探包（数据收集方式之一）此时就有优势了，因为在超文本传输协议标头中，一些设备能通过独特的 ID（例如电话号码）。当你能在标头中发现独特的价值时，你就可以很容易检测到独特性。
- **手机功能检测**。希望明确设备是否支持视频推送、视频流、手机铃声、下载视频剪辑片段的公司要谨慎选择测量工具，以便确保那些功能有效可用。
- **电话和制造者识别**。使用无线通用资源文件的数据库和移动直接数据存储库（DDR），如 DeviceAtlas，可以识别电话和制造商的设备属性。大型厂商在进一步将数据同其现有的产品进行整合，而较小的利基市场参与者正在使用这些产品。
- **屏幕分辨率检测**。移动营销协会关于四个"标准"屏幕尺寸的标准可能引起对网络分析的 JavaScript 的足够重视，让其成为引导用户体验和移动应用界面设计的聚光灯。
- **流量来源检测**。在移动领域，难以确定搜索、电子邮件、直接输入、广告显示、其他移动应用程序、应用程序商店、浏览器和营销活动等的流量来源。
- **地域识别**。网站访客来自何处？每个国家的移动受众环境如何？通过这个信息，你可以推断国家的特性，据此进行移动网站和应用程序优化和本地化。但并非所有设备都支持地域识别，因为使用的是网关 IP 地址，而不是 GPS 信号。如果地域数据对你来说很重要，一定要告知供应商，你很关注他们收集信息的方式及其局限性。

尽管该行业在移动分析数据的收集和报告方面仍面临着很多难题，但在应对新型分析领域的解决办法方面，相比之前已有较大的进步。然而，在所收集数据的准确度和移动体验总体数据报告的精确度方面，供应商们还有更大的进步和提升空间。

当你意在为公司购买最佳解决方案时，要仔细考虑为了分析而收集和汇报的数据，审慎选择供应商，确保该供应商能提供更恰当的可扩展的数据收集和报告能力，以便更符合公司的业务目标。

成功的工具部署

下面是成功部署工具的一个简单框架。

- **考虑做一个需求建议书（RFP）**。当然，厂商总会欣然承接，宣称可以做到要求的一切，这不是 RFP 想反映出来的东西。RFP 需要人员将工具和业务需求精准地呈现在书面文件中。RFP 可作为质心，以一种反映和递归的方式对记录需求。此外，与供应商交互的流程是在业务关系早期确立的。你会惊奇地发现，通常一家公司在报价过程中的行为（表现极好是为了你的钱）可作为未来行为的指标，未来行为确实会有所不同（在得到你的钱后）。因此，RFP 流程不仅有助于识别、记录、交流、获得工具和业务需求方面的跨部门许可，还可以用于了解和预测供应商的组织行为。这在数字分析方面至关重要；在人才和资源如此稀缺之时，在 21 世纪世界级分析项目的实施、执行、维持和优化的各个阶段，咨询顾问都必不可少。

- **亲自与供应商的各级团队互动**。虽然销售关系可能给你带来免费的食物、饮品、体育比赛的门票或其他乐趣，但是销售人员在拿到支票后一般会迫不及待地兑换成现金。届时，在销售周期（和棒球比赛）后，会有一个客户伙伴分配给你，而你从来没有见过他，对方对你和你的业务也不了解。因此，最简单的方法就是要求会见将要与之签订合约的人，作为客户与其交流一下。你的客户包括专业的服务工程师、客户合作伙伴、项目经理，甚至要和支持工程师进行电话联系。不要害羞，在签订合约之前，要打听好相关人员的情况。

- **要求供应商使用自己的资源**。考虑到数据分析领域人才短缺的问题，对供应商来说，使用其他公司的合作伙伴的现象并不少见，而这也未必会被公开。换言之，你购买了 X 软件，并且期待 X 软件的专业服务团队来为你部署运作，但是供应商太忙了，因此他会联系 Y 专业咨询公司并派 Y 公司的员工来帮你运作。尽管这并不明智，但要知道这种情况时有发生。尽管许多最好的供应商有自己的咨询公司，但是研发了这些工具的供应商有提供专业服务的实力，并且能够直接接触产品工程团队。

- **不要满足于模糊的范畴**。范畴指一个项目所需的所有工作。从最简单普通的报告到最复杂精密的分析成果，范畴对于成功交付任何分析成果而言都至关重要。不要像商务人士一样止步于缩小的范畴。一般的商务人士只会指定相关的分析范畴给 IT 部门，但是成功的商务人士会控制，或提炼，或精简，或扩展分析成果范畴，以保证能够最好地完成他们的工作。

- **双方都需要项目经理**。分析团队需要得到项目管理专业团队（PMP）的支持，而这不是指分析团队像 PMP 那样，使用 Microsoft Project 或一些在线软件来管理项目的运行、对象、风险和问题。数据分析项目可以从真正的 PMP 全部或部分配置中获益。项目经理把控着整个项目的所有细节，并且能够帮助分析经理和分析师成功地执行整个项目。

  虽然某个分析经理或许是公司历史上最好的项目经理，但是她的工作不只是项目经理。她的工作（她能够得到报酬的原因）是分析数据，并且能够基于数学事实讲故事，而不是管理她的团队正在运行的或她所负责的不断变化的与项目执行相关的一系列细节。换言之，分析经理需要严厉甚至冷酷无情地管理分析团队、宏观项目、高级经理、同事、利益相关者、他们自己和项目经理。

- **持续跟踪直至项目成功**（你和老板）。经理，甚至是一个世界级的 PMP，都必须跟踪每一个目前执行的项目的各项管理指标，制订计划并要求执行。这意味着你作为分析管理者应该将你团队所执行的所有内部操作、战术或战略聚集形成一个统一的文件。而这个主文件需要实时更新、记录和维护，使之能够清晰反映你的团队已经做了的、正在做的和计划要做的事情。

- **确保交叉功能**。最后一项要点是一个小提示，对成功成为一名分析经理大有裨益。你或许认为你知道自己需要的东西（并且可能是对的），你或许认为自己能够独立完成（并且可能是对的），但是企业是有组织和文化的实体，在人类活动中很少有人能够仅凭一个人的努力、意志力、蛮力和智力获得成功。企业是社会实体，其凭借团队创造价值。就此而言，最好的分析主管们利用商业、技术和社交技巧（这是基于数据分析展开竞争的必要条件）达成跨职能的共识，通过数据、研究和分析来创造价值。

业务关键：维护

维护分析功能是一项复杂艰难、充满挑战的工作，但它是一项有回报的、有趣的工作。在第 2 章中提到的分析价值链有很多阶段。每个阶段从数据定义到收集、确认和报告都需要准确无误。因此，分析需要来自各个不同职能的配合支持。如果任一支持团队在价值链的某一环节无法交付需求或商定的内容，那么下游数据就变得不准确甚至无用。就此而言，分析领导者的职责便是保证从高级副总到副总、总监、经理、分析师在各个层面上维护分析的准确性。可从以下几个宏观领域来维护数据分析团队。

- **体系结构、基础设备、数据收集和数据管理**。这个维护领域指的是工程、IT 和技术工作、流程、维护技术成功持续运营的团队（该技术支持数据报告工具）。数据收集，如加标签、使用 API 调用和相关的标签规范、数据采集测试等，此时应该分类和配置资源。最后，数据必须是准确的，且准确性应随着数字体验的不断发布而持续得到维护。

- **报告与数据分布**。报告是关键且必要的。报告的生成和分布是分析中必要且固有的一部分。维护报告并不是一项"一劳永逸"的活动。报告和支撑报告的基本数据需要定期审阅复查，确保数据没有漂移和恶化。事实上，报告可能失效是自动生成报告和其他计划报告需要审慎维护的原因之一。换言之，要努力提供分析来解答公司问题，而不是通过自动发送的邮件来输出报告。

- **分析与分析交流**。那些以新方式应用分析技术和数据分析方法，及时将数字数据整合的人，对于通过分析创造价值来说是十分重要的。IBM 公司认为世界上 90% 的数据是在近两年内创造的，这也展现了"分析的竞争"这句话所潜藏的组织能力和业务能力。以分析取胜当然需要分析师花费时间和精力去研究、观察、探索、钻研和发觉数据，从而解决业务问题。利益相关者利用分析结果来采取措施，创造出可观的收入并降低成本。分析团队还必须就分析成果、建议、结论和研究本身进行沟通与交流。分析工作包含建模、应用分析方法和技术、登录页面优化、预测建模、客户体验管理等。

当维护一个分析程序时，你具备的技能必须能够适用于多个领域的团队成员。例如，你需要一个分析团队，这个团队的成员需要对整个分析价值链有大概认识，且每个人可能有自己擅长的领域，诸如主要能够胜任数据收集的前期工作，但也有分析和呈现数据的相关技巧和能力。

为什么数据分析工具和数据会衰落

基于业务需求采用并定制工具以满足需要，并开始分析报告，这些都能完美地进行，对吗？事实并非如此，公司在过去几年里寻找它们的第二个或者第三个工具是常有的事情。又或者它们为了达到目的部署了多个工具。为什么企业找到一个能够全面系统输出分析，以帮助它们决策的工具这么难呢？许多因素影响着一个工具的成功使用，可能会导致失败。

- **无法为业务需求进行定制**。当网站创造了更多、更丰富的跨多个数字渠道的动态体验时，该工具就需要适应多个渠道或全渠道。公司相关人员可以创新出新产品，而这需要专门的方法进行跟踪。又或者说，他们在数据收集、报告、分析、优化或预测等方面的需求不能在当前工具或一组工具中实现。
- **培训**。企业必须雇用或培训懂得操作工具的相关人员。然而，事情并不总是这样，因为人们懂得怎么操作 X 工具的话，他们能够举一反三地操作 Y 工具。如果公司没有足够的时间和财务预算来拓展团队运用工具的能力，该工具就无法被有效使用，甚至可能无法使用。你必须通过分配资源确保员工参与当下的培训，否则你所拥有的这些工具会被视为废物，因为无法被有效使用，最后导致你要去探索新的选择，购买其他工具。
- **缺少分析素材**。这不是工具本身的问题，而是在无法快速、灵活地响应业务请求时却需要拓展工具，提供数据，或者更糟糕的是去分析数据。如果企业无法得到足够的素材来使用和拓展工具，并分析采集的数据，就对工具的好坏妄下断论，这是没有意义的，也没有必要去寻求新的选择。
- **过多或者过少的详细数据**。因为是大数据，所以从 tb 到 pb 级数据源查询和报告花费的时间可能比预期的更长，并且即使投入更多的硬件，也未必能提升处理进程。因此，分析团队为了减少报告原始数据的时间，或许可以创建数据的索引或聚集视图。企业对于原始数据或详细数据的需求可能会改变，所以用于分析的工具组也可以改变。
- **过度复杂**。在分析行业，如果认为分析工具的部署和扩展是容易的，这在某种程度上是一个笑话。掌握工具与数据分析绝非易事，而是十分困难复杂的。充分运用分析工具的难度和复杂度在于如何拓展工具使之能够满足业务需求。许多工具差强人意，不够直观，甚至操作太难，以至于不能拓展至整个企业。从标签挑战到精心策划更改数据收集、测试数据收集、建立报告、构建一个自定义模式（在使用多个变量建立各种类型的统计和预测模型的要求下，需要配置和集成额外的应用程序），上述这些环节一旦出错，公司就会感受到挫折，寻求其他解决方案，并在这个过程中放弃该工具。

当然还有其他原因存在，诸如成本、设备、数据可用性等，但是在评估、选择、执行、使用、维护、更改、升级或者决定要增加、拓展或者更换你的分析工具时，上述所列的几点应铭记在心。

第 5 章

数据分析方法和技巧

维基百科对"分析"一词的定义是:

分析是将一个复杂的话题或者实体分解的过程,以便更好地理解。虽然相对而言该方法作为一个正式的概念是最近才发展起来的,但是在亚里士多德(公元前384年—公元前322年)以前它就已经被运用到数学和逻辑学的研究当中。

作为正式的概念,该方法已被很多大科学家运用过,例如,阿尔哈曾(Alhazen)、勒内·笛卡儿、伽利略·伽利雷,艾萨克·牛顿也将它用于物理探索的实践之中(他并没有为这种方法取名或做正式描述)。

维基百科对"数字"一词的定义是:

数字系统是一项运用不相关(非连续性)值的数字技术。相反,非数字(或模拟)系统代表着运用连续功能的信息。尽管数字表示是不相关的,但其所表示的信息可以是不相关的,如数字或字母;也可以是相关的,如声音、图像及其他测量值。

"数字"一词来自其同源词根 digit 和 digitus（拉丁语意为"手指"），因为手指用于不相关值的计数。它被广泛运用于计算机和电子学，特别是那些将现实世界的信息转化成二进制形式的领域，如数字通信、数字影音和数码摄影。

根据常见定义，"分析"一词代表数字系统内在特性。因此，如果你将这两个定义结合在一起形成一个新词来定义数据分析的话，你便能假定它其实就是：

> 人们在一个或多个数字体验中运用技术和方法来统一理解信息和行为的过程。

该定义并未包含某些金融概念，如成本、税收和利润。但数据分析也可以运用于非商业智能，例如非营利的以内容和任务为驱动的数字体验，超越了以注重转换和收益的数字体验。

本章会就商业数据应用分析有用的概念进行综述。尽管所举的例子随处可见，但是综述水平较高，主要针对那些对分析概念（如数据可视化及数学和统计学方法）有了初步了解的读者。本章内容不是最详尽的，并不包含数字数据应用的所有方法或技巧；但是，对于理解哪些是可能的，本章内容将非常有参考价值。我写这一章的目的也是想帮助那些难以找到分析技巧的读者。本章内容包括：

- 概述过去和现在与数字型数据以及数据分析相关、有用和适用的学术理论；
- 当运用适当的数据提取工具和方法从源系统中提取数据时，讨论检查和询问数据的技巧；
- 回顾重要的有用的数字可视化方法，它们可以运用于数字型数据领域，且不局限于数据表和数据制作软件；
- 深入回顾和描述有利于数字数据分析的统计类数据挖掘和机器学习技巧。

在本章的最后，你的分析原理知识应该会得到巩固和拓展，因此你要准备好把这些技巧和方法运用到数字体验的分析之中，以便获取那些创造商业价值的洞察和信号。

讲故事对分析来说尤为重要

通过讲述扣人心弦的故事来阐释数据的作用，对于分析来说至关重要。用数据讲故事时，需要回答商业问题并展示那些源自数据的观点和知识，这些数据含有一套相关且有用的以结果为中心的可靠建议。准确的分析方式有利于创造和推动商业价值，达成这一目的需要应用本章的方法和技巧。但是，你用数据传递信息的方式甚至比数据的含义更重要。切记，如果你的分析有任何不同、改变，或你的观点异于常人，抑或是你的分析显示的业绩不够乐观，那么你的数据和分析将很有可能受到挑战。分析者必须确保分析以最可能人性化的方式呈现，要关注组织的行为、动机和人的情感。因此，不要用仅含图表的数字和幻灯片来攻破数据的内涵，确保通过数据来编织故事。不要犯单纯呈现数据及可视化的错误。要用数据讲故事。

以下是一些用数据讲故事的准则。当以故事的叙述形式将分析社会化时，可以考虑运用以下这些技巧。

- **明确为什么要分析，为什么你要讲的故事是重要的**。毫无疑问，商务人士是非常忙碌的，并且报告和分析的环境。解释为什么他们要在意这些。

- **表明你想要讨论的商业问题和失败的代价**。明确指出需要分析的商业问题并给出建议，你就能消除疑惑。

- **识别预先警告**。如果有错误、纰漏、附加说明或有待讨论的事项，要事先说明。

- **用虚拟人物将所报告的数据人性化，从而使分析去个性化**。用虚拟人物可以帮助分析去个性化，同时能够降低政治风险。叙述分析时创造虚拟情节、将概念抽象化有利于避免冒犯某个特定利益相关者和团体。

- **引用利于叙述故事的重大事件**。当你要展示度量变化的时间序列数据时，确保利用与数据变化吻合的事件和活动进行解释。外部效应、市场活动以及其他商业活动有助于阐释数据的变化。

- **使用图片**。一图胜千言。利用表格、曲线图、趋势线及其他数据可视化技巧来节省宝贵的时间。可能的话，使用插图来传递概念。

- **切忌使用过于复杂和含糊的词汇**。在分析中尽量避免深奥的科学词汇。没有人真的会记住 "stochastic" 这样的词。尽可能简化分析用词，以便你的利益相关者们理解并做出反应。

- **确定需要的内容**。使用行为导向的动词和描述性名词清晰地写出你要求做什么。说出你的想法和想要做的事情。尽早预测支持分析所需的成本和新资源。

- **明确不采取行动的成本**。明确不采取措施的财务影响，并将其与采取某些行动的成本做比较。这或许能帮助你提出备选方案的对比成本。
- **结尾提出一系列有价值的建议（降低成本或增加收入）**。尽管你可能不是要求分析者那种水平的专家，分析师仍旧应该表达他们对于数据和业务情况的想法和观点。提出的建议应该明确且直接以数据分析为基础，并且这些建议还必须能经得起监督和质疑。

图基的探索性数据分析

约翰·图基 1977 年创作了《探索性数据分析》一书，他是第一个在现代词汇中使用"软件""比特"或"二进制位"等词的人。大多数数据分析师都能从图基及其探索性数据分析中或多或少学到一点东西。可以将探索性数据分析应用到数据分析之中。

探索性数据分析更多指的是一种分析的思维模式，而非直接的技巧和方法；但是本章节介绍的探索性数据分析会用到一些技巧。图基的数据理念是赞成观察、可视化、谨慎利用技巧理解数据。探索性数据分析不是调整数据来适应分析模式，而是调整模式使其适应你的数据。所以，图基和探索性数据分析对非高斯和非参数统计方法产生了兴趣，此种数据呈现出头大尾小的非正态分布。听起来很熟悉？没错。长尾理念很可能是图基赞成的用来理解大数据的帕雷托概念。毕竟，大多数网络数据都是非正态分布的，因此使用预期正太分布的基础数据将不是最理想的。

本文提到图基不仅仅是因为他对使用数学和统计来理解数据的内涵产生了巨大的影响，而是他的数据分析模式基于一套对数据分析有利的哲学和原则，包括：

- **目测数据，理解模式和趋势**。检验原始数据，以了解在一段时间内数据各个维度和概念之间的趋势和模式。目测检查有利于构建可能应用于你的数字型数据的分析方法。
- **尽可能用最佳的办法获得关于数据以及数据内涵的见解**。图基赞成要超越数据及其细节，在回答问题的情境下理解数据的内涵。这种方法对于数据分析来说必不可少。

- **明确数据的最佳执行变量和模式**。数据分析充斥着大规模的数据，但是你如何知道什么才是解决商业问题合适的大数据和小数据呢？探索性数据分析能帮助弄清什么才是有影响力的重要变量。

- **查明不规则和可疑的异常值**。数字型数据含有一些异常和不规则的值，对于它们自身也许很重要，高度相关且对业务意义重大，或者只是一些可以被忽略的，从分析角度来看，可以被忽视和移除的随机杂质。

- **检验假设和推测的情况**。数据分析强调利用对于数据的洞察，在数字体验中创造假设和验证假设驱动的变化。用数据检验假设和进行推测的想法对于探索性数据分析来说至关重要。

- **寻找并尽可能应用适应数据的最佳模式**。预测性建模和分析要求探索性数据分析方法，更集中于数据而非模式。

图基准则有利于简化数据分析的创造；它强调数据的视觉化探索，将其作为分析过程的第一步，而不是立马决定应用于数据并让数据适应它的统计方法。

探索性数据分析的理念与数据分析的需求一致。检查数据包的首要任务是明确关键维度和度量，在应用任何统计方法之前使用分析软件将数据可视化。这样，你便能使用工具和你的模式识别力，观察数据间的关系和异常数据动态。通过目测检验和探索数据，才有可能将你的方法集中到分析工作上。在仔细观察数据之后，你可以决定分析方式以及能够产生价值的适当的应用分析方法。

数据分析结合了图基的探索性数据分析法（或模式），能够单独使用，也能与其他技巧结合使用。探索性数据分析，或者说更为人熟知的理解数据的探索性分析模式，能够与一些方法综合使用，例如，传统的统计法和贝叶斯方法。幸运的是，这三种数据分析模式为在数据中得出方法提供了框架，得出的方法能够运用于数据分析中；但是，探索性数据分析并没有传统统计学与贝叶斯方法那么正式。这样的灵活性对分析不同类型的数字数据，从现存的数据到将来有可能存在的数据都是有帮助的。

探索性数据分析提倡先设计数字的可视化，观察数据，然后尽量用最佳的技巧去分析它，这种方法可以是传统的，可以是贝叶斯，也可以是其他方法。跟探索性数据分析不一样，传统的统计方法首先指导分析师将数据适应偏好模式，可能会整理数据使之与模式相配。贝叶斯方法是传统方式的延伸，你将先观察之前的数据。探索性数据分析建议在挑选模型或得出结论前，先创造数据可视化。传统的或贝叶斯分析师很可能会将数据可视化视为在分析过程中或分析之后得到的支持性产物（不是作为分析的第一步）。就数据来说，探索性数据分析视高斯与非高斯技巧同样有效，应鼓励分析师探索数据，基于有效可视化得出简单的结论，之后才得出在探索性数据分析中的高级应用分析。

做数据分析时，记住传统统计学、贝叶斯方法及探索性数据分析这三种方法，同时还要记住图基在其著作《探索性数据分析》中所说的：

> 以下是对探索性数据分析的简短解释：这是一种态度，具有灵活性，含有一些图表（或幻灯片，或两者兼具）；寻找能被看到的内容，这个意愿没有任何技巧可以完成，无论是不是事先预见；然而这恰恰是探索性数据分析的核心。图表和幻灯片就在那儿，这不是一种技巧，而是一种认可，表明图片检测眼（picture-examining eye）就是你所拥有的不曾预见的最好的探测器。

数据类型：简化版

数据类型是应用于数据分析当中的一个有用概念。简单来说，数据类型指进入数字世界的分析师掌控的数据类型。我不是要用复杂的概念来增加你的负担，也不是要用不常见、非通用的词语来迷惑你。数据类型不是指那些通常的电子计算机学和工程领域的术语（例如，整数、布尔数据、浮点等）。它是在商务实践中理解数据类型和数据子类的简单方式。

1. **定量数据**（Quantitative data）：数据是赋值的。数据是一个数字，如 2 或者 2.2——整数或浮点整数，二者都是工程学用语。定量数据可以进一步划分为：
   - **单变量数据**（Univariate data）：这种数据类型只处理一个单独的变量。分析师借助检验分布、中心趋势和差量的方法，以及一些简单的数据可视化技巧，例如盒形图，用这个变量向利益相关者们描述数据。单变量数据的问题可能是："在最后 24 个月，我们的月绝对访问人次是多少？"
   - **双变量数据**（Bivariable data）：这样的数据类型处理两个变量。分析师运用这些变量解释数据间的关系。所运用的方法包括相关性、回归性和其他先进的分析技巧。双数据变量的问题可能是："市场消费与物品采购的关系是什么？"

- **多变量数据**（Multivariate data）：指超过两个变量的数据。许多高级分析技巧，从多线性回归到自动检测、定位、最佳算法和技巧都运用多变量数据。如果不是全部，那么也是大多数分析系统创造多变量数据。大数据是多变量数据。

2. **定性数据**（Qualitative data）：非数字的基于文本的数据。传统意义上，定性数据可以是通过 / 不通过，或者有多项选择（A、B、C、D），抑或是基于文本的从市场调查摘录的结果。

定量数据和定性数据又可以进一步划分为以下子类。

- **离散数据**（Discrete data）。能够分开计算的数据，例如独立访客人次。
- **标定数据**（Nominal data）。一个符号或变量被指定代表的数据。标定数据可以是定量的也可以是定性的，例如，用 Y 或 N 来表示某一特定市场活动是否盈利。
- **有序数据**（Ordinal data）。可以被排序并附有排序标准的数据。例如，手机应用软件的净推荐值或星级评论都是有序数据的样本。
- **区间数据**（Interval data）。数据基于两个点，从任一点开始。区间数据可以被加减但是不能被乘除，例如，数据两个不同部分的时效性（以天数表达）。
- **连续数据**（Continuous data）。在某个区间内带有任何价值的数据，例如，某个顾客工作日在移动设备上所花费的时间与周末相比。或者一段时间内你的网页首页规模。
- **分类数据**（Categorical data）。表示类别的数据，比如搜索类别、存货清单、分类法和其他在分析中需要的分类系统。

数据分析的现实情况是分析师经常进入每一个数据类型——通常是在解决同一个商业问题时。举例来说，关于偏好搜索的访客对于手机应用软件的在线意见数据分析项目被连接到了他的数字行为。在这个案例里，可以了解到搜索关键词（和相关的广告），同时知道访客对与目的相关的数字内容的正反意见，以及导致他得出这一结果的行为。

将这些数据类型，特别是用于 KPIs 的数据，分成领先、滞后或同步等类别有利于数据分析。领先指标指示着未来的事件，滞后指标发生在一件事之后。同步指标几乎与环境所示同时发生。例如，利率是领先指标，但失业率是滞后指标。在任何给定时间的股市指数都是同步指标。

观察数据：数据的形状

首次开始数据分析项目时，观察数据形态有助于理解采用什么样的方法比较合理。数据形态很有可能是你所熟知的概念，因为它就像正态分布里的钟形曲线那样普遍。一个完美的正态分布形状似钟。在数字现实中，大多数数据没有完美的形态，不是负向往左就是正向朝右。

在分布的末端，你能找到异常值。**异常值**是一些处在大多数数据分布以外的数值。根据传统的统计准则，一个异常值是由一个平均数据测量或两个以上平均值的标准偏差来表示。如果数据有很多异常值，它们就会被视为有峰态（Kurtosis），分布的末尾也许会更扁，并出现在末端。

在分析数据时形状很重要，因为它是一种简单的方法，能够让我们立即指出数据类型和可能的处理数据的方法。例如，如果你的数据形态是长尾的帕雷托图，用正态分布数据模型也许并不能理解它。完美对称的数据将会是理想的处理对象，但这种数据并不存在；所以，分析师尝试运用不同的技巧将不对称的数据变成对称的数据。

理解基本的统计学概念：平均数、中值、标准差、变量

数据分析在很多方面都很复杂——从人到程序到技巧，甚至分析本身都很复杂。正如世界各地商学院所教的那样，传统的统计方法有利于理解数字数据。事实上，在用本章所说的可视化技巧绘制了数据之后，你同样也该运用如下基本的分析方法。

- **数据的平均值**。将所有观察到的资料组里的值相加并除以观察的次数，就可以得到平均数。平均数可能是用于理解数据的最常见技巧。同时它也可能是最具误导性的，因为平均值会受异常值的影响而偏离。平均值会隐藏一些潜在的细节，所

以要谨慎使用而不是随你使用。

- **中位数——一半数值高于此值，一半低于此值**。中位数基本上是取一系列数据中最中间的数。在数据分布中，中位数能够很好地评估在数据分布中异常值影响的平均值。

- **众数是经常被忽视或遗忘的概念**。总的来说，众数经常被用于数据分布中。例如，如果 50 个人中有 29 个人得了 88 分，另外 21 个人的分数不是 88，那么众数就是 88（因为它出现的频率最大）。

- **标准偏差是一个数据集的扩散量度**。标准偏差衡量在数据中的分散值。例如，如果分析显示人们浏览 A 网站花的时间在 3 ~ 27 分钟之间，浏览 B 网站花的时间在 13 ~ 15 分钟之间，那么浏览 A 网站花的时间被认为具有更大的标准偏差，因为数据更为分散。

- **范围是数据分析中另一个有用的概念**。它是一种测量数据集中最大值与最小值之间范围的概念。它容易受异常值的影响。比如说，如果一个手机应用程序的月下载量是 200 000，而下一个月的下载量是 500 000，那么它的范围就是 300 000（500 000 ~ 200 000）。

- **异常值是数据中的常见术语，它通常不小于两倍的标准差，可以在数据集中通过观测被鉴别出来**。在数据分析中，可以通过修正数据集中的异常值来改善数据，最后达到支持模型的目的。此外，可以用更为真实的探索性数据分析方法来考察异常值，判断是否存在观察误差。

比如，如果一个人存了 100 万美元到自己的银行账户，而不是像往常一样存入了 1000 美元的薪水，这 100 万美元可以被看作异常值。银行用分析系统检测出来的异常值数据提供针对性和推广型服务。比如，这个人去的那家银行在他（她）下次登录的时候可能会向他（她）推荐如何利用那 100 万美元投资理财产品。

这些简单的统计学原理是理解如何分析定量数据的基础。因而，要确保理解它们的原理和定义，将其应用于分析中。

数字数据绘图

将数据绘图是一种最简单、风险最低、速度最快和价值最高的分析活动。它花费的精力最少，也是最常见的数据可视化方法，可以用大部分分析工具和报告工具实现。分析师采用原始或详细的报表数据，并将其应用到坐标和相关的可视化中，可以很容易看到数据在表达什么。在探索性数据分析中，用图表是最主要的阐述数据的方式。在数据分析中使用接下来要说的数据绘图技术，可以帮助分析师建立最好的数据分析模型。通过绘图，可以发现应该作为数据分析计划一部分进行分析的离散值和异常值。绘图有以下几种类型：块状图（block plot）、延迟图（lag plot）、蛛网图（spider plot）、离散图（scatter plot）、概率图（probability plot）和趋势图（run sequence plot）。

块状图

块状图属于探索性数据分析工具，用于替代贝叶斯统计的方差分析。块状图是一种绘图技术，可以跨组比较一个特定反应的多个因素。当测试和实验是对一个目标要素的多种组合进行分析时，块状图可用于分析生成的数据。

块状图可以帮助你确定某个特定变量是否会影响你的目标，以及这种影响是否有意义。利用块状图检测实验结果，有助于你找到满足要求的变量组合，也能发现现在的结果受不同实验影响的程度。

例如，你可以利用块状图可视化商业计划对于平均订单价值的影响（一个常用的电子商务指标），该计划会以营销渠道、网页速度、时段以及用户身份进行试验。接下来你可以利用块状图判断平均订单价值是否受到了暴露在不同时段、不同广告下的人的严重影响，以及速度对这个商业模型的影响。

块状图能帮助你在不借助方差分析或其他方法的情况下，快速鉴定你的实验模型的影响。在尝试采用基本探索性数据分析方法时，面临的挑战就是大部分商业软件不能绘制块状图。

延迟图

延迟图是一种更为复杂的离散图。人们可以用它来体现某个数据组是不是随机的，或者是否在时间上不超过一个特定延时。毕竟，随机数据应该看上去是随机的，并且不具备任何可以观察或界定的形式。例如，如果你绘制一个数据并观察到延迟图显示数据点是有形状的（如直线），你可以迅速推测这个数据是线性的还是二次性的，并且采用合适的分析方法。尽管你不能通过实验来理解随机数据的重要性，延迟图却是一种检验随机性的简单途径，同时也可以观察到数据中是否存在异常值。人们通常使用延迟图来检验数据的形状，并通过目测检查确定适合该数据分析的模型。

你可能会疑惑离散图和延迟图到底有什么区别。其实二者的区别就在于延迟图内的两个变量是随时间位移绘制的。如果你不理解时间位移意味着什么，那就使用离散图吧。

蛛网图 / 星状图 / 雷达图

蛛网图是一种多变量数据图，分析师想借助蛛网图弄清楚复杂可视化显示中一个变量的影响。蛛网图并不是展示了大量的可视化数据。这种可视化通常也被称作星状图或者雷达图。了解蛛网图最好的方法就是看一个这样的图（如图 5-1）

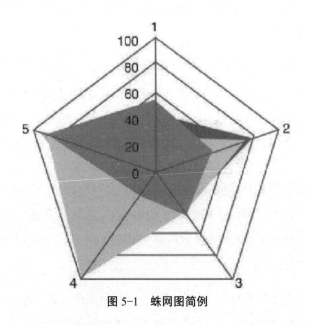

图 5-1　蛛网图简例

正如你在图 5-1 中看到的一样，每个变量都被一组辐条间的线所连接。一个辐条代表一个变量，而每个角的长度与该变量（排除其他变量作用）的影响力成比例。因此，数据看上去就像星星或蛛网一样。这类数据图在你比较相同规模的一系列观察数据时特别有用。角度显示出是否有任何变量的影响力超过了其他变量，并且在我们比较不同主体的相同属性时，有助于我们比较是否存在相似性或差异性。切记不要使用过多变量，否则这个图就会变得杂乱无章，无法看懂。

例如，你可能使用蛛网图可视化网站性能，变量涉及地理位置、访问量、访问者、花费时间和转化率。

离散图

分析数据集时，离散图是基本的可视化方法。它能快速呈现出变量之间的关系。人们通常会在 X 轴上绘制一个变量及其所有数据点，而其他值则放在 Y 轴上。转化率以及营销活动、时间这样的维度可以绘制成离散图，来呈现它们之间的联系，如线性和非线性。在使用大多数探索性数据分析方法时，离散图中数据之间的可视关系可以帮助数据分析师们了解它们之间的关联（可视化），并且有利于挑选最适合分析的数据分析模型。在使用其他数据分析技术时，注意不要过度解读离散图中观察到的关联。

概率图

概率图是强大的探索性数据分析技巧，用来确定数据分布类型。例如，它有助于了解你正处理的数据是正态分布还是非高斯分布。绘制概率图的技术和数学细节远远超过了本书的目标。然而，理解和解释概率图并不难。数据分析师将每个点都绘制在一条直线上（至少尝试这么去做），同时那些在直线区域以外的任何数据点都不符合基于相关系数的假设分布。由于判断数据是否符合概率图（即假设分布）具有灵活性，数据分析师可以使用这种技术对不同分布类型的同一组数据进行测试。这种伴随最大相关系数的概率图体现了该数据的最佳拟合分布。

趋势图

趋势图应用于单变量数据，是最常用的一种数据图。也就是说，数据分析师只需要绘制一个时间维度上的变量，就能实现这种简单但又有说服力的数据可视化。这种数据汇总技术有助于检查数据变化。该图使得数据集能通过常规度量检测，并且在分布内鉴别异常值、数据的量度、数据的位置以及随机性。大多数情况下，像转化率这样的反应变量绘制在 Y 轴。

四平面和六平面

四平面和六平面分别是四到六种探索性数据分析技术组合，是为了生动且可视化地研究数据。两者在展示方面主要的不同之处在于，四平面技术采用趋势图，而六平面技术则用散点图。四平面技术更常用于单变量，而六平面技术则用于多变量。事实上，这两种可视化技术对数字数据来说都是有用的。表 5-1 展示了四平面技术和六平面技术。

表 5-1 四平面方法和六平面方法

分组	方法
四平面	趋势图、延迟图、柱状图、概率图
六平面	三维散点图（独立、相关和剩余误差）、延迟图、柱状图和概率图

柱状图（常规、簇状和多层）

柱状图用于表示一个或多个观察值范围，以总结数据分布的形态。它有助于数据分析师直观地理解由中心扩散的分布、倾斜以及任何异常值。一般来说，Y 轴代表测量值，X 轴代表测量的变量。柱状图是灵活的可视化方式，你可以自定义你想展示的两个测量值。对于柱状图来说，显示一个以上的测量变量并不难，因为数据分析师可以基于他们自己的规则进行分组（或分类），或者使用经典的统计方法（如划分成 10 等份）。

柱状图的 Y 轴展示数值范围，X 轴展示基于类型的不同数据。柱状图有不同的类型。

- **常规柱状图**展示一个或多个相似的测量值，例如，它显示了 2013 年每月独立访客的数量。
- **簇状柱状图**展示 Y 轴的数值范围和间隔变量的组合。例如，你可以使用簇状柱状图来表示四个不同网站每月的独立访客数。
- **多层柱状图**展示了分布中的各个组成部分（细节）。例如，你可以分层展示每月活动的营销费用。

饼状图

饼状图是数据分析中极其常见的一种可视化方法。它将一个圆形分成若干扇形，每个扇形代表总测量值的一部分。然而，饼状图并非总能取悦分析师。事实上，人们认为饼状图是一种不充足、不必要的技术手段。专业人士认为，数据表更容易显示饼状图的每个部分。柱状图和饼状图显示的数据完全一样，这两种可视图可以相互转换。饼状图分割为六个部分以上时，将变得混乱并且难以阅读。

饼状图好比甜品一样，很容易理解。每个人都知道如何切馅饼，对于学生和菜鸟分析师来说，把数据放进这种熟悉的图形中也是一个小小的飞跃。饼状图有以下四种类型：

- **标准饼状图**是圆形的，每个扇形显示了占整个圆形的百分比；
- **扩大饼状图**是指饼状图的各个部分从整个圆形中突显出来，展示空间相联，用空白部分来区分各个部分，分析师会可视化强调数据；
- **新型饼状图**是这种可视化方式的演变，并且拥有自己的参数和应用，可进一步分解饼状图来表达和突出更多数据，例如，3D饼状图、环形饼图、圆环图；
- **哈维球**并不是严格意义上的饼状图，但与饼状图有相似的形状。哈维球可以使用中空、实心或者分成几部分的圆，用来传达目标适用于某种标准的信息。例如，可以使用哈维球来说明网页的速度是否满足给定阈值。

折线图

一般来说，折线图是显示数据变化趋势的可视化图表，多用于那些随时间变化的数据。因为经历的时序可以用一条线来绘制，分析师经常用这个图表来展示趋势与时间变化。在分布中设置数据点，并用一条线将它们连起来，那么趋势和时间的范围与模式都可以看出来。离群值、趋势、异常值都可以在折线图中发现。通过比较不同时间间隔中代表相同值的线间距，可以观察到数据变化。你可以为y轴上的趋势和x轴上的时间设置间距来制作折线图。

"线"在大多数情况下代表的是与数据点相联系的趋势。而在其他情况下，分析师在图表中呈现的可能是与数据相适应的线。还有另外一种类型的图表，即最佳拟合线，基于大量数据点绘制出总体趋势，而不能将数据简单连接，这样做不会有任何意义。在这些情况中，可以通过许多统计方法来创造最佳拟合线，比如线性回归法，或者其他方式，比如二次线或指数型技巧，最佳拟合线未必是直线。分析师所做的最普遍的折线图有以下几种：

- **面积图**。该图用来展示整体的各个部分，或者比较相同测量值（通常是范围与时间）的多个变量。像堆积条形图一样，面积图能用于表示各部分数据相对于其他部分和整体的分布和动态。

- **走势图**。该图简单易懂，视觉表现力强，构建简单，比较常用。不同于标准折线图，走势图不会是双变量或多变量的。它只有一个变量。在应用中，走势图可以避开图表垃圾和泛滥的信息，比如轴、网格线、文字和数字等，从而准确快速传达少量信息。

- **流线图**。它是对面积图的改进，显示某个范围内多个变量在时间上（或其他测量值）的变化趋势。像堆积条形图中的每个长条代表整体的一部分一样，流线图中的每条"流"同样代表整体中的一部分。不同的是，轴被置换了，这样图表的上下边界就不受限制或无须修整。每一条流线都能碰到更高流线的底部和更低流线的顶部。

数据流可视化

数据流可视化（flow visualizaiton）根植于可操作化管理和其他能带来成果的阶段性方法中。"数据流"的隐喻适合以下数据分析，即有许多不同体验的客户穿梭于不同设备和渠道中。因为这些预期和客户流动于数据体验中，所以可以评估客户在一次访问中或一段时间内是否达成了你设定的目标而创造了价值，理解这一点很重要。

对那些已经在数据化空间工作的人而言，数据流的思想听起来很熟悉。通过数据可视化来展示用户赚钱行为的离散步骤，这是最普遍的能够展示客户流创造价值的结构之一。在你的网页上查找著名的"转化率"的概念，曾经定义的三到五个步骤（如进入页面 > 搜索 > 产品页面 > 检查 > 感谢使用页面）限制了转化率。客户可能不会在一开始就转化，可能会跳过几步，放弃过程，或者通过不同市场营销渠道在后来才完成转变。以下数据流可视化有助于可视化传达这些随着时间变化的复杂数字体验和客流量。

- **子弹图**。它是一种数据流可视化方法，你也许会发现它最近的线下模拟与 20 世纪 60 年代的奥地利阿尔卑斯山脉的走向非常类似，数据结果以温度计的图示反映出来。子弹图不仅能够表示出单变量观测值的规模，也能够利用色块突出预期成功的定性评判结果，从而有效制定目标。子弹图是柱状图的一种，其本身能够再次分类。例如，因为它本身就与目标直接关联，能够将转化可视化，这种情况下，我们可以把它看作一种流程图。通过显示邻近区域内的多个子弹图，你就能够清楚阐释程序中的一系列步骤。

- **漏斗图**。该图用来展示数字体验中导致宏观或微观转化的步骤的图解技术。从客户角度来看，漏斗图可以从客户生活周期的任意一点开始。例如，多渠道漏斗可能始于曝光 > 采集源 > 登录页面 > 产品页面 > 退出。网站漏斗图可能只代表着购买商品或订阅简报所需步骤。其他漏斗图可能在网页漏斗图中，代表用户完成一个行为必须要填写的东西。

  漏斗图多以线性形式呈现，这样漏斗图中的每个步骤都能按顺序依次出现。漏斗图也可以以非线性、非顺序形式呈现，在这种漏斗图中，步骤是跳跃性的，或从网页的其他部分进入。漏斗没有正式的结构，也没有制作规则，仅有漏斗中的最后一步是产生价值的地方。先进的漏斗视图，比如 Webtrends，试图在表中展示漏斗的线性形式和非线性形式，包括步骤跳级、插入以及暂停。

- **不倒翁图**（tumbler chart）。不倒翁图是新的概念，可能你是第一次在这里读到。不倒翁图可以显示出对于不同状态一连串的跳进跳出。在电子商务背景下，网购者会经历以下阶段：寻找（寻找商品）、购物（购买产品）、分享（他们会与其他人谈论买到的产品）。不倒翁图就是这样一个能显示出购物者进入和离开这些购物阶段的波动的视图。

运用统计学和机器学习分析数字数据

数字数据分析具有探索性、观察性、视觉性以及数学性，但是在如今的分析公司里，它也有通用的数据分析方法。这些定量方法被明智地运用于数据以解决商业问题。在实施分析计划时，有一些方法可用于理解数据，从而决定分布中什么是重要的以及需要呈现什么。你可以判断两个或更多的数据点之间有没有联系。分析师可以运用工具来实现不同类型回归分析的自动化，决定借助特定数据是否可以预估其他数据。分布的细节以及概率评估都可以通过计算完成。实验可以评估，对数据的假设也可以检测，从而为预测能力创建最佳拟合模型。尽管统计学和机器学是超越本书范畴的复杂主题，但是这部分将会讨论到高级分析工具中算法里隐藏的许多定量方法。

关联数据

相关关系不意味着因果关系。然而，相关关系确实隐含着关联性和依赖性。分析师要做的就是证明所观察到的数据中的关联性具有真正的相关性，与商业问题相关，并最终证明变量是否导致了计算得出的关系。相关性指两个变量是否一起变化。例如，如果访问者每次浏览你的网站时都会买东西，那么你就可以认为网站访问与购物之间有很强的正相关。你可以通过这一见解得出的结论是：只要让人们浏览网站他们就会买东西。虽然你可能希望这一结论成立，但更可能的是，在浏览你的网站之前，人们就已经决定了要买哪件商品，购买这一动作不过是在满足自己的欲望。因此，尽管数学分析显示了数据间的正相关，常识却告诉我们显示出因果关系也许不意味着有因果关系，只是网站浏览和收益间存在着关联。因此，真正的因果关系是不存在的，网站浏览总是会带来收益，这个结论最多也只会是个貌似有理却存在争议性的结论。

你在数据分析练习中发现的最常见的相关关系测量方法是皮尔森积差相关法。皮尔森用 1.0 和 –1.0 之间的数字来测量相关性。越接近 1.0，正相关越强；而越接近 –1.0，正相关越弱，负相关系数则显示数据向相反的方向移动。

在线性世界里，皮尔森相关系数很实用，但是如果你正在计算数据间的因果关系而非线性关系，皮尔森相关系数就无法使用了，因为基于测量的结果会出错。所以，在使用皮尔森相关系数前，要使用大量方法来测试数据是否呈线性关系。一旦发现你的数据间是非线性关系，统计学中还有其他定量方法可以用来确定相关性。

等级相关系数（rank correlation coefficient）可以取代皮尔森相关系数来测量非线性分布的数据集。如果你将关联性运用于预估变量，可以使用部分等级相关系数来理解数据。等级相关系数也会显示变量之间呈比例增加或减少的关系。

非线性依赖相关计算，比如肯德尔系数和斯皮尔曼系数，表示同类正或负相关数据关系，除非数据呈非正态分布。分析师在测试数据来决定正确的相关系数时，应该非常谨慎。尽管线性相关的计量方法可能被非线性相关计量方法替代，但这些计量是不同的。这些不同需要在数据背景下加以理解，并在分析中说明。

回归数据：线性、逻辑等

"回归分析"指运用数学方法来理解一个或多个变量之间的关系。用更正式的话来说，就是回归分析试图辨认一个或多个自变量对于因变量的影响。基于各种熟悉或不熟悉的方法，有许多不同途径可以完成回归分析。更常见的方法是以贝叶斯统计法和概率分布为基础，比如单一线性回归和多元线性回归。

职业分析师和想要分析成果的人经常会谈到回归、回归分析、最佳拟合线，以及用什么方法描述决定或预测一个或更多因素对单个或多个其他因素的影响。比如，回归分析可以用来确定各种营销活动对销量的影响。在商业中最常见的是线性回归。全世界的商学院都会教授线性回归，许多被广泛运用的电子数据表和数据加工软件都支持回归分析。在微软公司随处可见的 Excel 中，复杂的回归计算已经被简化到可以在数据表中表现。

在数据分析中，回归分析可以用来确定一个或多个因素对于另一个因素的影响。像在正式统计中一样，数据分析中的回归有一个或多个自变量及最少一个因变量。在一些情况下，可以使用多元线性回归分析法来处理数据。其他类型的回归分析，比如指数回归、二次回归、逻辑回归更有可能适合于你的数据。运用数据分析中的回归分析，你的受益会因大数据中数据关系的相互作用而变化。

虽然本书，尤其是本章，并不求面面俱到地介绍各种数据模型运用背后的数学原理，但是想要真正理解高级应用分析方法的运用，比如回归分析、方差分析、多元方差分析，以及各种移动平均模型，比如自回归求和移动平均模型（ARIMA），就需要理解隐含的小数据。

在讨论关联的时候我们曾解释说，在最纯粹的体系中，分布类型影响你选择的模型。采用真正的探索性数据分析方式，设计师必须先看看每一个被建议用于潜在回归分析的因素。多重共线性（multicollinearity）、峰态及其他离差的形状和测量可以帮助分析师确定经典方法、贝叶斯方法或者非参数法是否最适合那些数据。

数字型数据，比如从搜索引擎到各种客户群体购买频率的关键词和短语，通常不是正态分布。搜索关键字可能会遵循 Zift 法则，频率看似遵循帕雷托定律。因此，学校教授的大部分经典方法和贝叶斯统计法并不能直接用于数字型数据。但是，这不意味着你在大学或者商学院学到的经典方法不可以用于数据分析。事实上，最好的分析师在数据分析时会将这些事实考虑进去。幸运的是，那些制作分析软件的工程师和产品经理也是如此，他们创造了分析软件，这些应用会帮助分析师预处理非正太分布数据，使其完全符合经典方法，将最佳非参数模型应用于这些数据。

本章剩余部分将会讨论被反复提及的几类回归分析，并展示当下学术新思想，并加以评估以供读者探索理解：如果选择那条路线，如何使你的数据适应模型，或者是否选择使你的模型适用于数据（像用探索性数据分析一样）。记住，回归分析并非适用于所有的变量，比如离散变量必须使用选择性回归。

单一与多元线性回归

简单与多元线性回归背后的数学原理在迈克尔・S. 刘易斯-贝克（Michael S.Lewis-Beck）的书《应用回归导论》（*Applied Regression*: *An Introduction*）中有详细的介绍。在假设两个变量的变化关系，即一个变量的变化与另一个变量的变化正相关或负相关时，分析师会使用简单线性回归。

使用多元线性回归和其他回归形式进行数据分析时，会基于不止一个自变量来预估因变量。营销组合以及不同营销渠道影响回应的方式常常会通过多元逻辑回归模型化。

逻辑回归

逻辑回归使基于几个自变量（预测变量）预测类别变量成为可能。如果只有两个可能的答案，逻辑回归的结果就是二项式的；如果答案不止一个，结果就是多项式的。二项式逻辑回归的结果可能是 0 或者 1，而多项式逻辑回归的结果可能是"是，否，或者可能"。预测变量可用于创建概率评分，概率评分有助于理解数据分析。

逻辑回归频繁应用于数据分析和营销分析数据的预测建模。应该检测最佳预测指标对模型的影响；输出是很容易理解的。比如，逻辑回归可以用于将数据划分为 1 或者 0，1 代表只在网上销售产品，而 0 则代表只在商店销售产品。逻辑回归是一种预测性数据分析。

概率与分布

数据形状和观察形状可以帮助分析师理解数据和所用的数据分析方式。毕竟分析师分析正态分布数据和非正态分布数据时所用的方法不一样。

简单来说，"概率"就是对随机事件的研究。在分析中，你可以使用统计和数学来建模和理解各种事情的概率。在数据分析中，你要关心的概率是一个人是否会买，是否会再次访问，是否会有更深刻、更投入的体验等。使用数据分析工具，你可以计算和测量与访问和购买行为相关的事件，以及与购买和转化路径相关的模式。概率计算可用于确定事件是否会发生，然后帮助辨识或预测出事件发生的频率。

数据分析中的概率分析可以使用数学方法（使用现有的数据）或者试验方法（基于实验设计）。离散的或连续的、独立于或依赖于其他事件的简单事件或者复合事件可以进行概率建模。数据分析师应该熟悉以下概念。

- **概率与条件建模**。建立模型需要挑选（在分析中常指创造或收集）精确的数据、维数，以及可以创造预测变量的测量方法。建模中至关重要的是统计能力和对测量方法、概率和条件的理解。"条件概率"听起来可能有些复杂（有时候确实很复杂），但是这个词只是意味着在一件事情发生后（即条件），理解另一个随机事件的可能性。

- **测量随机变量**。随机变量是一种价值不固定的数据；它随着条件的变化而变化。在数据分析中，大多数变量，无论是连续的还是离散的，都是随机的。因为随机性在数学中是不可能的，随机变量被理解为概率函数，并使用本章讨论的许多技术来建模。

- **理解二项式分布和假设测试**。当你有两个或更多值时（比如是或否，头或尾），测试统计重要性的常用方法是使用二项式分布。这种测试认为无效假设是用 Z 和 T 表及 P 值实现的。这种测试是单尾检验或者双尾检验。如果你想理解两个以上的变量，可以使用多项式测试，超越简单假设测试，使用卡方检验。

- **学习样本均值**。离差和集中趋势（如本章讨论过的均值、中值、众数以及标准偏差）的测量对于理解概率至关重要。样本均值有助于你理解分布；当然，它受制于中心极限定理，此定理显示样本数量越大，就越接近于正太分布。因此，在建立数据模型的时候，样本均值、标准偏差相关测量和方差可以帮助你理解变量之间，尤其是变量和小型数据集之间的关系。

实验与样本数据

拿数据分析做实验意味着将数字体验中的一个要素换成一个访问者样本，将访问者的行为及行为结果与获得预期数字体验的控制组进行对比。实验的目的是为了检测假设、确认观点，以及更好地理解观众或者顾客。而现实中，数字不是生物学，不可能使数字行为的所有因素都平等，并只改变一件事。因此，数字实验意味着受到控制的实验过程。

"控制实验"是指使用统计方法来验证样本与控制组尽可能接近的概率。尽管控制实验的边界不如真正的实验严格，真正的实验只有一个变量，然而事实并非如此，因为控制实验如果正确操作，使用科学方法，在统计上就是有效的。

本章探讨过的许多方法可以用来分析从控制实验收集来的数据，例如，用测量来理解和处理分布。数据分析类型可以与实验数据一样多元；典型的控制实验具备以下要素：

- **群体**。控制实验针对的人群或者其数据被收集并进行分析的群体。群体至少分为两组：控制组与实验组。控制组不接受测试，实验组会接受测试。

- **抽样法**。你为实验选择群体、消费者、访问者等的方法至关重要。这种方法取决于你是想了解一个固定的人群还是一个过程，因为两者需要不同的抽样法。抽样非常关键，因为粗糙、凌乱的抽样组会使你的实验结果不准确。

最终，你想对人群随机抽样以创建测试组。你组内的每个人与其他任何人被选中的概率都要相等。如果在数据的选择上是随意的、平等的，那么你就会获得真正的随机样本。

你也可以将人群分为几个部分，每组都具有给定属性，比如，男性、30岁以下、年薪10万美元以上的所有顾客。将人群按属性划分的方法称为"分层取样"。

在衡量数据分析的过程（比如转化过程）时，这些过程可能会随着时间变化而变化，这样你就无法保持人群固定。在这种情况下，你在分析一个过程时必须考虑基于过程的抽样方法，比如系统抽样。

在系统抽样中，第一个数据的选择是随机的；第二个根据某种算法选择，比如每第50个访问者被选中做实验。这种样本选择方法接近随机，同时也考虑了时间的因素。当然，时间对于数字行为的分析至关重要。分析师也可以看看抽样亚群体。基本上，分析师会在顾客群中找到共同维数，然后根据抽样大小和创建所需样本规模的抽样频率，采取最佳方法，从各种亚群体中挑选出实验人群。

- **预期误差**。用本章讨论的方法分析实验结果时，你需要在进行实验前先想好你能接受的误差。误差有很多种。置信区间和置信水平被用来理解预期误差（或者说偶然可变性），并将其限制在能满足你的商业需求的可接受水平内。
- **自变量**。你在人群中控制不变的变量或者群体与亚群体的共同点就是自变量。不是所有自变量都很重要，但是有一些（但愿）很重要。
- **因变量**。指数据分析结果这种预期变量。比如，转化率就是一个常见的因变量，是数据分析实验要指出的。
- **置信区间**。通常指95%或99%，有时候也会低到50%。置信区间的意思通常指"99%的人会做X或有Y"，但这种解释是不正确的。理解数据分析中置信区间更好的方法是，假设你对不同样本实施同样的分析，你的模型99%都会包括你所测试的群体。

- **显著性检测**。涉及计算该模型和它的变量在多大程度上能够解释结果。通常检测数值为 10% 到 0.01% 之间，显著性检测能让你确定实验结果是产生于误差还是出于偶然。实验操作正确的话，分析师可以说他的模型显著性为 99%，意思是实验观察到的行为有 1% 的可能性是随机的。
- **比较不同时间段得到的数据**。比较不同年份、星期、日期的数据，有助于理解数据移动与时间变化的正相关和负相关。还要研究异常值对比。
- **推论**。分析结果。推论是符合逻辑的结论，是运用统计方法和分析方法得出的见解。推论的结果是关于抽样群体的建议和见解。

数据分析实验通常是通过高级测试和优化来实施的，本书第 8 章将对优化与测试做更详细的介绍。

归因：确定商业影响和利润

最近几年，归因这个概念在数据分析中逐渐变得重要起来。在数据分析中，"归因"这一活动和过程可以用来确认数字体验访问者的来源。归因是有丰富内涵的领域，全世界的数据科学家们都在对其进行研究。数据分析中的归因起源于传统的网站和网页分析。商务人士，主要是市场营销人员，想要了解营销项目和活动的影响范围（即人数）、频率和资金影响。再往前追溯的话，归因这个概念起源于财务管理和测量。

分析师通过归因从数据中辨认出源于某个特定渠道的绝对访问数或人数，比如付费搜索、广告或者电子邮件活动。商务人士通过了解人们转化（从而产生经济效益）的源头，可以做出相应调整以获得最大的财务效益。比如，如果归因数据显示最大的转化源是付费搜索，那么结论就是检测增加付费搜索投入的影响，以及这一举措的最终经济影响。

归因有时很复杂，时间是一个重要因素。归因的时间可以被设置到"窗口"，以便"往回看"浏览者或者网络跟踪器第一次被识别的时间。比如，你可以设置 90 天或者更长时间的归因窗口，或者 30 天（更常见）。在这种情况下，只有当暴露（触及 / 点击）到归因窗口（即回看的时间段），浏览者才会有归因资格。

很多年前，归因模型几乎不存在。近几年，新的（或已有的）模型被大量其他科学原理和关于数字数据分析的新想法制造出来。互联网的主流化；互联网设备的普及，如手机；社交网站的崛起；数字体验间的联系；以及多屏行为的出现都促进了归因模型的创造、改进和使用。

数据分析中的归因包括点击，但不仅仅是点击。数据体验中不需要点击（试想一下触屏智能设备）的互动也可以被归因。同样，还有事件的曝光、内容类型以及广告（比如在 view-thru 转换的情况下）。下面列出的是常见的归因模型。操作或者曝光均用了"点击"来描述。

- **首次点击（交互操作或者曝光）模型**。这种模型以访问者在转化或者创造经济利益之前的第一次点击形成归因计算。在第一次点击分布中，如果你通过谷歌付费搜索访问了某个网站，接着又通过网站广告再次访问了这个网站，那么这个模型中会将购买行为归功于谷歌付费搜索，而不是自然搜索，因为引导访问者第一次点击网站的是谷歌。

- **最后一次点击（交互操作或者曝光）模型**。这种模型大概是最普遍的归因形式，因为大多数分析工具都支持这种模型，也是最易理解的模型。最后一次点击与首次点击相对应。在上一个场景中，访问者在购买前先进行付费搜索，最后才进行自然搜索，在这种情况下购买行为就归功于自然搜索。

- **最后一次间接点击（交互操作或者曝光）模型**。有些情况下，访问者在回看窗期间内，通过两种以上渠道（比如直接、自然搜索和邮箱广告）到达数字体验，此时无论这个路径是什么，最后一次间接点击模型就会归因于最后一次间接路径。有时候第一次访问是通过自然搜索，第二次通过付费搜索，最后一次访问通过直接路径并使转化发生，这种情况下模型会归因于最后一次间接点击。

- **最后 N 点击模型——N 为数字渠道，比如搜索、便携设备和视频**。这种归因模型用于确认某些流量来源的影响，它会归因于你的企业界定的最终源头。例如，如果第一次访问是通过网页广告，第二次是付费搜索，最后是一次通过视频中的链接，那么这个模型就会归因于让你做出决定的源头，比如付费搜索。

- **线性归因模型**。这种模型会将购买行为均等地归功于每一种归因源。所有观察结果都会被收集、集合，给予平等权重，从而得到一个线性归因。例如，如果一个人通过四种操作访问一个网站，那么每种操作会占 25% 的归因。通过记录所有交互操作类型并平均归因，可以识别线性归因。

- **时间衰减、流逝和滞后模型**。时间衰减、流逝和滞后归因模型非常相似，通常被认为几乎是一样的。这种情况下，购买行为更多地被归因于与转化事件时间上更接近的源头。例如，如果一个访问者通过五种不同点击（付费搜索、自然搜索、网页广告、展示广告和直接搜索）访问网站，那么这种模型会将 70% 归因于最后一次点击，20% 给倒数第二次点击等。时间衰减归因的加权可以自定义。

- **基于结构（例如位置）的模型**：从特定结构（比如位置）来归因的概念很重要，并已在付费搜索这个渠道普及，因为付费搜索中屏幕上或者设备上的地理空间位置对于收益模型来说非常重要。基于结构的归因可以用来确定屏幕位置与设计的影响。在按点击付费的情况下，标价与位置有助于识别归因。

- **基于事件的点击（交互操作或者曝光）模型**。这种模型归因于特定的、取决于客户的事件，可能是点击、交互操作、曝光，或者与人们进入数字体验相关的另一概念。在这种情况下，就可能将行为事件的影响与流量来源联系起来。

- **基于规则的点击（交互操作或者曝光）模型**。在这种归因模型里，规则由企业定制，被分配给点击、交互操作、曝光以及与产生收益或另一度量标准相关的事件。这种分配规则可以改变回看窗口、被归因源头的权重以及在交易背景下产生的其他规则。

- **算法归因**：这个称谓囊括了归因建模的所有参考方法，这些方法都是用机器学习、数据挖掘及统计方法创建的，其中有一些（例如回归）已经在本章中提到了。算法归因在封闭的商业环境中可被看作模型。隐藏的算法就是商业秘密或者知识产权；因此，尽管算法归因真实存在，但却经常用来描述无法向使用者解释细节的模型。

创建模型的三个最佳做法

以下是分析复杂、庞大数据集时三个最好的做法。

- **去掉异常值**。统计学的普遍法则是任何两倍于标准偏差的数据都是异常值。箱形图之类的方法可以帮助你通过运用描述性统计测量法，将确认的异常值可视化。因为异常值会使数据向左或向右偏转，通常会将分布朝一个或另一个方向拉。你可能需要去掉异常值，将注意力集中到分布的中间带。这些最佳做法并非适用于所有情况，尽管它们大多数时候都很实用。例如，在数据分析中，如果你没有思考过异常值的含义就将异常值去掉了，你丢弃的可能是最重要的数据。记住，数据中的异常值与异常现象也有可能是有意义的，是值得深入分析的，但你要先证明异常值不是因误差产生的。

- **挑选最佳变量**。数据分析中存在众多不同的数据类型、维度、测度和值，选择最佳变量是非常困难的。每一个变量都可能是自变量，你如何选择正确的变量呢？一个常用的方法是使用分步回归来确定哪一个变量对于模型来说是最好的。话虽如此，但是分步回归是无用输入 / 无用输出法。

- **不要过度拟合模型**。变量太多，模型就会变得过于复杂，过度拟合模型就会发生。因此，模型就会产生可疑的结论，而且在许多情况下会产生不准确的结果。创建模型的时候，越简单越好。相比复杂的分析，简单的分析会产生更好的结果及见解。

- **不要让模型操纵数据，而要让数据操纵模型**。许多分析师借鉴图基和他的探索性数据分析，学习到了一种像逻辑回归这样的炫酷新模型，而后他们就想将手头的数据适应模型。尽管这种方法有时会有用，但它也可能会出错，因此数据分析中不推荐这种方法。

优秀的分析师会花时间潜心研究数据，理解维度和测度中的关系——不仅是数据本身中的，还有源于利益相关者的商业问题以及总的策略性商业背景中的。数据可视化先于应用分析，这是数据分析工作的正确顺序。因此，使用本章呈现的最佳做法与理念，会对你有所助益，但是得到的实际结果可能有所不同。无论如何，可以肯定的是，通过聚焦于业务问题，可视化数据、探索数据、确定最佳模型和最佳分析方法，你的分析结果和洞察一定会极其有效、实用，并且对企业大有裨益。

第6章

数据的定义、规划、收集和管理

在第 2 章中讨论过的分析价值链展示了分析师利用数据创建商业价值的整个过程。读者在细读这一章之前，请先阅读第 2 章，这样有助于读者建立起框架，知道如何把这些概念应用于数据分析的整体图景。读者需要在分析过程开始时，理解为什么要做这个分析，这个分析的受众是哪些人。分析团队需要从商业问题中识别出利用数字分析解决问题的需求，接下来需要确定数据，制定路线，了解差异，并知道如何填补它们，以此来创建分析计划。分析师要核实那些已有的、准确可用的数据，并确定可能需要被创建的新数据。数据只有通过了定义的检测，才能证明是准确的。新的数据也只有在确定之后才能被创建。现存数据如果没有提前定义，或清晰定义，分析师也许就需要为现存数据的定义制定标准。公司拥有清晰的数据定义会有助于分析师发现这些数据是否可用、是否准确、是否与商业问题有关，并且是否应当在分析中使用。

定义数据对数据进行描述，并呈现数据的细节。对于使用数据并生成报告和分析结果的公司而言，使用那些数据的人和团体必须理解数据。因此，创建数据定义也关乎一些组织政治的元素。比如，考虑它是否让你们公司较容易确定那个针对"消费者"或者"使用者"的定义。定义回答了以下关于数据的问题:"你在找什么?"然而,对于定义数据的分析却回答了这个问题:"这些被定义的数据有什么意义?什么时候有意义?为什么?下一步我该做什么?"

定义数据满足了多种受众的需求,不管受众是商务人士还是科技人士。为了满足利益相关者理解数据的要求,最优秀的数据分析团队会积极维护数据词典,他们通常在 Excel 中列出这些在分析中使用的数据定义。技术团队在一些其他可以创立定义的构件上维护数据定义,比如图解、实体关系图、技术设计规范,还有其他支持工程和产品创造进程的文件材料。商务人士制定产品规范、创造其他内容以及产品创造和创新过程的文件材料,他们通常以某种方式定义那些他们认为应当存在(实际上并不存在)的数据。

在数据定义和检验成为分析计划的一部分后,你就需要收集数据了。维护数据时,也许需要拓展或修改已存在的数据集合,以适应新的数据需求。对数据集的改变需要被测试,以确保它的准确性。必须检测新的数据集,以确保它不会影响功能。与支持数据集的编码或系统相关的变革管理可能是必要的。在公司中,变革管理的想法可能会是严格的"瀑布式",又或是太"灵活"。在结构化、正式的收集数据的严肃环境中,可能需要提前几个月或几个季度前制订改革计划,尽管如此,更灵活的技术环境允许数据集的快速变化。在控制更严的变革管理中,可以快速改变数据集的资源(如果可能的话)可能已经在使用中了(所以资源和时间的分配更难改变)。在更灵活的环境中,数据集缺乏正式性,以至于很难管理和维持通用代码,它们用于控制多版本分析数据集。

共同商定、共享定义的用于数字分析的数据收集从来都不是那么简单。组织越大,全球化程度越高,数据越大,数据的商业需求越复杂,分析类型越多元,控制数据收集和保证数据定义的一致性就越困难,面临的挑战就越大。因此,数据管理的概念在过去几年里应运而生。

数据管理的意思就是:掌管数据的人被称作数据管理者,他可能有也可能没有直接的数据报告。数据管理者和数据管理团队平行地作用于业务的各个方面,确保遵循了数据已有的规则。数据管理团队的一般工作包括确保现有所有数据都被定义,并且那些数据定义是有意义且相关的。数据管理团队成员同时服务于多个涉及数据的项目，确保所有团队都可接触到公用数据。当人们认为数据不准确时，数据管理团队就参与进去，进行数据调查，并且对最终决议负责。

定义、收集和管理数据对于成功的数据分析来说是必不可少的。这一章将带你认识以下要点：

- 数字数据的定义，以及如何创建商业的、可操作的和技术性的定义。同时，总结如何以已有定义的相关案例及评论来创建和保持定义。
- 在数字世界收集数据，总结如何跨数据源收集和整合数据，这些数据源包括网页、移动终端、社交媒体以及市场营销活动。
- 全面呈现数据分析的数据管理，内容包括数据管理团队应承担的角色和职责，以及如何在涉及多个团队的项目中进行数据管理。

如何定义数据

数据定义产生意义和关联性，这使它可以被一群人共享和理解。数据分析需要数据定义。定义数据在概念上貌似简单，但其实随着创建定义的环境的变化，创建、维持和控制数据定义都会变得更具挑战性。

数据分析的定义中有三类观众，因此我们要为这三类观众提供三种结构：商业的、可操作的和技术性的结构。解释数据定义不同之处的常见例子是度量标准和维度，它们被命名为"特定访客"。"特定访客"在数据分析中是被极大误解的概念。大多数人向数据分析团队询问关于"特定访客"的问题，目的是想通过这个数字了解有多少人访问了网站或者其他的数码资讯（比如移动客户端）。对于有经验的数据分析师来说，就像在几乎所有网站 / 数据分析工具中使用的一样，不能存在一丝幻想认为特定访客的数值可以代表任何准确人数，这是常识。《网站分析 101》（*Web Analytics 101*）告诉你特殊访客的数量只不过是在给定时间框架内复制的信息记录数值（或者在数据分析中，访客必须用其他方式确认，比如非信息记录）。然后，你会知道时间框架对于计算特殊性是必需的。

你不能简单地将日常的访客数字相加然后得到一周、一个月、一个季度，甚至一年的访问数据。这样"旅馆问题"就出现了。如果某人每天都去一家旅店，去三十天，她就是一个在这家旅馆居住的人——一个月的访客。但她仍然是一个每日访客。把每日的访客相加会把一个人重复计算三十次。当信息记录被删除掉，再重新创建，然后重复删除时，数据分析工具从未见过的新记录就会成为新用户或者特殊访客。同时，工程和商业智能团队拥有数据库、数据结构，以及借助你最喜欢的报告工具（从 Omniture 到微策略）提出特定访客数量的问题。

在这个特定访客的例子中，你可以看到三类受众：商业人士、数据分析师和分析平台工程师，他们用不同方式思考创建特定访客的概念。因此，在这个复杂的环境中，概念形式 / 框架要能够满足分析价值链条上各种参与者的不同需求，这是很有帮助的。接下来是被简单定义的"特定访客"的例子，适于商业、操作和技术观众理解：

- **商业定义**：这个月该网站的访问人数；
- **实际操作定义**：这个月重复出现的用户 ID 数；
- **技术定义**：检索数据的数据库、关键词、表格和权威问题。

定义中细节的正式性取决于你对商业需求的认定。

什么是数据的商业定义

商业定义指的是能让那些对法律术语不了解的商人理解数据的定义。意思就是说，这些术语应该能让你的大学同学和配偶理解。如果你要去参加鸡尾酒宴会或者平常的业务活动，你应该用商业术语聊你正在做些什么。当你的亲人在家庭晚宴上问你最近正在忙些什么时，你解释工作的方法基本就是商业定义。

数据的商业定义是最重要的定义。商业定义是传播学词汇和商业用语。它们有助于就企业如何理解企业的业绩进行沟通，所以以商业语言进行沟通十分重要。商业定义要求数据分析团队这样做。

简单地说，对那些创建了定义的公司而言，商业定义用词汇表示特定的指标。词汇引导着对于数据的看法——对于数据的看法就是现实。基于双方认可的定义，你必须让你的数据能够满足以清晰商业术语沟通的要求。

数据的操作性定义是什么

操作性定义更加难创造，因为它们很微妙。在科技和商业的互动中，操作性定义充当着联合两者的角色。操作性定义建立了商业过程中使用数据的标准和条件。比如说，当某个利益相关者问上个月有多少人使用了一款特定的移动终端应用程序时，这位相关者可不是在想"我通过特定的标识符、追踪用户信息或其他量化方法可以计算到多少重复的人"。操作性定义指的特定访客就是"在特定时间范围内重复的用互信息或者其他特殊标识的数量"。

先前的例子清楚地解释了数据的操作性定义和商业定义，以及这两个定义与我们接下来讨论的技术定义的区别。相比商业定义，操作性定义在与特定话题、工具、过程的关联上更详细。操作定义对业界专家和数据分析工作者来说是有意义的。然而，操作性定义并不能深入数据分析中深层的技术、数据库或者工程元素中的细节。留着这些细节给数据定义的技术部分来展示吧。

数据的技术定义是什么

工程团队和研发团队能够理解数据的技术定义。当商业上说到一群人，操作团队说在特定时间里重复出现的用户信息时，技术团队会专门采用技术方式处理数据。在一些案例中，它可能是结构化查询语言，或者是其他用于数据库中特定域值的数据检索技术。在另一些案例中，技术定义可能是对分析标记时某个名称/值或者传送编码所需任何东西的描述。技术定义的重点在于，在已经做了哪些工作以及也许需要做什么工作来收集数据方面，创建和维持实现数据收集的必要工作的团队可以培养技术上的理解力。在同样的层面上，商业定义和可操作定义都有共同的格式化结构，技术定义也需要常规格式。所有技术定义都由工程团队或合适的技术专家维护，但是应该同时可以被操作团队和商业团队复查和验证。要记住一点，既然在数据定义的这个方面要求技术性，那就别期待商业或可操作性团队理解科技定义。

创建和维护数据定义

创造和维护数据定义是一项跨职能的任务。公司的多个团队需要参与到数据定义的创建中。毕竟需要多方视角，确认技术性、操作性和商业性定义的形式并达成一致。

确定数据定义时至少需要咨询三个团队，分别是：业务代表、数据分析团队成员和技术人员。所有必需的团队相互合作就会减少可能存在的困惑。随着多个团队的联盟，每个团队都会向分析价值链输入信息，事情会愈加清晰。

在一些具有前瞻性的公司中，个人或者一个很小的团队就可以负责数据管理。这一职能的细节将在这一章的后面单元进行讨论。需要注意的是，数据管理者和数据管理团队在创造、修正和通过全球化标准数据定义的过程中扮演着重要的角色。在很多案例中，数据管理团队主导和维护数据字典，字典中列举了一些关键商业数据的数据定义。

在没有正式数据管理团队的情况下，数据分析团队通常承担这项工作，并且对数据的准确性负责。在没有数据管理者时，要确保那些被定义影响到的团队领导能够支持该定义。在没有对数据进行校准的情况下，数据分析团队在分析数据时会遇到挑战。在创建数据定义时，你需要问以下的问题。

- **商务人士如何对待数据？** 获得更加清晰的了解，得知利益相关者得到数据后会如何处理。你想要弄清楚数据下游活动的趋势，以及如何运用分析解决商业问题。弄清在使用数据、分析和研究的某些情境下，会用到哪些词汇。
- **分析团队如何收集和使用这些数据？** 详细描述数据分析团队如何明确数据收集的需求，详细说明分析团队需要与哪些团队合作以收集数据。同时你必须从报告中确定哪些下游数据将作为变量和模型使用，哪些被自动化使用。
- **获取数据需要哪些技术细节？** 和技术部门的伙伴共事。关于数据位置、如何获得

数据、相关的数据库、查询信息和其他技术细节的详细信息在创建定义时会对你
很有帮助。

- **数据有任何特殊或者微妙的地方吗**？你可能想要考虑回答这个问题：关于数据是
  否有特殊或者微妙的地方。例如，数据由外部供应商提供，或者数据存储在查询
  受限的生产数据库中。在以上任意例子中，把这些数据的特殊情况存档归类都有
  利于将来的工作，当然，那些最初创建、定义、更新数据的人也可以在定义中确
  认和列出来。

- **企业如何利用数据创造价值**？一个非常有用的问题是：企业如何利用由你定义的
  数据创造价值。答案在一些情况下很清楚。在另一些情况下，通过每个单独页面
  的每次点击行为获得行为数据，但这些数据的用处可能会在之后受到质疑。换言
  之，如果产生收入、减少开支、增加效率与数据分析没有清晰的联系，那么收集
  数据和其他与数据有关的行为会被认为是浪费资金（那些处理数据的人也一样）。

作为回答这些问题的结果，你可能会为表 6-1 中展示的定义制作格式。从这
份表格中，你可以解构数据中的细节，创造出下列关于特殊访客的定义（人）。

表 6-1 　　　　　　　　　　　　数据定义的框架

度量标准	特殊访客
商业定义	上个月访问特定网络终端的人数。企业使用这个标准是为了了解消费者的行为，并用于全球数据分析团队提供的报告和分析结果。
操作定义	每月重复出现的追踪信息和其他用来确认数据体验独特性的参数的数量。
技术定义	位置：XYZ 数据库 连接线：播放器 结构化查询语言表述：[SELECT] 这个 [FROM] 那个 [WHERE]
注意	由于用户信息删除，实现这个度量标准存在疑问。

上述定义可能能够帮助你修正自己的定义，或者你也许决定遵从你已经开发
或者从别处引用的框架。尽管如此，主动（甚至自发地）定义数据，不断检验它

的准确性，建立正式的数据管理将有助于数据分析。

定义不是标准：行业倡导

数据分析协会及美国互动广告局等许多机构都创建了一套定义，业内实践者通常认为这套定义就是标准。实际上，定义不是绝对标准。这些由第三方命名的定义是很有帮助的，因为它们描述了数据分析的概念，但是它们不能像基于共识的标准一样，以通用程式和方法统一供应商和实践者的活动和操作。

互动广告局的三大定义是对特殊访客、访问量和页面浏览的定义。同时，数据分析协会还有很多不同的定义。你可以赞同这两个机构的活动，从而共同努力朝正确方向迈进。然而，标准是基于共识的，并且被一致认为工具和技术符合标准。标准由卖家、学者和其他分析专业人士共同实践和遵循。当多个组织有不同的定义时，你可能会考虑这个行业内是否有分析数据的标准。在分析团队站出来要求供应商出具标准之前，标准可能并不存在。现在，行业最好能够在行业组织初期与供应商合作定义某些类型的数字数据。

标准是数据分析必不可少的，与这种观点相对立的观点是，即使标准存在，也无人遵守，因为这个行业变化太快。此外，没有标准的存在，数据类型可以有几乎无限的创新组合方式，以便理解数据行为。在这个多元和规律的生态环境中，存在从数据驱动商业中获利的机会。因此，标准对于数据分析产业来说是一把双刃剑。可能在某个例子中，有一些被供应商坚持采用的广泛应用标准可以帮助它们提高效率，并降低分析的复杂性。但从另一个角度来说，标准会削减产业中的创新，这样可能会限制一些可以创造出来用于支持新的、发展的创新型数字商业模型的结构化数据类型。例如，既然评分体系是标准，它自身也可以被标准化，那么为什么要标准化呢？还值得我们去标准化吗？

规划数字数据：你应该做什么

计划是数据分析的 9P 中的一个。计划是对某个特定主题进行概念化、思考和组织的练习或者过程，以便交付满足预期的未来商业需求的工作。为了成功分析，你必须不断计划。如果分析师不做计划，那么他们就不可能呈现工作的最佳状态，并且很容易失败。同样的事情可能发生在商务人士身上，因为数据分析不可能在真空中发生。商务人士的观点是计划过程的一部分。事实上，最好的数据分析团队拥有一套正规的流程，在这个流程中，他们会做计划、对计划进行优先排序、审核计划，与其他支持团队一起批准计划。数据收集计划流程包括以下步骤。

- **收集商业需求和商业问题**。预期和问题可能并不像数据分析师要求的那样具体、精确。一些分析师的职责是帮助商业人士提出最可能的商业问题。我总是推荐与要求数据分析的不同商业利益相关者预先接触。关于这一点，第 2 章有详细介绍。不管你选择怎样收集商业需求，是预先接触还是采用其他方式汇集需求，在没有将分析团队和业务联结时，不能让数据分析团队专注于商业目标。

- **决定什么是可能的**（以及什么是不可能的）。人们可能会要求数据分析，而数据有存在的，有可能存在的，有从未出现的，也有只存在于他们脑海里的。做一个全面的可行性分析，确定这个数据分析工作是否可行，是否能够完成。多向分析工作请求者提问，确保你真正理解了困难所在。如果执行起来很困难（或者完全不可能），你在阐明这个情况时要提供替代性解决方案。

- **组织和优先排序已收集数据中的可用数据**。在考虑如何执行某个分析项目时，你需要绘制数据源，它们可以提供数据以支持分析工作。组织相关数据进行分类，有助于对数据进行有效的优先排序（比如，行为、经济价值或参考资源）。然后对可获得的数据进行优先排序，并且按照使用数据需要付出努力的程度，给优先排序的数据划分等级。这个准备工作可以让你更容易做数据分析计划。

- **为未来的数据收集要求做计划**。因为商务人士不会准确地问他们需要什么，所以数据分析团队需要细化这些"问题"。数据分析团队可以帮助商业利益相关者拓宽他们的问题，以此来设置一个理解未来如何询问数据的框架。开始分析时，确保超越要求的内容，并且考虑未来可能出现的类似请求。

- **联合利益相关者**。与分析的利益相关者开预先接触会议，以决定他们的需求。还可以用其他办法联合利益相关者（比如电话、电子邮件或其他的通信方式）；然而，最好的方式是面对面的预备会议。当你已经明确了初步计划，最好能够和批准该计划的人提前核准一下。这样，你就可以在会议之前克服任何计划阻力。通常会议结果会减少分析项目数量，并建立一些优先等级次序。

- **沟通交流计划**。由分析团队主持并由商业利益相关者举行的会议可以起到沟通交流分析计划的作用。在这个会议上，所有相关的团队讨论他们关于分析计划的总体想法，当然，在这个会议上，任何人都不应该是第一次看到这份计划。事实上，最好的计划会议应该是每个人都已经单独与分析团队开过一对一的会议，并且同意了这份计划。在这个会议上，需要再次确认整体上与每个利益相关者一致。时间表与交付的格式一样，也需要进行讨论。

收集你需要了解的数据

你会发现数据收集是数据团队不断参与的主要活动之一。数字数据收集理论如下所说：商业人士向数据分析团队提出要求，或者提出他们想要解决的特定商业问题。分析团队就要写下数据收集的具体计划。这一具体计划要呈现给数据执行团队。质量检测团队在数据分析团队的协助下，确保数据的准确性。接下来，分析师要确保分析工具准确地收集了数据。再将数据与报告联合起来，检验合格后，可用于公开报告和数据分析中。

数字数据的收集情况有所不同。商业需求可能存在，也可能并不存在。通常来说，它们的确存在，但是并没有被正式列出，或者细节上不是即时有效的。因此，数据分析团队经常需要把数据收集的要求变得清晰，有时候需要联合利益相关者和技术团队。数据体验和设备可能会有特殊的数据收集限制。举例来说，JavaScript 可能在移动环境中不受支持。数据可以在数字频道中通过很多不同的方式收集。

- JavaScript。通常在数据分析和网页分析工具中，JavaScript 的页面标签用于收集页面、点击和活动行为。JavaScript 文件可能在站点代码中，或者外部服务器或电脑高速缓冲存储器中，它们往往在网站分析环境下控制数据收集。通过与事件处理者和受众一起工作，修改文件类型，JavaScript 提供了一种非常灵活的语言，这种语言适用于异步收集和定义许多不同种类的数据。
- **日志文件**。传统上，网页服务器中的日志文件或者其他平面文件、逗号分隔文件通过分析进行处理，以追踪诸如特定访客、访问和页面等的行为和度量。如今，尽管你可能会听到新的数据收集技术的发展，日志文件通常仍然是用以分析工具处理数据的最终格式。日志文件由受众测量供应商、网页分析系统、商业智能工具使用，并用作多渠道或全渠道分析数据整合的格式。毕竟，日志文件仅仅是结构化格式中一套被命名的关系，而且可以被创建遵从一些常见的日志文件标准格式，为专门的需要进行定制。

- **应用程序接口**（APIs）。在最基本的程度上，应用程序接口通过使用一系列协议（包括超文本传输协议）允许在数据分析系统中获得和启动数据。开发人员常常在其他程序应用代码中使用应用程序接口传送指定收集的数据。更常见的是，数据分析应用程序接口准许从分析系统中获取数据，然后给系统或者给那些数据提取应用程序接口传送数据。这些比数据嵌入应用程序接口（尽管两个都存在）更常见。应用程序接口的常见语言包括表述性状态传递（REST）和基于 JavaScript 语言的轻量级的数据交换格式（JSON）。对于数据收集而言，应用程序接口在延展性和应用性上存在着局限性。公司通常会放慢（节流阀）API 调用速度，因为指令过多会限制应用程序接口在数据整合中的特定使用情况，或者支付美元或其他虚拟货币（比如代币或者信用）来使用应用程序接口。

- **编程语言**。使用必要的语言定制程序，以方便数据收集。编译和非编译的程序语言都可以用来收集数据。通常用来收集数据的编程语言包括 Python、C++、Objective C、JAVA 等。这些语言可以同其他应用代码结合，进行更广泛的跨系统协同数据收集，以支持通常复杂的自营业务需求。举例来说，可以在注册系统中收集数据，然后传递给客户关系管理系统。程序语言可以直接用于在数据库里记录事件（应用程序接口和网站服务也一样）。

- **网站服务**。采用几乎完全独有的超文本传输协议，网站服务可以使用应用程序接口，并且可利用传统的编程语言实例化。如今，网页服务被大小网站广泛采用——从 Facebook 到谷歌。像 HTML5 和 RIAs 这类技术能够被检测出使用了网页服务收集数据，它们向传统的数据收集发出了挑战。

- **服务器对服务器的连接**。另外一种数据收集手段没有被广泛使用，但最近得到了支持，这种方法是通过在服务器之间建立安全的连接。这些服务器间的传输实现了系统之间自动化和有计划的数据传输。服务器之间的连接受在线广告和分析平台之间以及标签管理系统等之间的支持。此类连接之所以能实现，得益于供应商之间的发展合作关系，又或者是定制编程或应用程序接口创造性实用的结果。

多重和全方位的数字环境，比如移动终端上的那些数据，可能需要分析团队综合使用数据收集方法。记住，当涉及一个以上的渠道时，数据就需要从这个终端收集（比如智能终端、平板电脑及自助服务终端）。那么这个设备上的应用和程序可以收集数据，不仅传送给设备生产商（比如苹果），同时也传送给应用开发商或者移动网站的拥有者。把从提供数据集和衍生社交数据的社交平台和公司中收集的社交媒体数据集考虑在内，然后，从不同类型网络传送中收集的数据可以从多个源头汇总，变成一个人在多种终端设备和屏幕上的总体数字体验——此时存在多种不同数据收集类型的原因就变得清楚明了了。分析供应商提供软件解决方案，集合多种屏幕和终端设备上的访客级数据，理解后，通过借助上述数据收集方法将这些访客行为归因于某种触媒（比如广告活动）。

考虑到直接有线或间接无线的不同终端设备和系统的数量，没有简单的数据收集方法可以满足收集所有数据的需要。单个技术无法覆盖所有的数据分析使用情况，包括移动应用、网站、社交媒体、互动榜单、机顶盒，还有那些赋予基于网站的在线技术（比如互联网音乐播放和广播服务）活力的界面。因此，越来越常见的情况是，数据分析团队要理解所有的数据分析方法，将其理解为统一的数据池。

数据管理的作用

数据管理涉及许多过程，包括辨别、参与、影响和帮助商业团队，它们坚持提前创建数据内部和外部标准以及数据定义——从物理基础设施到逻辑基础设施，再到与数据收集相关并被企业用于数据分析的认识结构。在实际意义上，数据管理团队作为监督和观察团队频繁参与其中，以确定数据从基础设施到在商业环境中应用都符合商业需求。

数据管理者如果处理的是财务数据，则可能需要努力确保其符合美国《萨班斯-奥克斯利法》或是欧盟的《巴塞尔协议 III》（*Basel III*）的规定。销售过程取决于与当前和未来的客户相关的准确信息，这样数据管理团队可能要与提供销售支持的外部供应商合作，以便纠正错误的数据或扩大由内部数据管理团队管理的数据集。在一般企业中，新创建的数据实际上必须要从无到有（除非希望明确定义的商业要求），数据管理团队可以确保团队上下对有关数据的定义达成一致，并且共享并使其社会化。当有冗余、重复的数据或者数据有变化，数据管理团队要从不同的利益相关者那里收集输入，以确定多个相互冲突的数据指令中哪些是准确的。数据管理者握有所有数据定义相关问题的最终决定权。可以想象，数据管理团队的工作是不易的；然而，这对于那些想要通过分析竞争并获胜的公司来说至关重要。

你对数据管理者的角色可能不太熟悉，这个角色几乎没有前辈，可能产生于与企业数据仓库相关的技术规则。在数据仓库中，结构良好的被定义数据对操作来说是至关重要的。在数据仓库中，正是数据结构及基础的技术定义的重要性使实体和构想起到了作用。像数据管理、定价优化等技术原则要求弥补产品目录、库存和数据库（掌管销售点和库存补充系统）之间的缺口。这些理念造就了数据管理。像大多数技术角色一样，企业对于引导技术性商业项目发展有一定的影响力，这些技术性商业项目需要通用的被定义的标准化数据；因此，在复杂的分布式环境中，数据管理理念是作为一种控制其中现存或者新数据的浮动和不准确的方法出现的。数据管理者的任务是引导商业职能。

数据管理团队做什么

数据管理是一项新的商业活动，不同的人会有不同的定义。我前面描述的是数据管理团队可能会参与的一些工作，它有助于在更大范围内理解数据管理。简单来说，数据管理发展和拓宽了商业活动，它集合了以下概念：数据管理、数据同步性、数据政策、商业流程管理、数据质量和修订等。因为数据管理任务的一个重要部分是确保数据在公司最高层以及最好的水平上得到利用，数据管理团队要参与在企业内创建、修订和全面定义数据。因此，数据分析领导和与数据管理团队合作的数据分析团队本就是互为一体的。数据管理的常见职责包括以下几点。

- **修订数据，确保其符合商业要求以及特定项目和大型计划的界定。**数据管理者应该在项目和规划会议上占有一席之地。作为团队中确保数据符合商业需求和数据定义的人，数据管理者是数据定义的聚合者和终端用户的支持者。数据管理团队要确保数据定义是标准化的，公司所有的计划和项目能够被成功准确地执行。

- **减少重复和冗余数据，这样就有了一个维度，可以代表数理商业的事实：由多个团队统一命名推广的数字不能指代相同的数据，它们彼此不匹配。**数据管理团队要参与数据审核，帮助引导减少问题数据的冗余，并且进行修正。数据管理者在数据定义以及决定哪些数据应当存在的数据校正问题上拥有最终发言权。

- **通过减少收集和报告数据的重复系统，减少数据资料的增长，同时核查那些能接近数据系统的人的名单。**与公司中准确数据的数据管理员和捍卫者一样，数据管理者应该限制访问各种系统和数据库，这样数据就不会激增。结果就是，只有需要使用数据的人才能接近数据，这样有助于减少混乱，竞合分析。数据管理者可以控制接触数据系统的授权及批准。在另外一些情况下，数据管理团队可能会审查数据收集和报告系统——减少和稳固数据系统。

- **创造数据定义，使数据对于企业、操作者、技术受众和使用而言，是有意义的。**数据管理团队负责公司数据管理手册。手册要确定数据管理团队的操作流程。手册很重要的一部分是有一套通用的数据定义，包含商业、实操和技术三类定义，均是在公司内创建的。数据管理团队拥有这份文件，它需要企业进行相关和必要的投入。

- **建立审核、统一、维护、拓展数据的规范流程。**接下来会讨论更多的细节，数据管理团队创建流程，确保数据质量和管理步骤到位，使数据和数据处理在商业上符合标准。像分析流程一样，数据管理流程也必须是跨职能的，需要联合其他团队共同维护。

- **参与数据创建或者修订的项目，确保符合现有数据定义和标准。**对于那些支持创建或修订数据的公司，让数据管理团队一定程度上参与其中很有帮助。当创建了一个新数据的新项目时，更重要的是，数据管理团队要在项目初始阶段就参与进来。在那些已有数据需要维护和修改的项目中，数据管理者很有可能已经创建了定义。结果是，数据管理者也许与数据分析团队同时开始修订数据。在这个例子中，数据管理者和数据分析团队应该紧密合作以确保数据符合数据分析与管理的要求。否则这两个团队应该确保数据符合要求。

跨计划、工程项目和团队的数据管理流程

数字数据管理流程从不是因任何界定了一系列工作原则和指导方针而正式建立。像数据管理机构这样的实体为理解数据管理提供了有用的知识基础，你即将阅读的内容就是我对从现代企业数据管理流程中所获得的实践经验的总结。数据管理确保数据同时满足多个计划和项目的要求。因此，数据管理部门就像数据管家，和数据与商业使命、愿景结合的方式保持一致。

数据管理及其流程有一个技术性视角。数据质量的重要性是数据管理的核心。这意味着人、管理和团队必须依照数据管理流程取得成功。技术团队必须确保数据管理是数据库开发和其他接触数据的工程工作的一部分。

数据管理者必须用宽广的跨职能视角创建数据管理流程。这个视角必须包括商业策略、财务、科技、分析和报告，以及人类组织性行为。数据管理流程可能如下所示。

- **确定数据管理原则**。数据管理原则涉及数据质量、数据管理、数据同步、数据结构、数据抽取转换和企业操作元数据的方式。这些功能常常是技术性的，显示了一些领域数据管理必须与技术团队合作。

- **确定商业流程**。通过决定企业如何评估灵活性、设计产品、模式化数据、执行计划、监测业绩和优化数字渠道，数据管理者了解了管理不同商业团队的工作活动。

- **创建审核和管理一致性的方式**。作为流程的一部分，数据管理团队建立政策和标准来维护商业数据的隐秘性。商业规则不仅适用于创建，也适用于接触不同的数据源。这里的观点是以对商业数据需求敏感的方式管理这种风险。

- **组织支持数据管理的人**。数据管理中一个至关重要的词可能是数据，另一个词是管理。管理需要人们合作来完成。因此，作为开发数据管理流程的一部分，数据管理者需要弄清楚如何管理数据管理人员。数据管理流程必须考虑人在企业中的角色和责任。数据管理流程应该涉及确认不同类型数据的所有者，当数据改变时谁是负责人，当需要做出与数据相关的关键性决定时应该联系谁，以及确认那些传达和执行数据变革管理的人。

尽管在企业中执行数据管理的实际流程是新的，并且是不断发展的，但这里

列出的原则有助于你创建企业必需的任何数据管理流程，以支持数据分析。最终，对于内部和外部的利益相关者而言，数据管理职能是一个确保数据处理、定义、操作、修正和呈现标准化的重要功能。最好的数据分析团队支持数据管理部门并与其合作。

测试和核实数据的困难之处

从最高水准来看，测试和确认数据的工作可能看起来简单。但这是一个充满了困难和挑战的任务。这一章讨论的数据通常没有任何定义。数据常常分散在企业内部和外部许多不同类型的数据库和源系统中，分析团队可能接触不到或者没有相关知识。控制数据的团队可能不想支持你或者与你合作。更不用说，企业越大，产生的数据越多，需要的数据管理和分析管理就越复杂多维。定义、调节、控制和维护"大数据"都离不开数据管理。

下面概括了数据验证步骤的简单顺序。步骤与数据管理者、数据测试者或分析师每天工作的程序类似。

- **确认不同的冗余的竞争性数据源**。数据库多于一个的大部分企业，拥有过多的数据，存在于多个系统里。数据管理团队的主要目标之一是消除数据冗余，将系统收集、存储和报告数据的定义标准化。

- **从不同数据源提取通用数据**。数据管理团队会成为跨职能计划和项目团队的一部分，这些团队从不同的数据源提取数据，创建数据单一的精确来源。数据管理团队可能实际上管理着处理这类工作的资源，或者它们可能自己做。他们当然能够确保这项工作符合定义要求。

- **评估任何差异的现有定义**。当存在冗余数据时，数据管理团队负责审核现有的数据定义，决定哪些数据是准确的，应该为企业所用。数据管理团队的数据评估部门应该拥有最终决定权。

- **单步调试从收集数据到理解数据收集的逻辑和规则的流程**。核实数据时，也许有必要切实单步调试代码、逻辑或创建所收集数据的数字体验流。理解了商业逻辑，数据收集规则、数据处理和数据审核会更简单。为了做这类数据调查和调整，管理团队可能雇用合同工或调用内部工程资源。

- **使用数学、计算机软件和订制程序比较潜在冗余数据**。潜在错误的、冗余的或重复的数据被收集到不同文件格式后，所有的工作都要进行统一和分析。要做到这点，就要使用软件程序和数学计算。可能会创建定制程序和内部开发应用，支持数据管理。

- **总结数据审核工作，展示给商业利益相关者**。只有分析师或者数据管理团队知道数据调查答案是绝对不够的；数据审核结果必须与相关人士和团队沟通。因此，在收集数据、确认逻辑、分析数据之后，管理团队可能与数据分析团队合作，下一步需要总结对业务的分析性结果。在总结和沟通的步骤中涉及办公室政治——但可以让数据管理团队拥有最终决定权，从而降低政治风险。毕竟，如果数据没有显示积极的业绩或与普遍的观点相悖，数据就会受到挑战，这可能是首先进行数据审核的原因。

尽管上述数据审核方式非常直接，但是实际情况则会不同。事实上，之前描述的简单步骤可能会因种种原因而不被执行。

- **数据把关人不允许访问数据**。特定数据会被视作公司机密。其他时候数据只在产品数据库中存在，没有影响关键商业运作的风险，通常也不能查询。所以，很难（近乎不可能）被允许或授权查询数据，然而有必要核实和比较数据源以及相互矛盾的定义。

- **数据没有共性或完整性**。多个来源的数据是否准确，哪个数据源是准确的，当存在这样的问题时，分析师可能会发现两个数据源之间没有任何关系和共性。在这种情况下，如何命名或呈现数据可能会存在疑惑。一个解决方案是改变名字，从之前存在的单一数据定义有效建立两个数据定义。在其他情况下，被认为是相关的数据实际上可能拥有已知的松散的、不相关联系。

- **定义不存在，数据创建者已经离开公司**。在不够成熟的分析环境里，你很少找到数据定义。只有当一家公司意识到定义数据的重要性之后，它才会使用标准人工制品，例如使用数据团队创建的数据词典。通常可以找到最初的数据定义，或至少是产品要求和功能规格的一些描述性信息。考虑到人员流失，文档写作者可能已经离开。在这种情况下，调查数据定义的另一个部分是，离职员工留下的转换计划和其他沟通方式，以便他们既有的工作可以得到维护。

- **数据是在黑箱过程中创建，你无法再次创建**。在已经成立的企业里，一些创建数据的系统拥有的文档资料可能没有分析团队期望的多。在一些具有多平台和高技术环境的案例中，数据可以由工程团队不再接触的系统建立。当需要从这些系统中提取数据时，可能很难得到技术性支持。公司维护的系统创建或报告的数据完全有可能大部分都被误读，或者根本未被理解。

- **运行数据处理的逻辑不清楚或工程团队无法理解**。工程团队完全有可能不知道，也许需要学习或更好地理解数据收集或分析数据的数据处理背后的逻辑。在这种情况下，你可以期待花些时间确定数据，你也可以期待和数据团队合作完成。这种情况为分析和数据管理团队提供了一个与技术团队合作的绝佳机会。

为了避免或至少减轻一些数据确认问题的潜在影响，减少可能的数据扩散及分析困惑和问题，你需要考虑以下几点。

- **建立数据管理团队**。毫无疑问，有着复杂丰富数据环境的公司应该分配资源做数据管理。如果你没有数据管理团队，或者没有建立团队的预算，你可以找数据管理网站，让其充当兼职或专职的角色，负责那些需要处理数据的项目和计划。

- **让分析团队充当数据管理团队**。在没有资源正式编制数据管理团队的公司里，分析团队可能会承担这个责任。然而，维护数据定义和扮演数据管理角色会成为分析团队的负担。分析团队不做分析而是做管理，这样是否合理，要根据商业影响审慎地选择。公司也要考虑将项目管理办公室（PMO）作为数据管理的一个不错的候选人，因为 PMO 和项目经理已经在技术性项目上进行跨功能合作了。

- **就数据准确性和数据确认流程进行沟通的重要性**。为了准确地收集、确认、管理、维持和最优化数据管理功能，也许需要改变文化，也需要克服组织的抗拒。在这些案例中，分析团队可以是数据管理好处的倡导者。分析团队应该拥护数据准确性对于日常商业决策制定的必要性。应该咨询所有期待干净的、准确的和有用的分析数据的团队，借助它们宣传数据确认和管理的重要性。

- **建立"确认数据"和"管理数据"的正式流程**。建立正式分析程序时，你应该建立数据确认和数据管理两部分。阅读第 2 章了解更多信息。粗略估计确认数据和支持数据管理程序必要的策略性工作。建立流程时，考虑反馈内容，并融合其他团队关心的内容（不然它们可能会失败）。因为这些流程具有跨功能特点，并且十分重要，因此需要获得它们结束的正式信号。

- **建立数据词典和数据管理手册**。数据词典包括关于公司运营所使用数据的业务性、操作性和技术性定义。数据管理手册定义数据管理团队的工作流程——经常会有数据定义文档。使用表格 6-1 的数据定义框架帮助建立你的数据词典的基础。

- **将数据作为每日决策制定的一部分，这样人们便能理解数据必须永远绝对精确的重要性**。通过分析以及沟通分析来回答商业问题，帮助人们在职场中获得成功，分析团队会迅速成为有价值的团队。公司员工希望他们获得的数据是正确的，希望数据能适应他们的商业目的。在分析团队的成熟阶段，人们已经理解了精确数据的重要性，他们的观点（位置的权力）能够被采纳以确保精确性。如果分析团队能够为其工作和服务创造需求，那么商业人士就能够帮助团队做任何必要的事情，以便维护数据精确性。

当执行第 2 章提到的分析价值链，尤其是数据定义、数据收集和数据管理的活动时，结合本章内容进行思考。通过将这章学习的课程融合到你的工作中，提高数据的质量和精确性，你能够更快地获得成功。不要低估关键商业数据的整洁性、相关性以及维护数据定义的需求，也不要算错商业、操作和技术中相关数据定义的必需资源。建立正式或非正式的数据管理，确保数据分析团队、商业利益相关者和公司能够从用于报告、分析、洞见、优化和预测的清晰定义的、标准化、精确管理的电子数据的最优化使用中获益。

第 7 章

数据报表及 KPIs 的运用

　　数据在技术系统和数据库中的商业价值有限。数据是不是回答业务问题的最佳数据并不重要。商业智囊团是否创建了目前世界上最智能、可升级的结构也不重要。甚至数据是不是被最佳设计、是否被合适地定义都不重要。如果数据只存在于系统中，它几乎毫无用处。分析团队有必要为数据创造价值。正如你所了解的，当人们通过分析法来理解数据，然后决定如何使用数据、决定将它们应用于解答利益相关者交流问题的社交技术，这时数据的实用意义才能实现最大化。但是在团队开始思考如何分析之前，数据需要脱离数据库，以另一种可被分析的形态存在。

　　沟通数据的最常用方式是报表。事实上，业务的核心数据表（从损益表、资产负债表到复杂的证券交易委员会表格以及其他含有数字的法律文件）都是数据报表。当我说你得确定你的 TPS 报表上必须有首页时，你也许会会心一笑。电影《上班一条虫》（*Office Space*）中的小丑最终将自己的 TPS 报表封面烧毁了，在本章末尾，你也许也想烧掉你的报表。

　　当然，报表是重要且关键的，但在很多情况下，一旦它生成并被发送之后，就会被淘汰。自动发送到邮箱的报表经常被人们忽略。这种自动发送报表的自服务功能也许会因为缺乏数据监管而处于劣势。于是，报表也许会包含不准确的数据，或者会变得臃肿。于是公司就会从多层系统中不断重复创造数据、转化以及下载数据，以便创建需要的报表。当公司规模不断扩张，复杂性提升，报表的客户量也提高的时候，对于分析团队来说，监管与维护报表的挑战就会变得艰巨而烦琐。

当问题即为解决方案时，供应商技术就开始起作用了。报表出现问题的原因在于，供应商也许没有为客户提供完整的解决方案，或者其方案没有更新。你也许是一个低价值客户，也许没有机会与直接相关的业务经理接触，使得你的业务不能完全利用、学习供应商技术。一些技术从成百上千个报表中产生（例如网页分析技术），但是当我们深入思考时，其所包含的数据也许太普遍或者没有可用性。报表问题存在于许多公司，包括没有负担或负担较小的新公司，处理这些问题的最佳方法是运用供应商技术，或者在某种情况下使用开源解决方案，以及其他包括供应商增值扩展专业服务的开源解决方案（例如 R 和 Hadoop）。

本章内容会帮助你更好地理解，为什么你现在的报表水平有待提高，并为你提供一些提高和调整你的水平的选择：

- 什么是报表以及它是如何生成的；
- 优秀报表的五要素；
- 报表和仪表盘的区别是什么；
- 什么是仪表盘以及它是如何产生的；
- 仪表盘的五要素；
- 仪表盘、报表以及分析之间的区别；
- KPIs 阐释；
  - 彼得森 KPIs 模型；
  - 科莫甘特 / 曼尼宁 KPIs 模型；
  - 菲利普斯 KPIs 模型。
- 报表和仪表盘适用于分析价值链的何处；
- KPIs 格式示例和 KPIs 示例：平均值、百分比、比率、X 平均数以及衍生物。

什么是报表以及它是如何生成的

报表是包含一条或多条信息的文件，也是一种用于业务的、格式化的在线数据项呈现形式。报表有两种呈现形式，但两者不可兼具。

- **临时报表**。这种报表是当人们需要一次性业务或者需要对现有报表进行修改时创建的。这种临时请求的本质是原则上它只出现一次。事实上，当临时报表的需求持续出现时，它应不再归属于临时报表，而应归属于持续性报表。临时报表经常由人工完成。

- **持续性报表**。准确及时且自动生成的一套报表，它通过一些方式（通常是自服务、电子邮件、活页夹等）分配到业务中去。持续性报表是为了支持路线图项目和其他工作，均获得了项目经理以正式生命周期开发流程提供的支持。无误差持续性报表持续为企业的自助服务提供帮助。从持续性报表中，分析可被创建，利益相关者能问"这个怎么样"，它将在临时报表分析中得到解答。持续报表可在自助服务环境中创建。

请想象这样一种场景：一位公司高管正坐在他的桌子旁看一份报表。这份报表与他上周看过的是同一份报表，它包含一些数据，数据显示了有效的网络营销是如何从公司的数字信道产生网络销量的：一个网站和一个移动应用。数据每周看上去都一样，所以高管与分析人士同样明白数据模式，也明白何时需要关注报表中的波动暗示的某些问题。今天他注意到平均订单值（AOV）已经下降了。因为衡量标准与收益率挂钩，所以这位高管开始考虑下降问题。他十分关心这个问题，所以早上 7 点时给副总裁打了电话，早上 7 点零 5 分接到了秘书的电话，早上 7 点 11 分收到了两封邮件。这位高管想知道为什么数据发生了变化，以及为什么在一天行将结束时显著下降。

这些数据分析组织面临的情况很普遍。根据你的娴熟水平（以及你设定和管理的期望），这些情况也许会频繁出现或者根本不会出现。回答经理的问题所需要的工作量和时间也许会超过一天。但是，经理并不在乎你为了得到答案而需要解决的困难。

我们回过头来看，高管接到了一份报表，而且和外行一样感到"崩溃"。经理没有收到分析结果。数据并没有被解释，他要自己去理解这份报表。当报表中的数据没有做到以下一项时，将会遭到质疑，有时会遭到猛烈攻击。

A：如果数据不符合期望，会受到质疑和挑战。 当分析师对数据持否定态度时，需要记住这条规律。结果就是，数据会被质疑，并被详细检查。

B：如果数据与普遍观念背道而驰，就会受到挑战。 人们和公司都会有一些普遍的信念，或者是错误的信念和想法，并不是基于事实，如业务怎样操作、数据本身的模式是怎样的，甚至这些观念或者信念毫无来由。当数据分析团队的准确工作成果改变了这些普遍观念，数据和结论就会面临极大的挑战。

精准性是报表中最常被质疑的一项。人们想知道一份报表有多准确，他们也想知道分析师团队如何证明这份报表的精准性。当然，数据管理有助于提高和稳定业务报表的准确性。在之前的简单例子中，状况 B 出现了，并且公司高管想知道原因。不巧的是，领导普遍认为，分析师只分析内容而不阐释原理，这种解释在某种程度上并不起作用。虽然一个分析团队可以对解释内容与阐释原理的数据之间的细微差别进行争论，首席执行官仍然希望分析团队能深入运用数据分析阐释原理，而不仅仅是展示内容。所以数据分析的报表是什么？报表是一种通过复印件或者软拷贝呈现的人工产品，这些拷贝从任何现存的能提供数据列表或者可视数据的技术系统而来。报表一般被看作 Excel 表格中的总分析表，或者一些基于工具数据库的动态报表，例如康格诺和微策略。报表旨在鉴别数据类型，传达数据点之间的趋势和关系。报表以活页纸的形式展示，或者通过一种复杂的层级结构来表达，它是一种被用作提供数据相关物证的重要手段的文件。

报表在分析学中很重要，并且在许多情况（如财政报表）下，报表是相当关键而且是法律所要求的。人们运用报表证明他们的项目十分成功，也用它来为下一套指令做计划。在报表中，数据经常被剪切，被改换意图，被转换成其他报表。报表是有用的，但它是在较宏观的分析流程中的人工产出，它只提供需要补充分析的细节数据。在某种情况下，报表甚至可以被看作分析本身。但是报表并不是分析，也许它们一经发布很快就会过时，甚至在时间的长河中贬值。

在讨论报表之前，你必须辨析为什么报表对于业务来说很重要。以下是一些创建和发送报表时需要耗费人力、物力和时间的原因：

- **报表为决策过程提供了一种主要参考资料**。数据服务作为一种物证而实现它的意义。报表有助于理解数据说明的具体问题。

- **报表可采用多种方法针对业务中的顾客需求进行定制**。报表没有一劳永逸的解决方案。但是一些专家为此提供了最好的实践方法和分析角度，值得我们重视。

- **报表可以让利益相关者依靠现存数据和支持设施**。与之前的信息相似，除非数据是从不依靠目标和基准的企业环境中提取并被报表，否则将数据收集在数据库中就是最无用的；

- **报表能够形成思考的中心以利于沟通**。报表不仅会对业务绩效进行客观化，而且还会对经常需要的商业结果进行量化，由此为架构业务讨论提供了中心观点。

- **报表可以一种人们能够理解且可行的方式来追踪业绩随着时间发展的表现**。对数据趋势使用报表，人们可以理解数据的不断改变和进化，以及数据在业务活动中的变化方式。

所以，数据分析团队是怎样创建报表的呢？创建报表程序依照价值链分析法（第 2 章已经讨论过）；但是，大量潜在的技术工作必须由创建报表的技术专家来执行。

1. 数据存储在数据库中或者一套文件中。
2. 数据被建模，以创造一种逻辑数据模型，这种模型可以表达数据对象之间的关系。
3. 数据模型在数据库中生效，通常是由技术性商业智能团队实现。数据库和数据模型相当于数据存储的逻辑结构。
4. 文件中或其他数据库的原始数据被提取、转化和下载到数据库，这个数据库是你基于数据模型和数据模型中区域的源数据映射选择的。
5. 对数据进行技术转化；使用商业智能工具，例如，创建事实表，并创建一套标准问题，用作从数据库抽取数据的技术定义。
6. 原始数据可被用作创建数据所需的维度、量度和过滤器。
7. 报表通过商务智能工具创建，可使用数据模型中的维度、量度和过滤器。
8. 报表可自动创建并按计划传送。
9. 然后用户利用商务智能工具内获取报表，将报表导出或链接至电子数据表（例如 EXCEL），或者查询原始数据，将数据导出至不同类型文件中。

听上去很容易，对吗？它可以很简单，但在大多数情况下，即使没有任何障碍，操作起来也很复杂。现在，看看报表可能出现什么问题，哪一个可能是在章节开始的插图中被企业高管发现的平均价值订单（AOV）下降的案例。换言之，数据有时是错误的而且不准确！无论何时，这种不精准都会造成问题。但是，报表中的偏差也许很难查明根源，如下所示：

- 源数据不完整或者缺失；
- 源数据不是期望的数据；
- 源数据的格式不被支持；
- 源数据太大以至于服务器不能掌控；
- 源数据下载时占用太多时间，对业务来说缺乏及时性和实用性；
- 源数据来源于多个渠道且不能同步；
- 数据模型不完整；
- 数据模型没有提供理解数据需要的相互关系；
- 数据模型不支持你想要的浏览模式或者报表模式；
- 处理源数据和数据模型的团队没有共同的截止日期、优先顺序和目标；
- 提取–转换–加载技术（ELT）错误；
- 提取–转换–加载技术失误；
- 提取–转换–加载技术耗费时间太长或者必须再细分；
- 数据因为许多系统性原因而无法进行处理；
- 服务器中断、宽带问题或者其他不可预见的技术障碍；
- 本地或者共享磁盘或内存的计算能力不足；
- 维度、量度和过滤器与业务规格不符；
- 数据不完整或者比较片面；
- 报表不正确或者存在错误。

从上述问题可知，许多数据是错误的，列表没有给出全部原因。对于每一项列出的问题，原因可能有很多。大多数情况下，分析团队是技术工作的下游消费者，技术工作对报表数据是必不可少的，在这个过程中经常出现报表的准确性问题，但在我看来，并非从一开始就是如此。传统上，一项工程、研发和商务智能团队背后会有整个发布工程师团队为其提供支持，网络团队要确保原始数据的收集、提取、转换、加载和处理，使这些数据适用于分析团队所用工具。这些支持团队并不是数据分析团队中必不可少的一部分，但也可以融入团队。或者支持团队可以将一些时间和心思分配到分析团队上。

数据分析团队可以对研发的数据模型进行投入，也可以不这样做；或者为构建报表工具的基础设施给予少量投入。在某些情况下，分析团队甚至是零投入，这就需要技术团队完成剩余任务，负起责任。当了解到分析团队可能不选择数据库，甚至不选择提供报表的报表工具时，可能会感到吃惊。其原因是，在许多传统的公司，生成报表的必要工作仅由技术团队或有资深技术专家的团队执行，而不是由数据分析或使用团队来完成。也就是说，数据分析是不同的，需要分析团队与技术团队更加紧密合作，以确定分析需求，以及开发数据模型。

分析团队对所用工具进行投入是有益的。流程是支持内部工具和基础设备，还是支持软件即服务和云基础设施，对于技术团队支持的需求有很大的不同。

数据分析和报表必须满足公司所需的特殊处理方式，类似现代公司处理金融体制的方式。显然，认为分析团队只是商务智能团队和其他技术团队提供的数据的下游使用者是不正确的。现代企业要求分析团队的工作在技术和业务上双管齐下。这就是为什么分析团队需要对数据、数据模型、工具和基础设施的细节进行投入。

当谈到报表时，"中间人"是对数据分析团队所扮演的角色最恰当的描述。该团队可能以下列方式呈现。

- **信息技术和企业间的中间人**。数据分析团队可以在过程中提出要求，确保企业认为要求是合理的。将要求传达给技术团队，然后将报表（和分析结果）反馈给利益相关者。
- **数据与报表创建者**。数据分析团队管理数据收集，方式是写下标记规范和写出其他定义数据收集的文件，这些文件在报表创建过程中扮演着重要的角色。然后，该团队就可以管理、创建、发布并支持它们创建的报表。
- **面向分散式分析团队的报表的提供者**。数据分析团队通过控制报表过程来为企业提供集中的报表服务，与现有的报表体系一起采用；帮助改善现有的报表和所要求的报表方式，与企业进行沟通，当然会增加分析值。
- **数据验证员和业务验收测试者**。数据分析团队可根据企业要求核实收集到的数据，这些数据可能已经被检测过。然后决定这份报表是否能满足用户和业务验收检测的业务需求。

- **数据的调查者与管理者**。数据分析团队需要帮助调查报表中所含数据的异常变动、立群值和异常现象等。在其他情况下，分析团队扮演着新数据的创建者和审核者角色，确保现有数据符合已有的数据定义。

分析团队的操作模式取决于高层领导和所在团队的权威和影响，以及现有的技术设备。公司赋予分析团队的权力和自治权也随着报表的重要性而变化，无论是在项目内还是从整体功能来说。关于数据分析有趣的一点是，分析团队可能同时或在特定的项目内扮演着以上所有角色。分析团队在创建报表时经常要负责收集需求，并将写下的要求综合成有说服力的列表，把要做的事按优先顺序排好。分析团队要将需求以合适的发展模型传达给技术团队（比如敏捷模型或瀑布模型）。不论分析团队之前适合哪种操作模式，这些行为都必须进行，当要创建新的数据体验时，分析团队总管技术团队，就如谷歌数据分析和 Omniture 分析工具遇到的情况一样，数据分析团队扮演着数据和报表创建者的角色。

分析团队扮演中间人角色时，系统中的数据不是直接由分析团队控制，而是受到分析团队的影响。分析团队扮演信息技术与企业中间人的一个最好的例子是，内部事务系统内的数据必须报表。在这种情况下，生成数据的基础设备很可能就在生产系统内。工程团队很少会允许或支持分析团队质疑生产系统，因为发生严重故障的风险太高。如果生产数据库由于分析团队的工作而崩溃，整个企业可能会停止运作。然后，分析团队向上与公司利益相关者一同协作，以确定他们对报表的需求。这项工作的执行方式与过程导向法（process-oriented approach）相似，数据和报表创建者通过这种方法，将企业要求转化为数据收集规范。商务智能团队或工程团队之后一同执行要求，这些要求只有分析团队可以接受。在这种模式下，企业绝对相信分析团队可以满足它们的要求。

有时，确保数据可用性和准确性的责任会落到技术团队身上。在这种情况下，分析团队会收到"干净数据"用于分析，但是这种情况比较少见。大多数情况下，分析团队会深入到技术团队的工作中，确保数据符合规范并且准确。企业至少希望分析团队能查看报表中的数据，检查其中是否存在异常和错误，使数据可为企业所用，满足业务需求。无论分析团队是否想支持技术团队做出报表，对于利益相关者来说，数据都可能看起来是不正确的。如果数据没有起到积极的作用，或违背了普遍认可的观点，那么技术团队就未能满足其应遵循的两个指导原则，分析团队于是不得不花费时间去证实数据的准确性，然后再进行分析工作。

不论分析团队的领导是否喜欢，分析团队经常是初始数据的研究者、调整者和管理者。数据难免会发生变化，正如本章开头提到的，对订单平均值有疑问的执行者希望分析团队对此进行调查。

分析团队可能要肩负调查、管理、解决数据问题的任务，但在很多情况下，分析团队无法完成这些工作。因此，分析团队的领导需要坚决地设定预期目标，确定谁应对解决问题负责。当预期目标不是由支持团队和利益相关者制定时，主要的工作压力和负面认知可能会落在分析团队上。其他团队有责任支持分析团队。理想的状况是，调查结果和"干净数据"应由技术团队及时处理，但有些时候，分析团队只需确认问题，指出由谁来处理这一问题，用何种资源处理，以及面对其他已指派的工作应优先处理哪项。

但是现在你可能了解到，建立数据分析组织时，报表看起来也许就像纸上或屏幕上的数字和线条。一个报表从构思到产出的过程是跨职能的，而且必须做到没有任何错误，这样报表才能有效。创建报表的过程非常重要，创建者是谁、如何做、怎么做、在哪儿做以及为什么要创建这个报表，这些因素对报表的成功至关重要。

一份优秀报表的五个要素：RASTA

如果你要对数据库中的少量数据创建报表，那是非常简单的。但正如前面所述，当不止一个团队和系统要一起创建报表时，工作会变得极其困难。

将以下五项原则应用到报表创建中，可以产生非常成功的结果。在列出这五个要素——RASTA 时，我提出了另一种关于 SMART 报表的思考方式（S 代表简单，M 代表慎重，A 代表可实施的，R 代表相关的，T 代表及时的）。我所做的就是通过扩展和改善 SMART 的概念使它变成 RASTA，使 SMART 更加智能。我给这种方法命名为 RSATA 报表。

- **与读者相关**。报表必须明确、快速地告诉读者它是什么以及它的重要性。不管是初步查看报表，还是对其细节进行研究，报表的名称和报表的数据必须与个人或团队请求的信息需求和目的相符。
- **准确的可操作的解答**。尽管这一段听起来像新的篇章，但实际上就是要求报表必须准确。必须核查数据，直到与前期数据相符，同时数据应该具有可操作性的，企业用户可以印证并提升决策，或者至少数据分析可以解答他们的疑问。
- **结构简单，目标明确**。填满图像、文本、数据的复杂图表会令人失去耐心；相比充分图解数据的报表格式，其他简单软件处理的井然有序的视觉信号和专业的数据可视化使报表更加简单明了。数据以表格或波形图的形式出现并不意味着报表就是结构简单，目的明确。报表应避免爱德华·塔夫特提出的"信息超载"这一现象，即结合多重数据说明负责问题和多重信息。
- **决策过程的及时性**。产品发布三周后，生成的报表通常已不能采用，因为距离产品发布时间已太长。超过要求时间才提交的报表通常被认为是没有价值的。分析团队必须尽快将报表和分析交到需要的人手上。
- **添加注释**。数据分析也可以通过书面和口头方式发表。文字可以传递数据背后的信息，为数据添加执行摘和关键信息，会使报表的价值大大提升。同样，为图表添加文字注释能提高数据效用，对与企业的沟通也十分有益。

报表与仪表盘的区别

报表不是仪表盘，两者不能混为一谈。下面是报表与仪表盘的区别：

- **仪表盘的数量比报表少**。仪表盘由报表的详细内容构成。报表过多是创建仪表盘的主要原因之一。
- **仪表盘能从多个报表获取关键数据**。它能跨多个系统和报表获取数据；
- **仪表盘可以高度概述报表内的信息**。通过提取报表中的重要数据，仪表盘能够简化数据，便于读者理解。
- **仪表盘包括带有数据可视化的数据表格**。报表中通常会有表格或图表。而仪表盘会利用不同的图表使数据大量可视化，加速人们理解数据和信息；

- **仪表盘经常与报表内的原始数据相关**。使利用仪表盘对详细数据进行深入研究变成普遍的事情。

- **公司职员创建报表，管理者和领导人确定仪表盘**。企业负责人、中层领导和分析人员都认为报表是项目或活动的一部分。对仪表盘的需求更多地由高层领导推进。

从上述列表可以看到仪表盘与报表的不同之处，但两者也有一些相同的地方。毕竟，仪表盘是由原有的报表生成的（仪表盘的数据都来自报表）。如果没有仪表盘，我们很难概述、综合、传达来自多个报表的数据和解释。仪表盘的结构减少了数据量，只保留企业运营必要的少数条目和可视化。所以，难怪公司总是随着目标、人员、市场营销、产品、战略组合的变化来重建仪表盘。

仪表盘是什么，它是如何产生的

仪表盘是自上而下的倡议，而报表则是自下而上的。当分析团队处于拥有 6 000 至 100 000 名员工的公司中时，基层领导和业务人员通常会需要一份报表；而智能仪表盘不仅能满足他们的需求，也能满足高层管理人员的需求。考虑到网络分析工具实施的结果，一些报表和智能仪表盘是可定制的，可作为数据分析的输入信息。正如前面提到的，管理人员会建议创建智能仪表盘，但并不意味着分析人员和其他职员不建议这样做。仪表盘会删减数据，只留下关键信息并使其可视化，因此管理人员非常支持仪表盘。管理者职位越高，越没有时间详细阅读报表和分析团队的总结，这也回答了本段开头的问题：仪表盘产生的原因是管理者希望提取简化的数据和 KPIs，确认随时追踪和监测公司计划和绩效的关键少数量度。

仪表盘成为团队用来策划和追踪目标绩效的工具。典型的仪表盘创建方案如下：

1. 高层领导者向市场营销团队、销售团队和信息技术团队索要数据通道的绩效，比如网站。
2. 高层领导者可能得到不止一个不同的答复，而且多个数据点互相冲突，这会使领导人十分困惑。

3. 领导者注意到每个团队使用的数据是相同的，但结果却不同，它们只展现正面的结果。领导者也会更加困惑，因为同一个度量标准会有至少两个不同的数据，而且每个团队看起来表现都很好，但高层领导知道的并不是这样。

4. 在尝试通过与员工单独会面弄清问题真相后，高层领导意识到公司需要集中管理数据，或者至少要更好地管理数据。

5. 管理者决定合作创建仪表盘，就像他在《哈佛商业评论》中读到的"平衡计分卡"的方法，但是对企业而言更加具体且能体现随时间变化的趋势。

6. 来自市场营销团队、销售团队和 IT 团队的三位管理者提交了仪表盘，由一位 IT 工程师、一位市场营销助理和一位销售经理专门组成了一支团队完成这项工作。市场营销助理负责表格，销售经理制定要求，IT 工程师在网上找到免费的报表模块，并创建仪表盘。

7. 第一周每个人都是轻松愉快的。当第二周数据发生变化时，管理者会询问这三个人为什么数据发生了变化，需要花费大约一周的时间找到答案。同时，仪表盘下降，其中有一类数据会在第三周由于技术问题而消失。

8. 市场营销、销售和 IT 管理者可能处理出现的问题。他们共同承担雇用分析师的预算。

9. 分析师应用最佳实践，改善仪表盘，确保它的准确性和可维护性。

10. 管理者对目前的工作表示满意，所以他们想再要三个仪表盘，这样仪表盘就有四个：管理仪表盘、IT 仪表盘、销售仪表盘和市场营销仪表盘；

11. 财务团队看到了仪表盘之后也想参与进来，客户服务部和客服中心也是如此；

12. 公司决定扩大仪表盘的应用范围，覆盖销售部、市场营销部、IT 部门、客户服务部到客服中心，因此公司应该雇用更多的分析师；

13. 这时，公司需要组建一个团队，专门为公司报表和数据创建仪表盘；

14. 管理者决定投入更多资金雇用从事仪表盘构建工作的职员，相比报表，仪表盘需要满足更多要求。管理团队通常从市场营销部或财政部选出一名领导者，安排他负责仪表盘构建工作；

15. 公司之后委派分析师运作整个团队，也尝试雇用新职员，扩展技术。

这样智能仪表盘文化就形成了。

事实上，上述所列过于简化的事项序列出现在宏观层次上，但我认为它合理解释了仪表盘在公司的产生过程。需要再次强调的是，仪表盘作为报表删减者是非常重要的，充当关键少量绩效指标的提炼者。

优秀仪表盘的五个要素：LIVES

仪表盘属于报告的一种，但它特有的分析活动将它与传统报表区分开来。尽管没什么标准，但一个仪表盘可能等于 100 份报表，也可能等于 10 份报表。总而言之，仪表盘永远比报表少。RASTA 报表原则同样适用于仪表盘。仪表盘需要特殊处理，这样最相关、最有用的 KPIs 和数据才能呈现出来，数据才能得到研究。可以对高水平的 KPIs 进行深入探索和研究。LIVES 仪表盘概念提供了一种易记的方法，可以帮助创建有效的仪表盘。

- **链接**。仪表盘可能以复印件形式提交，但更普遍的是使用浏览器或应用程序观看。超链接对于仪表盘很关键，因为可能到其他相关项目，如仪表盘中关于企业状况的详细报表和书面分析等。现在移动仪表盘也越来越常见，甚至还有专门的报表数据分析和仪表盘的 App。

- **互动性**。尽管仪表盘不能对其内部数据进行探究是普遍情况，但最优秀、最有用的仪表盘能够深入探究以及过滤表格和图表中的数据。通常会深入研究详细数据和二级 KPIs。

- **视觉效果**。报表主要由一行行、一列列数据组成；仪表盘则将数据转换成了表格和图表。使用数据可视化最佳实践、清晰的信息设计和用户体验，会产生强烈的视觉效果，有助于制作仪表盘。

- **梯队式**。仪表盘会根据相关性和优先次序为读者组织信息和数据，按照文化习惯，将仪表盘的 KPIs 和其他可视化元素放在最佳位置。例如，以英语为母语的人习惯看页面的左上角，而以希伯来语为母语的人习惯看右上角。

- **战略性**。仪表盘不反对这个或那个度量或数据点的总数，它们旨在把这些重要的数据、KPIs、趋势、可视化数据快速传达给企业。这些 KPIs 和可视化数据必须与企业战略紧密相关。因此，企业战略会影响仪表盘数据的变动。数据在一个方向或另一个方向的变动表明了战略上的成功或失败，有助于企业了解当前战略的效果。

理解 KPIs

KPIs 是确认最重要的业务数据的考希克"关键少数"度量标准，这些数据必须随时监测，以便查看企业是否在健康和成功地运行。

KPIs 实质上就是数字，它显示了目标和基准随时间变化的趋势。仪表盘中 KPIs 的数字绝不只是原始数据。很多数据是通过对原始数据进行数学计算后才得到的。

- **平均值**。这种计算意味着几何计算或非几何计算。
- **百分数**。以百分位为基础，表示一个数占另一个数百分之几的数，例如 23%。
- **比例：一种转化率**。根据谷歌的定义，比例指一个总体中各个部分的数量占总体数量的比重。
- **比率**。谷歌很恰当地定义了"比率"：两个量之间的数量关系，表明一个值包含或者被包含于另一个值的倍数。例如，有三分之一的人使用无广告的自然搜索而非付费搜索。
- **单位值**。对于广告和网络媒体产业，"单位值"是很常见的度量单位；例如，成本 / 千、收入 / 千、有效成本 / 千、浏览网页 / 次等。
- **衍生指标**。根据原始数据产生或转化来的数值。衍生指标是计算、转化和数据分析的结果，比如从预测模型衍生出的 R2 值和概率估算。广告投入回报率是由另一个相似的回报率衍生出的。

各级企业单位和团体常常都拥有自己的具体的 KPIs，这样 KPIs 会迅速增多。你可以确定五个 KPIs，再多两个或少两个也可以，也就是说 3~7 个 KPIs 是可以管理的能做出最高水平报表的量。当然，企业会有很多组这类 KPIs，例如来自市场营销和销售部门等。根据最初的一组 KPIs，智能仪表盘可以进行深入研究，从而产生一组新的 KPIs，然后再利用已有数据深入研究，就可以得到第三组数据。前面共提到了六个仪表盘，分别是管理仪表盘、销售仪表盘、市场营销仪表盘、客户服务仪表盘、财务仪表盘和客服中心仪表盘。如果上述仪表盘中有多余的数据，例如，出现在管理仪表盘中的 KPIs 与其他团队的仪表盘数据相同，那么可以想象到的是，分析团队将要处理一些流程，以支持下游数据收集、质量检测、报表，以及 18~42 个不同且功能明确的 KPIs 的数据管理。

你得到的数字越大，指标和 KPIs 越多，发生失误的风险就越大。需要管理的报表和 KPIs 越多，企业需要负责管理、监测、更改和跟踪分析及仪表盘扩展的人士就越多。例如，表格 7-1 列出了不同的 KPIs 和不同的源系统，确认和分析数据需要的职员和时间，这比表面上看起来更复杂。

表 7-1   报表 KPIs 难题示例

KPIs	KPIs 所属	整合障碍
每位新消费者所需成本	财务部门、客户关系管理部门和商业智能工具	各系统数据无法整合，既没有密钥，也没有统一的数据模型。各部门都有自己的发展蓝图
重复访客率	从日志文件到站点分析系统再到受众测量预估	浏览记录被清除，导致团队对数据的看法不同，因此有了不同的定义和系统
转化率	电子表格、数据集市和网址分析工具。	公司没有标准定义，测量出不同的转化率，网站分析工具无法追踪访客的转化率

KPIs 的改变意味着企业要采取行动。数据本身不会采取行动，但是人们可以根据数据做出决定。另一种理解可行性之谜的方式是，任何事情的发生都离不开人，所以数据没有可行性。数据做不了任何事情，但人们通过分析进行提炼、总结、观察和建议后，将产生巨大的作用。KPIs 使数据产生可行性，协助商业人士专注于数据给出的信息，而不受其他因素干扰。另一种说法是，KPIs 改变时，经营者需要了解改变的原因、什么影响着改变，以及企业是否应该脱离数据采取行动。如果 KPIs 发生改变，而企业却无意采取应对措施，那么 KPIs 可能就失去了它的价值。

目前已经有许多关于创建报表和仪表盘的书籍，其中也有部分介绍了数据分析行业中的网站分析。一直以来，利用 KPIs 了解和改善企业绩效的想法都存在。网站分析 KPIs 关注网站和基于浏览器的数字化营销和电子商务。当然数据分析也需要关于 KPIs 的更新的、先进的想法。许多创建 KPIs 的方法都是由商家和顾问决定的，但是没有基本的 KPIs 参考模型。

- **彼得森关键绩效指标模型**。埃里克·彼得森创作了一本非常实用的著作《关键绩效指标大全》（ the Big Book of KPIs ），该书汇集了各种不错的想法。从这本书中，你可以了解这个行业几年前的思想，因为从前的思想与现在还是息息相关的。尽管彼得森 KPIs 列表中的一些项目已经发生了变化，但这本书还是蕴含着大量的信息，值得我们阅读（ 并且这本书可以以免费阅读 ）。
- **科莫甘特/曼尼宁 KPIs 模型**。2006 年，来自诺基亚公司的文斯·科莫甘特（ Vince Kermorgant ）和埃雷克·曼尼宁（ Illake Manninen ）共同发布了他们在诺基亚创建的社区分析模型。他们的方法在某种程度上与彼得森的不同。彼得森解释了 KPIs 是什么，给出了具体的 KPIs 案例和传达方式；他们采取了一种不同的方法，是基于站点的目标和行动者（ 包括直接和间接的 ）。根据诺基亚公司利益相关者和同时发生的活动的数据，科莫甘特和曼尼宁较少对 KPIs 进行解释，相反他们与诺基亚一同创建了一个文档，解释了为什么不同的 "行动者" 需要不同的 KPIs，为 KPIs 的设定提供了框架，在一个遍布全球的跨国公司中实际执行了这些 KPIs。
- **菲利普斯关键绩效模型**。数据分析需要新的 KPIs 创建思维方式。我认为菲利普斯关键绩效模型是创建和扩展 KPIs 十分有效的方法。这种模型集合了创建 KPIs 最优秀的思想，以支持价值链分析。

彼得森 KPIs 模型

彼得森的这本著作关注网站分析，非常准确地描述了使用网络分析工具报表网站 KPIs 时遭遇的困难、挑战和错综复杂的情况。

基础概念涉及对网站数据的理解以及浏览记录、浏览器、公司和雇员不可控的外部效应（ 例如浏览记录阻塞和删除 ）是如何影响 KPIs 的。他介绍了多种有关 KPIs 传播方式的概念。彼得森的 KPIs 框架包括以下四个部分，具有很强的操作性。

- **定义**。书中大量讨论了数据的定义。彼得森认为原始数据不是 KPIs。在大多数情况下，他都是对的。然而，在 KPIs 报表中，出现一些原始数据是很普遍的（ 相邻的百分比变化或视觉指示器）。在第 6 章中，有更多关于数据分析规定的内容。

- **呈现**。彼得森暗示好的呈现方式能降低理解 KPIs 的难度。为了最好地呈现 KPIs，彼得森观察了詹妮弗·维斯米尔（Jennifer Vesseymeyer）的专业工作。当呈现 KPIs 时，彼得森提出了一种正确的方式：KPIs 应该按照时间排序，带有彩色编码、信息提示和直接的定向数据标记（如箭头）；使用可视化（速度计）、百分数；有清楚的目标和阈值。

- **预期**。彼得森的预期概念是指企业知道想要达到的预期结果，并在每一个 KPIs 文档中把它们记录下来。

- **执行**。完成 KPIs 变化的数据分析后，做出的决定和进行的工作被称为 "执行"。分析团队的工作是，KPIs 改变后，根据预期结果评估 KPIs，以采取进一步措施。

科莫甘特 / 曼尼宁 KPIs 模型

2006 年，科莫甘特和莫尼宁公布了一份题为《用诺基亚的方式进行网站 / 网络分析》的文件。他们提出了以下三个主要概念，本章将阐述其中的两点。

- **执行者**。网络工作的执行者是人，人作为执行者，决定着数字体验。此前，你可能从未听过 KPIs 分析中的执行者，这些人在网络上被进一步划分为 "直接执行者" 和 "间接执行者"。关注 "网络直接执行者"，或网络技术人员（如营销人员或机构代理）与关注对网站起决策作用但并不在网络上进行实际决策工作的 "网络间接执行者"（如企业高管）同等重要。

- **KPIs**。即当前讨论的主题。

- **智能仪表盘**。上节所讨论的主题。

科甘莫特和莫尼宁认为，诺基亚最终的体验结果表明，此前你应该积累关于网站足够的信息 / 数据，或者其他相关影响因素，这样你才能获得全面完整的 KPIs，然后将这些指标推荐给某些仪表盘 "背后" 的各类执行者。

"执行者" 这一概念的内涵是 "一种很有价值的、用于确认的实体"。当然，执行者是人。即使你已经有了最适用的 KPIs，且这些 KPIs 的界定恰当，展示效果良好，有着人们共有的预期并且其指令已知，但最大的挑战还在于人如何基于分析价值链中的 KPIs 仪表盘进行分析和管理。执行者通过整合参与者是否改变了网站，以及如何改变了网站，可以降低基于 KPIs 进行分析的难度。

科甘莫特和曼尼宁界定了两类执行者：决策型与非决策型。这个想法忽视了非决策型参与者（如上传资料的人），而去专注于确认直接和间接工作都需要的各类决策参与者和 KPIs。

读者可以从科甘莫特和莫尼宁出色的工作中得出非直觉的、或许有些出乎意料的结论，即在对数字体验做出决策改变的时候，仪表盘对于决策执行者和管理者（管理实际的工作执行者，同时管理形成工作背景的策略）来说是同等重要的。

你应该听过阿维纳什·考希克关于待遇最高者（HiPPO）的想法，也听过分析人员如何通过报表和仪表盘进行交流分析确保 HiPPO 理解数据和分析，帮助运营数字业务。科甘莫特和莫尼宁似乎认为（至少部分认为），决策者（即决策直接参与者）与管理者（即决策间接参与者）地位同样重要。待遇最低者（LiPPO）的观点与待遇最高者的观点相比，或许能获得同等程度的分析关注（甚至可能更多）。应该授权决策执行者"自治"的权力，因为他们需要通过仪表盘显示的数据做出理解和决定，而不是仅仅依赖于管理者对仪表盘中 KPIs 的理解进行工作。

科甘莫特和莫尼宁支持的方法有很具体的各类人工产品，如卡片组、用户地图和功能地图，辅助 KPIs 的产生、报表、分析和交流过程。下面讨论了各类关键绩效仪表盘类型：

- **基于执行者**。每位直接决策执行者都拥有属于自己的 KPIs 仪表盘；
- **基于宏观目标**。所有数字体验都有自己的目标（从盈利到转化，甚至是完成任务），所以仪表盘纳入所有与宏观目标相关的 KPIs，就可以形成其存在的背景。
- **基于作用 / 功能**。在前面的虚构叙述中，各团队定制的仪表盘都以其作用为基准。也就是说，市场营销团队有专门的仪表盘，销售团队有专门的仪表盘，而管理团队同样有专门的仪表盘，以此类推。

菲利普斯 KPIs 模式

我用下面的方式形成新的 KPIs 和仪表盘，来拓展、管理并优化已有的仪表盘。这种方式与彼得森模式和科甘莫特 / 莫尼宁模式中的有些概念相重合。然而，这种方式试图降低 KPIs 形成过程中的复杂性，这种复杂性是因多源数据而形成的。这种模式可同时满足个人、团队或更大实体组织的需求，让他们可以自由地使用 KPIs 和仪表盘，其中包括各类数据，供人们预测和交流影响众多团队的商业分析数据。

- **数据定义**。KPIs 数据的定义通常是商业化的，非常清楚地解释了 KPIs 作为商业术语的含义。然而，其定义中包括技术和操作方面的定义也是非常重要的。关于数据定义的进一步讨论、管理及举例等内容，请参见第 6 章。

- **商业目标**。商业目标指的是你通过成功执行商业战略计划而实现的最终状态。企业的目标应该专注于那些可基于 KPIs 测量的成果。

- **用户**。这一概念与科甘莫特和莫尼宁的决策型与非决策型、直接与间接参与者的概念相似。用户指的是仪表盘的目标使用对象，包括个人或团队。

- **系统**。理想状态是用一个系统来收集数据，同时建立、报表和发布数据，除非你在一家初创企业，或领导着刚起步的独立于其他组织或过程的行动。很可能不止一个系统要运用于 KPIs 仪表盘。

- **仪表盘与 KPIs**。让所有仪表盘并入更大的仪表盘框架中，其中初级 KPIs 与二级、三级 KPIs 相关联，但并不是所有仪表盘框架都会统一成一个整体。如此，仪表盘的拥有者需将其列入清单，包括仪表盘中的 KPIs。

- **交流**。任何分析团队成功的关键都在于与利益相关者的交流分析。虽然时间、方法和频率会随公司的改变而变化，但不要低估真实的分析与交流的重要性。

- **预期指令和结果（产出）**。作为监管 KPIs 的结果之一，你应该对利益相关者可能有的预期指令和可能源自 KPIs 变化的结果进行界定。

报表与仪表盘如何适应分析价值链

报表和仪表盘在数据收集之后才能派上用场。这种情况下，报表与仪表盘的相关要求可能需要提前确定。尽管这样，有时仪表盘和需要的报表只有在数据模型和数据收集被详细说明后才能纳入考虑和审查。数据分析团队可能会遇到很多挫折，因为如果形成 KPIs 的过程未在项目或策划初期开始，它们就不能完全针对报表和 KPIs 仪表盘的要求进行分析。但是在理想状况下，当一种新的数字体验出现时，数据分体团队应该会被立刻开始提问正确的问题，并根据本章阐释的 KPIs 模型来确定潜在的范围、限制以及项目的界限。

第 2 章讨论了分析价值链，从策略上来看，数据收集之后，报表与仪表盘的工作就完成了，之后战略工作要尽快展开（用工程学术语来说，就是在 "准备阶段" 展开）。在未得到数据之前，征询报表要求时，你应该询问并弄清楚："报表应该是怎样的？纵列和横排的表头分别是什么？" 在新产品生产或新的发布计划的前期，分析团队需要考虑几个方面：会涉及的系统、所需数据以及数据界定能做到的最好程度、报表和仪表盘的读者以及如何沟通信息。这样，即使书写、分析报表和仪表盘的工作此后会在分析价值链中进行，你也需要确保战略工作及时告知员工，使其融入环境、顺利交流，同时建立 KPIs 模型和进行相关报表。这些工作要尽早做，与明确问题几乎同时进行。

KPIs 实例

这一部分将讨论更多常见且有用的各种 KPIs，目的是尽一切可能引导你去使用这些 KPIs，即使这些 KPIs 只是例子。然而，在大多数情况下，这里谈及的 KPIs 可以通过调整来达到商业目标的要求。同时，通过对比彼得森模型和科甘莫特 / 莫尼宁模型，我首先需要证明 KPIs 的实用性。我们所有的模型在各种方式中都有共同之处，这些方式可以根据企业不同的情况定制和调整。一种方式或方法论可能不足以满足你的业务需要，所以结合每种方式的不同元素会起到很好的辅助作用。

以下将 KPIs 放入三种模型中进行讨论。

- **彼得森模型**。彼得森模型要求明确 KPIs 的界定、展示方式，了解企业对 KPIs 的预期，以及团队和企业最终采取的应对 KPIs 变化的行动。
- **科甘莫特 / 莫尼宁 KPIs 模型**。该模式要求确认工作人员（执行者）、他们的目标以及是直接还是间接影响数字体验。在这种情况下，含有 KPIs 的仪表盘就需要根据不同的用处、宏观目标以及不同执行者的要求来创建，满足不同用户的需要。

- **菲利普斯 KPIs 模型**。该模型要求面向三类观众定义 KPIs 数据：技术人员、操作人员与企业。商业目标需要得到每位利益相关者的确认，仪表盘需要为他们制作，且每项 KPIs 与特定的商业目标相关联。同时，应该针对每份仪表盘准备一份与用户交流 KPIs 分析的计划；这样一来，当 KPIs 发生改变时，人们便可确认可以采取的预期措施以及可能得到的结果。最终，这种模型需要大致勾勒出整个系统并进行必要的整合，以成功着手建立全面的、以商业为主的 KPIs 模型，这些工作要根据支持分析价值链的流程来进行。

KPIs 比率实例：转化率

转化及其衍生指标——转化率的概念在数据分析中是极具启发性的 KPIs。在很多方面，转化的概念都是 20 世纪末开始发展的数据测量的中心问题。转化即某人在自己的网站上通过数字体验完成价值生成的行为。比如，在电子商务数字体验中，转化可能是指"订货"，而在提供信息的网站上，转化可能指"签署一份电子邮件"或"为下载一份短小文件而注册账号"。转化通常发生在陌生访客成为顾客的过程中，这位顾客最终可能是实名的或者匿名的。但是在其他领域，转化可能会较少关注顾客，而更关注网站、某些产品或产品类别。

理解数字化概念的转化的关键点在于，要理解当数字体验的发起者认为某人的行为是有价值的时候，转化才能发生，并由此创造某种商业价值。在这种情况下，转化有了几种不同的数学定义。

例如，转化可以根据访客、访问目的、顾客以及用户进行度量。不同的用户根据不同的用途测量转化。由于删除 Cookie 的情况和互联网之外的因素（如阻止 Cookie 的程序）、社交媒体和移动设备等，精确度量访客一直是个难题。一些分析人员认为"访问"是比"访客"更好的命名，因为一次访问代表一个特定的转化机会，而以"访客"为度量标准，则可能包含不止一次访问。当然，最好的度量标准是基于企业的商业实例和企业目标而确定的。

在转化的计算中，除了你对命名的偏好之外，更重要的一点是，要知道某人的行为被认为有价值时转化才能发生。同样，转化率和转化率的变化与经济政策相关联，如税收和利润率。转化率是跟踪记录和优化转化的过程中最重要且最常用的一种度量标准。事实上，转化优化是一门数据科学，属于分析学。

KPIs 比率实例：步骤完成率

步骤完成率，也称为微转化，它与转化相似，因为在数字体验中一个步骤即是一个转折点，而数字体验正是转化程序的一部分。通过数字体验从一个网页转至另一个网页即为一个步骤。这个转化过程中，随着用户从一个步骤开始，到完成一个目标时，步骤（微）转化是在最后一个转化点上发生的。

完整步骤可以用例子得到最佳解释。比如，电子商务网站的目标之一是售卖商品，而商品是通过订单出售。要获得订单，需要用户到达一个登录界面（比如网站首页），搜索产品，查看商品界面，然后完成订单。转化等于查看订单感谢页面。

在上述例子中，从第一步到第四步，先是到达登录界面，再依次完成接下来的几个步骤，最后完成商品购买。从事过数据分析工作的人可能会注意到，这几个步骤让转化看起来类似于点击流或一种路径，并且不会出错。在这种情况下，路径是在行为发生之前即被用户熟知的。在用户的行为中，路径中的每一步都需要完成一个任务或一个目标。通过跟踪人们在完成转化过程中的行迹和每个步骤，可以找出转化的阻力，这样就可以提高转化率。

KPIs 均值实例：平均订单价值

平均价值订单是电子商务体验（发生购买行为的过程）中一个标准的度量方式。平均订单价值的计算十分简单，即所有已售商品的总成本除以已售商品的数量，得到所有卖出商品的平均成本，这很容易理解，也能说明问题。即使只售卖一种商品的小网站也可以通过跟踪记录平均订单价值而获利，因为平均订单价值有助于盘点存货，了解购买潮流，同时也可对营销、广告和推荐商品产生影响。与平均订单价值相关的是中位订单价值（Median Order Value，MOV）。电子商务交易在很大范围内获取数据，成本计算中一些外行可能会曲解均值，这样中位订单价值即可派上用场。

KPIs 均值实例：每位访客的平均访问量

通过跟踪访客的访问痕迹，可以计算某位访客在特定时间段（最常为一个月）的访问数量。这一 KPIs 可用于表明站点深度。该指标曾被用作代表"参与"（但这可能值得怀疑）。这种度量标准并非所有情况下都最适用；然而，在为以内容、任务或广告驱动的网站确定趋势和分块分区时，该指标便可提供深入的考虑角度。网页访问数量可被理解为一种代理，用以计算在线广告潜在用户可能的需求。KPIs 放在本章介绍的一个主要原因是，它是解释衍生 KPIs 很好的例子；这种衍生 KPIs 是通过两种最常见的度量标准形成的，即访问和访客。在这种情况下，你可以很容易地用另一种度量标准替换访问，如税收或利益。记住，任何依靠使用可消除插件（如 Cookie）区别访客独特性的度量标准都可能过高估计访客数量。

忠诚度——记录上次访问时间（新近度）

顾客的忠诚度是商家努力想要得到的，即顾客在较短时期内重复发生购买行为（牙膏）。即使是出售使用周期长的商品（如家用电器和家居产品等）的商家也可因顾客的忠诚而获益。衡量客户忠诚度的方式是从传统营销中衍生出的一个概念：新近度。

新近度理解起来很容易，即顾客从上次访问或购买到当前的时间。作为一种基于时间存在的度量标准，新近度与个体顾客相关联，是一种体验和交易中极易把握的度量方式。在交易过程中，访客是通过注册、登录专属 ID、全名或匿名被商家了解的；在匿名环境中，新近度则是通过零散的客户识别信息而确定的。例如，从商品或事件层面来看，新近度是上次下载移动应用程序到当前的时间。移动应用程序是为一些规模较小且不能与已知顾客进行交易的商家开发的。

新近度可很好地用于跟踪、记录以及度量顾客对品牌、商品和服务的忠诚度。

KPIs 衍生指标实例：记忆——访问之间的时间（频率）

记忆作为传统营销中常见的概念，现运用于数据分析学。频率表示大家都知道的、匿名的或几近匿名的顾客多长时间访问一次他曾访问过、体验过的网上商户。

与新近度类似，频率也是基于时间的测量指标。同样在数字体验中，人们通过某些机制识别客户，如果一位客户上次访问后，最近又访问了这个网站的话，时间便可被直接记录下来。匿名访问或几近匿名访问的环境中，如依赖于浏览器 Cookie 的访问的频率会难以记录。如果删除 Cookie，并且不能在一个 Cookie 与另一个 Cookie 之间保持联系，就会影响频率的精确计算。

重复访问对于某些商家来说十分重要，频率是追踪的重要指标。例如，新闻网站或社交媒体网站的访问频率减少，可能预示着与内容相关的问题；电子商务网站上某一商品的点击频率增加，或某位顾客的访问频率增加，则需要调查。

KPIs 百分比示例：X 在 N 中所占百分比

上述标题中的 X 需要根据资源 N 进行度量，如付费搜索顾客所占比例，或市场营销所获收益的比例。同样，X 在 N 中所占的比例这一抽象概念也可用于数据分析。人们参与数字体验的过程中会涉及资源配置问题，这也是数据分析团队经常遇到的问题。交通资源网站也可能包含其他主题或广告。移动应用程序用户可通过点击链接访问其他移动应用程序（通常是为了支付），用户也从应用商店这样的"商店体验"中点击其他应用程序的访问链接。

用户可通过多种方式开始数字体验，这些方式会以百分比的形式，根据用户需要的关键度量标准被跟踪记录。这样，用户就可以获取 KPIs，如在线广告访客的比例以及市场营销中利润的比例。这种百分比 KPIs 可进一步划分，也可广泛用于数据资料。

KPIs 百分比实例：新顾客所占百分比（度量标准 N）

对于想要计算客户数量增长率或市场份额的网站来说，新顾客百分比是一项十分有用的 KPIs。新顾客百分比的概念常用于数据分析中，例如，新顾客在搜索顾客中所占的比例，老顾客在访问图片广告的顾客中所占的比例。网站老板希望了解新顾客、新访客以及老顾客所占百分比，以及其他 KPIs 百分比衍生指标，如过去两年半内新顾客的百分比，每一年新顾客的百分比等。

在使用百分比的例子中，首先确定要跟踪哪一项百分比，要选择什么作为基数，是顾客总量、总的访问量，还是每月的访客数量等。然后，把所得百分比与其他阶段的百分比对比分析，同时把这一项 KPIs 与其他数据资料（如在所分析的时间段内，引起百分比变化的真正因素）对比结合起来研究。

KPIs 单位值实例：花费 / 位（每位访客的花费）

当 KPIs 直接与实际的金融度量标准相关联时，KPIs 的价值最高。在广告方面，"单位成本"包含许多度量标准，其运用也十分广泛，同时也极易理解。最普遍的基于广告的"单位成本"是每千人成本（Cost per Mille，CPM），通常是在显示广告的情况下。数据分析通过类似方式使用"单位成本"的度量标准。这里的成本可指数据分析模型中任何商品的成本，如每位顾客的成本、每次转化的成本、每项措施的成本、每次交易的成本以及每条 Facebook 消息的成本等。这些度量可能会过于模糊，因此分段或进一步推导与对比不同时间段的成本度量一样有用。

KPIs 单位值实例：收入 / 每位顾客（来自每位顾客的收入）

与上一部分讨论的成本度量标准相对应的是基于收入的度量标准。当最终 KPIs 与财务数据相关联的时候，生意就做成了。在数据分析团队专注于集中各项与事件、行为、交易等有关的财务数据时，会出现一些有用的信息。用这种方式可计算出利润率。因此，"单位收入"度量标准是一项可用于跟踪测量商业运行绩效的 KPIs。作为与"单位成本"相对应的度量标准，"单位收入"显示交易有多少金额产生。"单位收入"最常见的用法是"收入 / 顾客"KPIs 或"收入 / 商品类别"KPIs，相关的 KPIs 还有"收入 /X 或 Y 中的部分顾客"，衍生单位值"收入 / 新顾客"和"收入 / 老顾客"等。通过结合"单位收入"度量标准与"单位成本"度量标准，你可以得出"单位利润率"度量标准，这都是高层管理者关注的信息。

如果 KPIs 策略可实现至"成本 /X"和"收入 /Y"已知的程度，如"成本 / 付费搜索活动"和"收入 / 付费搜索活动"，那么你就可以计算出"利润 / 付费搜索活动"。从更深层次上看，分析团队可以告诉你"利润／搜索活动 X 中的每个关键词"和相关可比较的不同时段的 KPIs。因此你可以得出结论，这样的信息在用数据和衍生 KPIs 分析转化企业利润率中所起的作用是不可估量的，也是企业领导人不可忽视的数据。

实时数据 vs 及时数据：从业者的角度

过去几年内，许多数据分析从业者、顾问、卖家都参考了关于实时数据的不同意见。一些人认为，实时数据是一种变革式创新性数据，另一些人则对实时数据在许多商业情景中的可用之处持怀疑态度。实时数据在分析过程中派上不用场，但可以在基于数据的自动活动中得到运用。为自动活动，如设定目标、检测、互动或其他形式的自动化体验等提供动力的过程中，实时数据起到了重要的作用。但在非自动化的人为分析数据的过程中，及时数据比实时数据更有用武之地。

极少数商业决策或网站优化活动是根据实时数据做出和策划的，因此在这些情况下并不需要获取实时数据，有及时数据即可。事实上，数据分析、业务洞察及可行性建议有时候需要几个月才能完成，无论是在网站（在可控的发布计划中，可灵活调整，或更特殊化），还是作为订单实现过程的一部分，抑或是在导致下游业务变化的数学模型中（如促销组合或根据时间段做出调整）。也就是说，虽然实时数据和洞察是有价值的，但是这些实时数据对人力分析并无太多用处。

人们提到过一些罕见的情况，即在收集实时数据之后，人们会立刻把所得数据运用到商业中，这件事由人来完成，而不是由系统或自动化处理。网上营销活动或客户关系管理（CRM）邮件即是一个例子，通过它们了解实时数据是否为网站带来了流量，有利于及时检验营销活动是否起到了作用。然而，不可能实时处理这些数据。那么，如果收集数据 3 个小时后或再加上 15 分钟的延迟会产生什么样的商业影响呢？在数据燃料为产出（基于对数据变化的算法回应）提供动力的领域，或者在人工智能和其他先进的数据处理系统中，实时数据十分有用，也十分有必要。例如，在广告交易平台和网络上，实时数据对在线广告买卖活动中的创新非常有必要，因为这种买卖活动通常都是实时竞价的（RTB）。对用于锁定目录人群的数据而言道理也是一样，因为消费者经常在各种数字体验和设备中"穿梭"浏览。

及时数据可能是实时的，但也可能不是实时的。及时数据是企业做分析解决商业疑问（反馈给顾客）时最常要求获取的数据。毕竟数据收集完成以后，继续进行任何工作都是需要花时间的：如解决发生的问题，重新组织营销活动或再次以邮件发送清单。就目前的营销活动的管理技术而言，如果你搞砸了一次活动，这很可能是流程或人的问题，而不仅仅是数据问题。因此，实时数据可能暗示着问题的出现，但并不会指出问题出在哪里。分析数据、创建分析成果并找到合适的时间把结果展示给利益相关者也都需要花时间。

实时网站数据的情况与实时数据相似。有人宣称如果网站处于工作状态，你可以观察到数据不停地更新。当然，看着数据实时变化听起来很酷，它是令人印象深刻的"视觉享受"和后端设施。但是任何基于"查看数据"才能得到的建议都需要花时间进行。研发团队通常并不基于人们实时看见的变化做出调整。但是有些情况可能存在，即数据可能以一种特别的明显的方式发生变化，调查发现问题时，必须立即在站点进行热修复。例如，来自邮件活动的活动反馈问题可能会引起关注，也可通过实时数据报表获得回应。但即使是热修复也是需要时间的。

在创建分析和获得洞察的过程中，及时数据是十分必要的，有助于引导决策，增加收入或降低成本。但是"及时"是根据商业和商业情景而界定的。你可以在需要的时候参考及时数据做出重要的商业决定。因此，及时数据可取时间段为 5 毫秒、5 秒、5 分钟、5 小时、5 天、5 周、5 个月，甚至是 5 年，这取决于你们企业的需求、目标以及眼界。及时数据足以满足人们的需要，是因为任何源于决策的措施都几乎不可能实时完成，比如试想一下运营管理和库存补充。这不是"实时"，而是"及时"，因为对商业需求和商业目标来说，这一过程就是及时的。

毫无疑问，实时数据对于自动化系统是有用的。考虑一下先进的行为探测系统，其中输入数据是为了产生及时的结果或体验。更多关于分析学未来发展的信息，详见第 13 章。

举一个金融服务行业的简单例子。银行了解每位客户的账户平均余额信息。

一位异常客户存上一笔钱后，假设是 100 万美元，这家银行就会查到这笔存款。当这位客户再一次登录他的网上银行账户时，银行会进行实时侦查，银行可利用这次登录，向客户自动发送共有基金和其他金融理财项目的购买邀请。如果这位客户接受邀请，并按提示步骤操作，银行会实时自动发送该理财产品的折扣信息到客户邮箱或客户的手机、Twitter 账户，或者 Tumblr 账户。另一个例子是广告目标人群，与广告交易和 RTB 广告形式类似，Cookie 会被实时评估，一项已经锁定目标的广告也会实时扮演其角色。

在这些情况下，实时数据似乎是有竞争优势的，它可以降低成本，甚至可以增加收入。以上所举的例子中，由于自动化，实时数据仅限用于商业领域。但是综合各方面的考虑来看，实时数据的确不适用于自动化以外的领域；企业领导者应该更希望获取及时数据和相关分析，而不是实时数据。

第 8 章

用数据分析进行优化和测试

高德纳公司的比尔·加斯曼（Bill Gassman）和 Cardinal Path 公司的斯蒂芬·哈梅尔（Stephane Hamel）创建的多个成熟度模型表明，成熟的数据分析程序会集中优化一些模糊抽象的概念。涉及数据分析的描述会不可避免地用到"优化"这个词，分析小组的工作被简称为"优化"。数据分析者可能会问："这个数据用来做什么？"客户会答道："用于优化网站。"乍一看，"优化"作为一般概念有一定的道理，简单来说，它的意思就是"改善"。在数字体验方面，用数据改善业务是更加复杂的概念。每个数据分析者都应该理解优化这个概念。

定义数字优化之前，你必须弄明白优化的含义，因为在数字领域你会经常看到这个词，比如优化广告、优化开支、优化网站、优化转化、优化登录页面、优化引擎搜索、优化应用程序等。在未明确定义"优化"的前提下，当人们谈论这个概念和改善发生的情境时，分析人员就会遇到问题。在数字领域，应这样定义优化：

> 优化是指在用户体验（如页面上的文字、图片、报价、促销活动、创意、行动号召、按钮和其他元素）因目标用户的不同而不同，不同用

户组的表现对照实时预定的目标来衡量。

尽管改善是优化的核心目标，但优化不只是改善。并且之后你会发现，优化包括测试和对照实验。例如，你可能会测试是否表格中的栏位越少（甚至只有电子邮箱地址），用户转化越方便。或者是否当网站颜色、特征设置多样时，用户才愿意花更多的时间，看更多的网页，更多地关注网站。

数字优化的思想根植于传统印刷媒体的营销思想、订阅发行以及控制发行的理念。在印刷媒体占主流地位的年代，通过直邮发送订阅卡或者其他海外营销资料的情况很常见，以此判断哪一种邮递方式更为高效。这一类测试叫作冠军/挑战者测试，也就是现代 AB 邮件测试的前身。之后，现代有线电视网络——类似于家庭购物频道 HSC 和美国最大的电视购物公司 QVC，将实时测试推到了另一个新高度。HSC 和 QVC 有控制室，几乎是同步更新观众反馈数据和销售情况，以便制作者随时根据消费者的需要量身更改无线广播，以最大限度刺激消费。在运营管理方面，减少循环次数、降低制作过程中的错误率是很重要的，可以通过测试不同的装配流水线以及加工方法来进行。大部分学习过汽车生产的汽车爱好者都很熟悉日本的看板法和改善理念。

在很多方面，数据分析师了解了数字优化是日本改善（意指持续发展理念）和冠军/挑战者直邮模型之间的纽带，这是很有用的。看板理念主要指，生产线工作人员发现生产过程有问题时，他们可以用一根绳子传递信息以免下游生产受到影响，这和今天数字优化软件作用类似。数字优化软件会提供输出以便于在数字体验出现问题时发出警告，并提供最优方案来完成任务。

尽管数字优化公司的商业机密和知识产权，如 SiteSpect、IBM、Adobe 和 Monetate 等，已经通过它们的产品和服务很好地阐释了数字优化的价值定位。虽然它们的阐释远远超过了数字优化的基本理论，但你仍然有必要了解以下信息。

- **田口方法**。田口玄一（Genichi Taguchi）博士是一名工程师、统计学家，他提出了提高生产过程质量的革命性思想。他的思想影响了很多数字优化工程师和改革者。田口玄一在多个维度研究亏损，并通过分析参数、容差来改进生产流程。田口玄一通过使用复杂的计算来微调参数，并分析多种因素带来的影响，证明了他的数学统计法能够有效减少或者增加生产过程中的一个或多个变量。他的方法被广泛应用到了很多学科原理中。

- **选择模拟（选择设计）**。这种方法的理念是，优化是一种通过选择可以最大化的功能。选择理念可以运用数学建模，它源于现代心理学。心理学认为选择是建立在行为的基础之上的。这些行为可以被识别并应用到分析个人或者特定消费者群体的喜好中，然后帮助他们做出选择。理解选择模型的方式是，像品牌亲和力、已知人口统计和客户群体行为可以根据以前的购买模式来建模，以便评估哪种广告刺激可以激发预期反应。

- **多变量测试**。这一类测试也可以称作"多变量检验"。这种测试方法指通过测试两个或两个以上变量来了解一个变量对其他变量造成的影响。例如，测试促销活动力度大小以及操作按钮颜色和不同图案造成的联合影响。

- **单变量测试**。这种测试方法只测试一种变量。例如，测试按钮的颜色变化相较原色（也就是定量）带来的影响。再比如，测试下载按钮（红色相对于蓝色），决定哪种颜色的按钮会帮助你带来更多的订单。

- **部分因子测试**。这种测试方式主要用于描述即将完成的测试。"部分"意味着只有确定的一部分因素的可能组合接受测试。换言之，如果你有 10 个因素需要测试，这 10 个因素会有 100 亿种可能的组合。如果每一种组合都测试的话，需要花费很长的时间，并需要很多的样本，此外很多可能的组合并没有被测试的意义（例如，测试白色背景下的白色按钮）；因此，在这种情况下，部分因子测试很有意义。只测试最为关键的组合（虽然依然有很多可能性），之后测试这些关键组合达到统计的意义需要多长时间。

- **全因子测试**。全因子测试用于测试所有可能的因素组合，得出每一组可能的结果，来确认最优方案。全因子测试主要应用于消费者不能直接参与的测试中，但也可以没有这种限制的。全因子测试经常用于机器学习过程和统计数据控制试验中。

- **优化设计**。优化设计涉及快速循环，通过迭代测试，尽可能快识别优于优化设计测试已定义的参数。这种测试方法充分考虑了被测因素之间的关系，避免了在测试无意义因素组合方面花费时间。

蒂姆•阿什（Tim Ash）是 Site Tuners 公司的执行总裁，他在他的书《登录页面优化》（*Landing Page Optimization*）中引用了田口玄一关于部分析因测试的内容，田口玄一曾用该测试去建构跨行业登录页面，而蒂姆认为田口玄一的测试是有问题的。蒂姆引用了以下关注点。

- **测试样本数量太少**。测试必须达到统计显著性。样本的大小取决于测试的人口类型，如果测试样本数量太少，测试就是无效的。

- **严格僵化的测试设计**。在很多情况下，能呈现跨网站和其他网络设备的用户体验的底层数字技术有局限性。一些优化技术并不能有效追踪用户在要素集、流量、创新、服务和体验等方面的多种选择。

- **不能准确估计个别变量的作用**。分析测试结果时，精确统计很重要。人工处理和供应商产品在测试、报告呈现方法上有细微的差别和缺陷。在测试过程中，应该考虑到协方差和多种统计矩阵等反映变量关系的方法。

- **结论错误**。优化和测试或许证明个别变量优于其他变量，甚至是定量，但是结果并不意味着该变量变化后，这样的业绩依然能够在消费者群体中延续。

- **不能分析上下文和变量交互**。分析学中有一句老话："你知道你知道什么，你不知道你不知道什么。"同样，你的测试会像你原本设计的那样敏捷且适用。收集每一个可能的数字体验交互很困难，收集不同数字体验的复杂交互更困难。但是如果在测试中忽略这部分，你可能会错过上下文与其他重要变量之间的交互作用。

只要生产商能生产出利益相关者和团队期望的产品，获得收益，AB测试的内部运作机制、多种测试工具以及专业服务就显得微不足道。一些人会质疑统计模型能为科学领域带来什么？这些领域包括运营管理、工厂或与数字用户行为相关的供应链。尽管在很多情况下，这些批评可能是中肯的，但是控制实验和优化测试的可用选择，使统计模型这一科学在各种数字体验中得到了广泛应用。

AB测试：从此开始

AB测试在传统营销中，曾被称作冠军测试或者挑战者测试。它的含义简单易懂：对同一个实体的两个变量进行随机抽样测试。针对一个或两个量度对比、评估两个变量，以便为既定目标计算出提供最优方案的变量。"A"可以理解为控制，"B"版本的测试可以理解为测试。从这个层面上讲，AB测试是一个控制实验。在某些情况下，一些公司也会做ABC测试，并且把这样的测试叫作AB测试。这种情况下，"A"是现有的数字体验（控制）；"B"和"C"是两个不同的测试。

用于 AB 测试（多变量测试）的商业案例简单易懂。公司通过提前投资使用不同类型的测试，来改善公司业绩。最后，AB 测试增加了收入（可能通过改进转化率）并减少了开销（可能通过减少不必要的精力浪费），同时也提高了效率（可能通过减少维护费用）。

传统上，AB 测试在电子邮件的背景下被数字化了，但是这种测试也可以通过不同的方式被运用于所有数字渠道。

- **用户体验**。当某个人参与你的体验后，一系列行为互动就发生了。一次访问开始，开始计时，点击，事情就发生了。在手机浏览器上，人们可以看到颜色、图像、文本、链接、领域、触发器、按钮、图版、表格和样式表等。这些因素都可以被测试。此外，用户可能没有注意到的网站速度等隐藏功能，这些也可以被测试。最好的测试程序并不是显而易见的，用户甚至不知道他们参与到了测验中，除非用户明确表示愿意参与其中。

- **电子邮件**。历史上，人们曾经以线下直邮方式进行营销，AB 测试正是建立在这种方式的基础上。AB 测试基于电子邮件，至今这种方式仍然高效。就用户体验而言，很多测试都是通过邮件完成的。主题栏是最常被测试的。一封邮件当中对行为、字体、颜色、提议、价格和其他用户体验要素的要求都可以被测试和优化。

- *移动*。在现代社会，移动设备的重要性显而易见，同时它们也占据了前所未有的主流地位。全球数以亿计的人口使用移动电话，很多电话可以通过移动浏览器接入网络。智能手机可以下载很多应用程序。开发了实际手持设备的公司测试了移动操作系统的用户体验。手机应用的研发者也会通过类似于网页分析测试的手段，来测试他们的应用。

- **在线广告**。在线广告的内容、创新性、大小、富媒体功能的测试是最有利可图的地方。针对不同的消费者群体，可以通过测试广告创新性、优秀广告副本和促销活动来理解目标业绩。

- *社会特性*。数字体验创造者有很多可用的社会选择，可以通过测试这些选择来判断观众群是否利用了社会特性，如果观众利用了社会特性，会对商业有怎样的影响？例如，将一些其他网站的链接放在你的媒体网站的主要位置会是很明智的做法。流量套利或许是值得的。但是紧接着，人们是否会利用这个特性？它是否会减少现有的网页浏览量？这些假设和影响都可以被充分测试。

- **内容**。公司使用的数字化内容都可以被测试，或者被其他内容替换。图片、电话、视频、特性和功能等能够使用户参与的内容都可以通过多种方式测试。
- **促销**。尽管有人会认为促销测试就是广告测试，但是"促销测试"这种说法是有道理的。促销包括建议、优惠券、折扣以及其他刺激，这些刺激是基于目标对象构成、事件和行为的不同，为不同的消费者群体量身定制的不同价格和选择。
- **流程**。可以在数字体验中创造体验和对话的屏幕、序列、工作流程和说服性架构等，都叫作流程。你可能听说过转化流程。在转化流程中，完成一系列步骤的每个页面或屏幕都可以被循环测试。

进一步扩展到多变量测试

多变量测试是优化方法，针对控制和预知目标，实时测试数字体验中的因素组合，以确定怎样的因素组合会使性能优化。

与 AB 测试不同，多变量测试并不是用全新的测试和另一个测试进行对比，而是只测试你需要测试的任意因素。当然，需要测试的因素越多，需要被测试的变量的指数会增加，需要被测试的样本数量也是如此。因此，相较于部分因子测试，多变量测试通常比 AB 测试更费时间，因为理论上讲，如果你使用全因子测试，你可能会有无限个测试选项。

除了被试的数量不同之外，多变量测试的操作过程和 AB 测试大同小异。其中最大的区别在于，多变量测试需要计算有效的因素组合，排除被试中无意义的因素组合对（例如，同色的按钮和背景），因此整个测试需要严谨的数学统计过程计算出有效组合。在这种情况下，测试需要独立的多变量优化测试软件，采用"软件即服务"模式；同时，企业级统计处理工具也会提供相关技术和方法，应用于多变量测试、优化和分析中。

制订测试优化计划

在所有分析活动中，计划是很重要的，因为计划能帮助明确工作进程，预估结果，并有助于在约定时间内交付结果。如果想成功完成测试项目，项目必须深思熟虑，并有足够充分的计划严密掌控。详细的测试计划必须具体落实到书面，并经过利益相关者和支持团队的审核并签字确认后，才可以执行。

尽管所有分析项目都在一定程度涉及跨职能部门的协调合作，但测试主要由数据分析团队参与完成的。面对几乎匿名的网络观众，分析团队只要认真、深思熟虑地处理复杂的测试变量，就更可能得到统计上有用的测试结果。

以下是测试计划需要涵盖的一些重要部分。

- **计划名称**。所有计划都应该有独特的名称，计划命名应该和报告紧密联系。计划名称应该简明易懂。不能一味追求创新、吸引人，而忽略名称的简明问题，也要注意商业术语的使用。

- **测试类型**。注明即将执行的测试，例如，AB 测试或者多变量测试。此外，测试需要的算法和数学方法也需要在计划中标明。

- **渠道**。定义需要测试的活动、位置、应用、流程和内容等。

- **测试的业务驱动力**。在说明测试的业务驱动力时，应该主要说明业务形势、测试问题，或者是测试能帮助改善的方面。尽量通过财务指标和代理，将测试与商业价值联系起来。

- **测试目标**。很多测试是为了完成既定目标，因此测试计划中应该列出确切的测试目标。例如，你的目标可能是增加产品购买力，减少购物车的遗弃，并增加点击深度等。

- **度量数据**。数据和定义（详见第 5 章）必须在测试之前明确说明。这样，在测试过程中，可以明确需要收集的度量数据，有助于最后的结果分析。

- **成功标准**。怎样确认测试是否成功？很多情况下，成功的标准是测试是否有利于提高价值。例如，如果一个测试的结果使转化率提高，可用于改进数字体验，那么测试必须能够得出确切的转化数字临界值，这个测试才是成功的。两个百分点的转化率增长可能是阈值。

- **测试预期**。任何测试或者项目都有预期。预期测试通常是多种测试中更高效的一个测试。测试有助于帮助验证在数字体验中，关于用户行为的商业假设是否有效。当然，测试结果也可能证明测试程序无效，或者整个测试并不能得出测试结果，证明预期不准确。因此，提前准备预期文件，有助于对比测试实际结果和预期目标。

- **预期操作**。测试的结果可能有助于：（a）现有版本持续使用；（b）对现有版本进行改进；（c）进一步做更多测试。进一步测试并不仅仅是为了验证测试结果，还有助于进一步改善测试结果。所以，在制定预期时，有必要考虑进一步测试和合理优化。

AB 测试和多变量测试的操作过程

AB 测试和多变量测试同任何一个性能分析过程一样，它们的实际操作过程尤为重要。因为这两个测试涉及跨职能团队合作，需要获得不同职能资源和团队的支持，例如，需要获得用户体验团队和市场营销团队的支持。测试要适应其他的支持团队。因此，数字优化测试需要合理的程序。

这本书的每一个章节都在重复一个主题：分析操作过程的重要性。整个分析过程都要以需求为中心，并围绕需求建立目标，确定衡量标准；在追求商业价值的同时，在数字生态系统中追踪需要的要素。这些原则也适用于整个测试优化过程。请记住，测试优化操作过程要满足其他支持团队的工作需求。

以下是测试的大致流程。如果你采用 AB 测试或者多变量测试，那么可以根据需要调整顺序。

1. **明确测试目标和方法**。在讨论测试标准时，你必须先弄清楚你想要的财务计算结果。因为测试只是通过各种方法处理数字，有很多种选择，你必须选择最重要的对业务有帮助的。你需要以商业价值为主要目标，通常包括降低成本、增加转换率和收益，提高利润。你可能会为营销活动测试关键的网站登录页面。

2. **决定你如何收集、测量、汇报测试结果，包括使用表格、实物模型进行结果汇报分析**。在做优化、测试程序计划时，很重要的一步是：清楚怎样汇报最后结果。实际情形是，你可以在这个项目的前期准备环节，及时将自己关于结果汇报的想法记录下来，比如，你可以在吃饭时，在餐巾纸背面写下你突发的灵感。毕竟，知道你想要的结果，远比将你的结果清晰地呈现出来，要难得多。因此，你必须保证让利益相关者能看明白你的测试和优化结果。

3. **通过查阅历史数据和标准，验证测量目标的效能**。在这个方面，你首先需要收集数据，然后通过数据计算获得判断标准，再验证测试结果是否有效。标准和目标都可以通过原有数据的均值或其他数据统计计量得到。

4. **设定测试目标或者临界值，才能认为 AB 测试是成功的**。通过测试能够使任何一部分得到改善，这是很值得的，但是还远远不够。因为测试会牵涉很多测试程序，以及很多部门的资源调配，成本很高，所以只有当测试能实现一定的价值并达到一定的标准时，才是一个成功的测试。你可以根据之前设定的标准计算临界值。或者这个临界者的设定涉及资金成本和其他财务措施，例如，门槛比率和内部盈利率。

5. **制订测试计划**。测试计划可以帮助你明确测试目的。将参与测试的各部门和各种资源整合，有助于推进 AB 测试。参与测试的各部门包括创意、广告、代理商、营销、IT、工程等部门。想了解更多这方面的内容，可以参照前面的"制订测试优化计划"这一部分。

6. **根据计划展开测试、收集数据**。接下来就是测试执行。你需要利用公司现有的各种技术手段和流程，协调创建、审核、推进测试的进行。之前，你的测试计划已经获得批准执行，因此，在实际操作中，只要告诉各部门你的测试已经启动，测试应该会变得相对容易很多。如果你的计划足够周详、成功，各部门应该很清楚需要做什么。但是，如果你和其他部门合作并不顺利，那么在展开测试和收集分析结果的过程中，你可能会遇到很多困难。

7. **评估、分析、汇报测试结果**。这是测试的收尾环节，在这一环节，你为测试做出的所有努力（衡量、汇报、前期准备和制订测试计划）都会有结果。如果你需要人工操作评估测试结果，你可以利用分析技巧和方法。利用内部自动化解决方案会减少人员的计算量。最好的 AB 测试、多变量软件可以帮助用户解决复杂计算，并且能够将有效的统计结果用简单易懂的表格呈现出来。

8. **交流业务成果**。你需要将结果以数字形式及时呈现给参与测试的团队、利益相关者看，每个人都很想了解测试的每一步进展。尽管你可以通过部分数据评估测试的结果，但是请谨记蒂姆·艾什提出的问题：样本数量、统计严谨度以及团队分析结果的能力。测试同软件一样，也需要足够的时间去得到具有统计显著性的结果和预测结果。如果利益相关者要求了解测试结果，而此时结果还没有完全成型，你可以回绝他们的要求。请确保你已经得到了有效的测试结果，然后再将它们呈现或者公布给他人看。

9. **发布成功的测试版本**。恭喜你成功得到了新版的测试，之后你就可以运用这个测试完成预定目标，优化你想要优化的项目。接下来就是要和技术团队合作，在数字体验中发布新版本。

AB 测试和多变量测试结果的测量、分析与汇报技术和方法

目前，有很多收集、汇报、分析 AB 测试结果的方法，以下是对这些方法的简介。

- **使用本土化的工具**。在第 5 章我们曾讨论过，一些公司用它们自己的方式解决商业问题，提高业绩。用公司自己的内部解决方案处理测试的情况并不少见。简单的小型测试很简单。在这种情况下，公司会选择它们自己的工具，或者创建单点解决方法来进行 AB 测试和优化。

- **利用数据分析工具**。很多数据分析供应商也会提供一些测试软件，这些软件会不同程度支持 AB 测试、多变量测试和优化测试。通过在分析工具或者数据收集层内部使用活动代码、高级配置，可以将 AB 测试和多变量测试的结果记录在分析工具中。

- **在收集数据和呈现报告时，使用商业智能工具**。测试中更为复杂的方法就是定制商业智能工具，帮助收集和存储测试数据。普遍的方法是，将数字事件直接写进数据库，或者将记录文件索引到商业智能工具的数据模型中。由于商业智能工具有丰富的提取、转换、加载和报告功能，测试数据可以和其他数据一起在商业智能工具中呈现。

- **将数据加载到统计处理工具中**。测试数据可以写入或输入到数据库中，也可以用其他数据收集方法［例如，API 调用，JavaScript 或服务器到服务器的连接］，然后将数据库加载到统计处理工具中，例如，R 或 SAS。这种方法的优势是，有助于对优化数据进行高级应用分析，从预测模型到其他类型的统计方法，再到数据分析和分析控制实验。

- **从基于时间序列变化的电子表格进行推断**。人们试图人工收集测试结果，这是最坏的情况。电子表格等分析工具可以帮助分析测试和优化，而对于测试结果中复

杂的数学计算是很难手动操作的。这就是说，手动计算并不是长久之计，原因可能是从预算到所需资源多方面的问题。

- **采用 AB 测试、多变量测试以及 SaaS 软件**。公司分配预算、资源购买测试和优化软件是为了加快测试项目进程。在数据中心或测试优化专用云计算中心配置软件，有助于有效汇报测试结果，正确应用基本的统计算法，甚至可能在不改变客户端和网站的情况下，插入现有的数字基础设施。测试和优化软件也可以在不需要很多人为干预的情况下，提供有效的和可视化的汇报结果。

测试支持的优化类型

本章开头曾把优化描述为一个经常被引用到的词，但是在没有足够背景的情况下，该词的引用可能会比有具体意义的、描述性的词要少。毫无疑问，尽管 AB 测试和多变量测试都是行之有效的优化方法，但是你必须在数字生态系统中定义一个宏区域，用于优化的测试程序可以在该区域内进行。在以下几个数据分析领域中，测试会产生影响。

- **网站和应用程序优化**。网站和测试程序优化是指测试用户体验、表面、功能、特性、流量以及整个网站或应用体验的部分内容。
- **登录页面优化**。该优化是发生在页面或屏幕上的活动，用户可以在这个页面上点击"登录"，或者在这个页面上实现从一种体验到另一种体验的转换。登录页面优化可以作为一门完整的科学。登录页面的很多要素都可以被测试：文本、按钮、图片以及调用动作等。
- **转化优化**。转化优化的行为指产生点击、互动、事件或发生转化的价值。转化点击、事件和行为对于商务来说都是很有价值的。目前，围绕转化优化有很多实验方案。通常，测试转化会涉及修改你在转化前通过移动页面和屏幕序列看到的元素。例如，在电子商务流量中，你通过点击看到的页面页码、你填入表单的号码或者屏幕上呈现的信息，这些内容都可以适当被测试。
- **移动优化**。移动优化与随着地理环境移动的设备有关，同时，这些设备保持联网，至少与用户体验进行交互。移动设备测试和优化与测试网站或电子邮件不同。移动测试有不同语言的限制和接口限制。移动优化包括浏览环境中的移动应用程序优化，电子商务站点优化，这些都和手机的设置、功能相关。所有这些都可以被测试。换句话说，苹果和安卓开发的基本用户体验都可以被测试。开发人员可以测试他们创建的应用程序。出版商和广告商可以测试他们用移动浏览器和移动应用创建的内容和广告。

- **入站推荐**、**访问者和营销优化**。公司可以投资入站渠道进行推广销售，这些渠道包括搜索、联盟或者其他形式。这些程序会对财务目标产生特殊影响，因此可以被测试。付费搜索可能出现一个月内无人问津的情况。展示广告的网络也可能不断变化。联盟营销方案的组合也会发生变化。

- **对外营销优化**。公司直接通过电子邮件、社交网络、短信服务以及其他数字方式发送信息给客户和潜在客户，按照本章描述的那样，通过测试这些信息的发送方式，可以知道哪一种对外营销方案最有效。并且通过测试也可以知道哪些程序、活动、创意或者其他方面可以帮助获得最多的商业利益。

- **店内优化**。移动优惠券和其他移动应用为零售商提供了在实体店内将顾客和他们网上的身份对应的可能。优惠、优惠券、产品信息、竞争对手购物信息，甚至是店内移动应用都进行控制和测试。

- **买家优化**。公司监控库存水平、店内购物和网上购物行为，以确定顾客购买动机。当对购物者的体验做出假设时，你可以直接测试使用在线、移动方式劝说顾客购买，帮助顾客了解商品信息等方法中，哪一种最能刺激消费。

- **顾客优化**。将顾客分类：谁可能或可能不是是匿名顾客。随后，向不同的顾客群推行交叉销售和向上销售，并测试顾客的直接反应。优化有利于减少客户流失率，提高客户满意度、顾客回头率等。

- **预期优化**。预期优化指将观众群按预期分割，将测试结果和他们的预期进行比较。当然，我们的目标是将观众预期转化为观众满意度，增加观众回头率，推广品牌。

- **广告优化**。广告优化涉及测试活动、创意、叙事、对所有尺寸屏幕不同格式的数字广告的反应、广告交易的基本方式（常常与登录页面测试捆绑）。

- **搜索优化**。搜索优化指在线搜索、离线搜索。在搜索引擎上完成的外部搜索，无论是付费搜索还是自然搜索，都可以被测试。在线搜索的相关性、特性和用户体验都可以被测试。外部搜索、内部搜索测试的目的是保证通过搜索能转到登录页面。

建立数字优化项目

比较大的专门做测试和优化的团队不多，但是越来越多的公司都开始对测试功能进行投资。事实上，每天都有数以百万计的人在互联网上通过 AB 测试和多变量测试，测试数字体验。戴尔等以电子商务为主要业务的大型跨国公司在测试优化功能方面投入了很多重要资源。其他公司可能投入了部分资源，或者是一个完整的时间资源管理测试和优化功能。目前，最大的品牌优化团队有不到 20 人的成员（这是一个巨大的数字），最小的团队只有一个成员，或者只是一个兼职的队伍。

每个公司的状况不同，对一家公司的方案并不一定适用于其他公司，所以我们并不能提供公式化的方案帮助建立数字优化项目，但是我们可以提供指导。管理者在建立测试优化团队时，可以从以下列出的主题和领域着手。

- 测试团队需要由具备相似技能的数据分析师组成，然而，鉴于测试的跨职能性质，拥有扎实的项目管理技能、协调能力、设计技能和社会技能对一个团队来说是很重要的。

- 这些技术是创建、部署、跟踪、测量测试和优化方案最根本的基础设施，整个过程需要扎实且灵活推进。这些技术必须服务于企业和营销团队。

- 整个过程（启动、规划、执行、结束、沟通和呈现测试结果）以及测试之后的步骤需要详细考虑，要将这些问题和与支持团队工作的方式结合起来考虑。

- 用于测试的资源需要很多人一遍又一遍地重复执行相同的活动。设计登录页面可能需要用户体验团队拿出三套方案。每个测试的程序和内容也会不尽相同，所以工程资源团队需要根据程序和内容进行编程。测试内容需要根据设计写入不同的测试中。总而言之，这些事实意味着测试需要有效的资源，才能保证实际工作的成功。由于测试优化过程会产生高额的费用，所以需要制订测试优化的投资计划。可以使用财务模型预测测试程序对业务的潜在影响。

- 正如之前所述，测试开销对于精明的商人来讲，是一个很敏感的问题。因此，在测试前，想要得到投资人的许可，你需要告诉他们能从中获得多少的利益，至少告诉他们测试会为他们的业务带来怎样的影响。当你展示过可能的收益后（通常使用 AB 测试，不用多变量测试），你会得到内部的支持。如果测试结果可能直接影响到收入和盈利能力时，企业就可以打开钱包为你启动测试投入资金。如果有人质疑测试开销，最好的办法就是模拟测试优化项目潜在的财务影响，并讲给这些人听。你甚至可以将小型优化的影响展示出来，证明在短期内获得财务收益是非常有可能的。

开发控制实验和数字数据科学

控制实验是一个标签，它意味着使用科学的方法、严谨的统计和有效的计算来理解数字生态系统中的事件要素，并且理解事件要素彼此之间的关系。参见第 5 章关于控制实验的详细信息。数据科学在第 2 章有详细的论述，是用于大量数据分析活动的新标签。

数据科学是用于描述价值链分析活动的新名词，数据科学的主体是数据库和数据集成的详细内容，同时也侧重于统计方法和学会数据分析的数据挖掘机器的应用。数据科学经常与"大数据""预测分析"相提并论。那些掌握着扎实的技术性计算机科学知识和统计以及数学应用知识的人，被称为数据科学家。最优秀的数据科学家将他们的测试和商业价值相联系。本质上说，数据科学和数据科学家是描述商业活动的新名词，这些活动包括收集、处理、分析新型技术数据的商业活动、统计建模的能力，以及分析、优化和自动化数字数据的必要的分析能力。

数据科学家经常用有效的、学术上统计严谨的模型，以及机器学习的算法和实验设计，创建、执行、管理控制实验。由数据科学家创建的优化软件，也可以用于执行优化和预测程序。以下列出的是使用数据科学的控制实验被用于数据优化的几种方式，从结果测试到最大化绩效都可以受益。

- **推荐引擎**。推荐引擎是一种从顾客过去偏好和行为态度中推断信息的技术。通过推断可以预测顾客对某类商品的观点、评价和偏好。例如，根据你的历史浏览信息，为你推荐奈飞网站上的某一部电影。

- **协同过滤**。协同过滤是处理多个数据源的系统，这些数据往往是"大数据"，在过滤的同时，也会提出一些建议。互联网上有很多图书推荐之类的协同过滤器应用，比如，推荐书的应用可能会为你推荐亚马逊网站出售的某一本书。

- **警报和检测**。警报和检测是基于传感、反应技术，这种技术可以在事件发生或被触发时，整合处理多个系统的输入，检测情况，发出警报。检测系统可以输入各类定性、定量数据。此外，该系统可以识别与商业规则相关的材料、方式变化，这些变化可导致自动化。例如，你在存入大笔资金时会收到一封电子邮件，这封邮件可能会建议你用刚存入的资金购买打折理财产品。

- **信息和互动**。信息和互动指在连贯的刺激活动中，通过自动发送信息和顾客产生合乎规范的互动，试图在顾客参与数字体验时，强迫他们做出行为选择。例如，某银行在顾客登录到一种数字体验或者进入应用程序时，会向其发送信息推荐一款根据用户存款定制的理财产品。

- **全渠道和多渠道优化，以测试活动的影响力**。例如，不同渠道的广告影响力测试，可以了解这些测试对广告整体组合的影响和协方差。针对一定的客户群，甚至是个别客户，优化测试可以通过测试工具、统计分析来完成。想要了解更多的信息，请参见第 12 章相关内容。

测试和优化数字体验的技巧

测试是细致入微的自我推究过程，但是他人反复实验得出的教训也值得我们注意。以下是用于测试和优化的几个技巧。

- **计算样本的大小**。如果你想让测试有统计显著性，有效严谨，且经得起推敲的话，你就需要保证样本的大小。使用基本的统计方法是合适有效的。本书第 5 章详细介绍了样本量。

- **使用 AB 测试**。这可以使简单的问题，如创意、照片、按钮颜色，以及其他轻易可解决的问题获得巨大的收益。AB 测试是一种很好的测试方法，而它的成本要比多元测试少。测试初期，你不需要使用多元测试，可以从简单、小型的测试入手。

- **清楚你正在做的事情，了解你正在用的软件**。尽管这个问题是显而易见的，但请注意数据分析团队应该了解测试方案、计划和技术。数字体验内部部署将会在数据中留下记录。如果不清楚某个登录页为什么减少了一半的流量，测试团队的分析管理员与负责人就应该向自己的团队成员强调测试的重要性，并鼓励他们自己去解决问题。

- **不要测试太多的内容**。类似前面提到的，AB测试是怎样一个好的出发点，你想确保自己的测试计划不好高骛远。部分因子测试和全因子测试可以很好地调节必要的测试时间，得到有效的结果。访问测试的人越少，得到测试结果需要的时间就越长。因此，需要测试的因素和变量越多，样本数量越多，需要参与的人就越多，花的时间也就越长。

- **要有策略**。企业除了制订计划外，还需要有关系到公司使命和前景的战略。这听起来崇高且理想化，其实不然。将你的测试和优化方案调整到商业战略层面，能够使整个过程更容易获得牵引力和支持，同时也有助于将其与执行策略的业务的财务表现联系起来。

- **分配资源，通过创建过程支持资源分配**。正如数据分析的所有活动那样，测试和优化是跨职能的，从用户体验、市场营销到技术的方方面面。因此，有必要保证参与测试的团队不仅投入资源，并且为任何测试和优化设计出合适的正确流程和方式。

- **不要过度优化**。运行一系列不断进行的测试无疑是很棒的，但是完成测试很难。能成功完成测试的人通常有一组特定的目标、措施、指标、方式、流程和工作方法等，且都是用心设计好的，也是有重点的。这些测试或许是通过因子分解的方式随机创建的，但是测试对目标、性能和数据影响不是随机的。测试影响是测试结果的结果。这意味着你在确定目标后不能过度优化。要考虑到测试的开始，计划下一步怎么进行，哪一步或许需要运行更多的测试，以及怎样确保优化成功并保持优化结果。

- **考虑到所有测试对测试本身的影响**。了解测试之间的方差是行之有效的方法。像透过每一棵树看森林一样，在测试和优化过程中，请确保之后的测试不会对之前或者同时进行的测试产生影响。如果你之前进行的测试是成功的，之后的测试可能会让你之前的努力功亏一篑。

- **聆听像艾森伯格兄弟、蒂姆·艾什，以及其他有丰富经验的专家的意见**。这些人曾成功帮助很多公司创建、改进测试和优化方案，他们有着丰富的实战经验。

能够运用自身技能和专业知识建立、协助并帮助公司成功进行测试、优化团队，不仅能创造新的技能，提升职业生涯，同时也有显著提高财务业绩的潜力。

因此，优化是识别数据分析团队投资回报的便捷方法。成功测试的财务影响，即使是最简单的 AB 测试的财务影响，都可能是巨大的。分析团队通过应用数据分析方法和技术，可以把测试优化结合起来，共同为企业提供建议和创意。数据分析团队通过执行优化测试工作，证明它们的新工作方式、建议、见解和行动可以创造商业价值。

第9章

用户反馈数据定性分析

在数据分析中最常听到的是：分析工具，无论是从最先进的分析工具到最新的社交媒体倾听工具，还是从最基本的自由分析工具到价格最贵的分析工具，收集行为数据能够告诉你数据主题里有什么。但是同样的行为数据不能告诉你这些数据为什么就是你所定义的那样。你应该听说过"数据分析师不能告诉你为什么"。换言之，你不能确定为何数据不是表面所呈现的那样。这种想法并不完全准确，因为通常通过分析和探讨细分数据，你可以确定关键业绩总指标中变化的具体数据。要想搞清楚人们在现场为什么会以这些数据所反映出的模式采取行动，就要搞清楚人们在情绪、概念、心态和智力方面存在的那些"为什么"，这些难以用分析工具测量的情绪、概念、心态和智力是其行为背后的决策和判断形成的基础。技术和工具收集、测量和报告反映出顾客体验的定量数据，但是这些数据不会告诉分析师或者企业领导者有关人们自身、他们的动机以及他们作为顾客的认知，也不会显示他们的总体感觉和认知是如何影响这些数据和品牌的。

"你在定量分析中找不到原因"，这么说是因为找到原因的方法就是直接与顾客交流和互动。通过询问顾客问题并得到他们完整的、深思熟虑的书面语言或记录文字，来解释为何他们会有某种行为的定性数据至关重要。先进的分析团队经常通过比较顾客回复及其感情与行为数据，采用直接从顾客反馈得到的定性数据。将来自市场调研得到的定性数据和其他顾客反馈的数据结合，作为企业需要和机构关注的重要数据，组建一家数据分析机构时必须考虑这些。

在深入介绍本章内容之前，明确"顾客反馈意见"的意思至关重要。反馈意见是一个简单的概念：它是某人对于写下来、录下来、拷贝存下来的一项业务主体的个人意见的表达。重要的是，这个意见是来自真实的、买过或者正打算购买一家公司的产品或者服务的人。换句话说，为了提供反馈意见，这个人显然必须是顾客（或者潜在顾客）。顾客并不仅仅是以前购买过的人或者正在购买的人，他们也是将来会购买的人——希望是从你这里购买而不是从你竞争对手那里购买。

数据分析机构的更高目标应该是提供丰富的分析来解决商业问题，从而帮助企业领导者更好地采取相应行动。通过结合分析数据（是什么）和采用市场调研得到的定性数据（为什么）以及顾客反馈的数据，用以创新和创收的新观点和机会将会从这种新的数据组合中得以验证。

例如，第 7 章中讲到了关键性能指标——任务完成率，可以通过使用网络分析中捕捉到的具体行为活动来测量。或者你还可以简单地在你的网站上挂出一个调查问卷，然后让人去回答诸如"你在这里找到你想要的了吗"或者"你完成你的任务了吗"的问题。而问卷调查中是或否的回答就是你的任务完成率。进一步来看这个例子，对顾客的文字通过定性分析，你可以确定究竟是什么阻碍了人们完成任务。换个方式，网络分析工具可以告诉你一个转化率，让你知道人们什么时候离开这个网站，在哪一页离开，多久后离开，正如市场调研可以告诉你什么具体的或者普遍的事情引起了分析工具所记录的行为的发生。通过采用这两组数据，你可以从点击量了解网站上发生了什么，为什么发生，就像顾客直接说为什么会那样行动一样。

这一章将向企业领导者介绍什么是定性分析数据，该如何将其与分析数据以一种变化的方式相结合使用。为此，这章介绍了为何倾听并和顾客交流至关重要，以及定性研究方法有何帮助。

- 审核普遍的市场调研和顾客反馈意见定性分析技术，该技术收集分析数据，并对数字分析进行融合。
- 描述定性数据以及市场调研团队所做的工作。
- 从更高层面识别企业领导者考虑综合定性数据和定量数据可能的方法。
- 为各类定性数据提供策略，针对市场调研来收集和分析数据。
- 列出与定性分析团队合作的方法，有助于获得成功。

倾听顾客声音比以往任何时候都更加重要

我是在 20 世纪 90 年代中期开始从事技术领域的工作，当时是在一家新兴软件合资公司。这家公司致力于开拓最初由两所美国著名高校世界级研发中心研发的技术。我们当时做的事情叫"信息检索"，而这家公司专注于生产一种搜索文本工具。听起来很熟悉，是不是？我们当时发明的就是几年之后广为人知的搜索引擎，不仅是在网上搜索，还可以搜索任何数据库里的数据。

我在这家公司工作的时候还没有谷歌。对那些技术龄低于 12 年的人来说也许很难想象，当时这个领域并不叫搜索，而是叫信息检索。这家公司用简单的方式索引文本，并提供进入查询的界面。结果就会列出一些与你所查询的内容最相关的链接。简而言之，这种技术就是早期搜索引擎为数据库、文件格式甚至万维网中的内容进行梳理。当时，提供企业库搜索的公司并不是很多。从商业的角度来看，网络还在萌芽阶段。首次公开募股诞生才几个月。易趣还没有诞生。网络世界才刚刚破晓。当时只有数据，并不存在大数据。只有科学，还没有数据科学。

我记得当时公司做了一个决定，即公司的重心不会在网络上，而是在企业数据的梳理上。公司决定不去关注索引网址。员工们被告知"网络搜索已经结束"。在公司执行层看来，并没有一种存在的或者可见的从网络上检索信息的商业模式。但是企业数据库中的数据变成知识却有着巨大的潜力。因此，这家公司成了知识管理企业，而不是像 15 年后成为搜索行业的一员。谷歌证明了一家企业不仅可以在网络搜索中支撑一种商业模式，而且还可以赚大钱。后来的事众所周知。新兴公司被收购了，谷歌一家独大。

当时，公司做出不聚焦网络搜索的决定，我曾经问市场团队这样做的原因是什么？原因仅仅是某人（收入最高的人）通过阅读分析师的报告以及与这个行业专业人士的交流而做出的战略性决定。当时在我看来，这个原因听起来还不错，因为我刚从大学毕业。我还不知道市场调研和顾客反馈的数据，这些如果当时就存在，又会是另外一番光景了。

回想我当时的职业生涯，我认为这家新兴公司错失了大好良机。当时，我们所从事的信息检索（即搜索）技术还是基于学术，呈现出艺术的状态。很可能拉里和赛奇还没有形成网页级别的概念。事实上，我当时所掌握的技术可以自动提取最热名词、人名和职位，并且提供我们对互联网和企业进行搜索所期待的最好文章和最佳装备。但是，当时还是1997年，那时候谷歌还没有问世。对于公司未来战略方向的决定上，顾客的反馈数据没有被考虑进去。的确，我们虽然有调查者们为我们提供市场调研，但是却从来没有联系和咨询过我们的顾客（尤其是未来的潜在顾客）。

如果我们倾听了顾客的反馈数据，就会了解顾客在网上快速浏览文章，不仅需要基于浏览器的搜索，还需要以关联方式搜索网络的能力。记住，那时还没有谷歌，网络搜索还不像今天这样便捷。付费搜索还不存在，但是"黑帽"搜索引擎排名已经有了。搜索引擎还不知道如何适应关键词堆砌和链接泛滥。搜索引擎优化及其相关规则还没有发明。

有趣的是，我们当时已经有了博客。我们解析问题是如何形成的，却从来没想过是网址搜索。101如今已是不需要动脑的事情。如果当时我们想过，我想如今我们是不是还会有这样的网络搜索能力。此外，如果我们仅仅只看产品使用及最频繁索引和搜索的数据源，我们也许会发现网络搜索是产品使用的一个主要原因。然而，当时我也是刚刚进入互联网和软件技术新兴行业，所以我常常想，如果当时存在数字行为数据和顾客反馈数据（如果当时有如今的技术），那么将有助于我最初所在的那家新兴公司战略方向的制定，并创造出完全不同于今日的成功机会。

企业领导者们利用工具、资源、智囊团等方法来充分结合行为数据和定量数据。尽管正在或者渴望融合定性和定量数据的公司越来越多，但很少有公司能真正做到。这是一项复杂的事情，但是其回报却是惊人的。比如：

- 减少顾客流失；
- 限制顾客缩减；
- 赢得顾客忠诚度；
- 维系顾客；
- 减少产品和服务研发成本；
- 加快产品和服务开发的速度；
- 提高顾客满意度；
- 了解顾客购买（或者不购买）的动机

实现上述任何一个目标的直接结果就是成本降低和利润增加。因此，我们有理由认为，高效运转的定性数据和调研团队可以为企业创造价值，通过与数据分析团队的合作，这些价值可以增加并无限增长。

交易工具：市场调研及定性数据收集方法和技术

人类历史上创造出定性数据的市场调研团队在接触顾客和与顾客交流上比以前有了更多的选择。无处不在的互联网提高了市场调研团队找到顾客的能力。网站和其他数字体验渠道，比如社交媒体和手机，使得人们很快便能接触到一家公司和品牌。顾客要做的就是打开他们的苹果手机、安卓设备或者其他智能设备，下载这家公司的应用程序，然后在应用程序中提供反馈，在网站提交反馈，发邮件，与在线客服交谈，甚至通过社交媒体联系这家公司。

结果就是，如今市场调研在引出顾客反馈数据方面较以前有了更多的选择。然而，并不是所有企业都能随意使用可用的方法，而且预算也是有限的。传统调研公司也许并不了解接触顾客的数字方法，所以它们默认"过去有效的"传统技术。因此，市场调研者们现在和过去使用的技术是什么？它们是如何在线演变的？以下是一些用于收集顾客定性数据的方法：

- 通过在线、电话、邮件调查或者进行街头调查；

- 建立线上和线下社区；

- 面对面采访顾客；

- 建立和利用焦点小组；

- 建立顾客反馈体系，例如呼叫中心和线下反馈形式；

- 利用社交媒体数据和众包模式；

- 逐字逐句收集、捕捉可追踪的顾客话语；

- 建立民族志和其他预测顾客群的人工产品；

- 记日志、博客和其他类型的笔记。

进行在线、电话或者邮件调查

最常见的顾客反馈数据源于调查人群。在本文中，数字体验可以是一系列开放式问题，或者以多项选择形式出现的问题。虽然关于"什么调查是好的调查"这样的讨论不属于本书的范围，但是可以肯定的是，你的调查要有足够多的样本，调查结果才有意义，才不会有偏见和错误。假设你知道或者了解"设计周到"的调查意义。通过调查，人们的反馈被聚在一个特别的话题范围，如电子商务网站上提供的产品库存。你需要收集数据库里的反馈信息，进行分析，然后采用技术手段以有意义的方式加入定性数据，从而给公司提供有意义的远见。

随着互联网主流趋势的发展，在线调查比以往更加流行。根据许多不同的输入程序，在线调查可以设计成弹出（或弹入）式的。没有登录记录的新用户可以立即被进行在线调查，而有登录记录的老用户则不会。在线调查可以被设计成当顾客在网站上有所活动的时候出现，比如在顾客放弃购物车里的货品或者关掉搜索结果网页时。调查时机的选择是多种多样的。然而，所有专家都赞同的一个观点是：不管你在哪里弹出这个在线调查，需要确定的是顾客能够很容易关掉这个弹出框或者退出调查。数字企业最不想看到的是顾客反馈调查没有正面反映用户体验。邮件调查（美国人口普查局常用策略）还是很常见的。你在购买一件产品，比如一件新的家电后也许会收到一份调查邮件。邮件调查有助于获得目标人群的大量样本，但是回复率却很低。因此，采用邮件调查的公司常常会附带一些激励措施促使顾客完成调查。然后他们会给选中的样本发送信件，打电话，公司甚至会亲自到访那些被认为是适合这项调查的人。

尽管有了拒绝来电名单，但电话调查依然存在。事实上，受众测评公司仍然会使用随机拨号的方法联系顾客。在政治大选活动中，民意调查者给人们打电话询问关于选举问题和候选人的意见，这是很常见的。电话调查员都是受过专业训练的，他们知道如何避免与受访者产生冲突，以及如何引导他们成功完成调查。这样电话调查才有用。电话调查员受过的训练越好，就能越快得到高质量的数据结果。

先不考虑技术方法和得到调查结果的过程，需要注意的问题是，如今公司领导者在联系顾客和得到顾客反馈方面比以往有了更多的选择。什么对你的公司有帮助完全取决于领导者。然而在社交媒体背景下，在线调查尤其物有所值。

建立线上和线下社区

专业社交网络的存在就是为了让做同样工作的圈外人士聚在一起，甚至只是为了让当地的企业家们聚在一起。许多读者使用在线社交网络领英或者 Plaxo。美国的商讯机构（BNI）是一个线下平台，在这里，当地的商务人士一周聚一次，建立可以有助于商业发展的关系网。不论你指的是贸易行会、商业交易所、行业协会，还是其他会员制的实体机构，人们都喜欢聚到一起谈论行业内的事情，与志同道合的同行建立关系网，尝试建立商业关系和进行合作。在这样的圈子里捕捉到的讨论和反馈信息对公司来说是很有价值的。对公司来说，加入真实的线下活动还能够保持真诚是一种挑战。如果沃尔玛公司派一个代表参加地方零售商协会的聚会，这种世界最大零售商的参加很可能会被质疑。因此，在线世界创造了社交媒体专家和社区经理的团队，试图将秩序、规则和指导思想等带到这些在线社区，使其被广泛采用。

数字世界颠覆了社区概念。社区不再受地域、文化、位置、距离和时间的限制。随时连线的互联网通过新的参数（比如生活方式、爱好、兴趣和职业等）将社区联系起来。

最大的公司和最知名的品牌比以往更能自主地建立十年前不存在或者完全不可能的在线社区。软件公司围绕它们的产品建立会员可以互动的网址（非Facebook）。随着越来越多的品牌选择移步 Facebook，在线品牌社交网络便形成了。特定的行业存在着一些受邀才可以进入的私人在线社区，比如数据分析和网络行业。社交网络给公司和代理机构提供对他们有用的某种能力，这种能力是邀请人们加入特定人口范围内，与社交网络用户资料数据匹配的具体在线社区的能力。例如，可以通过社交媒体建立一个 34 岁以上开保时捷的女性社区。这个社区，不论在什么地方，都可以由来自一个或者多个社交媒体的人们建立特别的在线社区——而这样的线下社区却不太可能。

面对面采访顾客

当产品和服务创造出来或者改进之后，市场调研收集的信息需要进一步详细认证和调查。更深一步挖掘调查结果和内容的一个首选方法就是进行细致而深入的采访。采访的意义在于可以向受访者询问更具体的问题，获得更多详细信息来佐证调查。这里所说的采访可以检验一个人的回答，然后进一步证实其回答的商业价值。采访并不能等闲视之。采访很花费时间和金钱。可以向受过最佳采访训练的专业人士咨询，以确保采访的投入用在刀刃上。

建立和利用焦点小组

焦点小组指的是聚集在一起的一群人，尤其是聚集在线下某个具体场所的人，问一系列问题，开始一段开放式对话。由一个主持人主导这个焦点小组，然后整个焦点被记录下来以便评价和分析。企业家们很喜欢焦点小组，因为这个主持人可以是来自某个企业的（或者是一位雇来的专家），其他的企业家也可以观察这个焦点小组（尤其是通过一个双面镜或者摄像机）。

建立和运行这些焦点小组的在线方法越来越普遍。传统的调查在使用社交网络资料数据方面已经转变为选择焦点小组。事实上，数据分析团队可以采用一些方法来区分顾客数据，以便为焦点小组确定候选人。

虽然焦点小组值得创建，操作起来相对简单，但需要注意的是，这个方法并不完美。因为焦点小组的参与人通常会得到一些补偿，所以选择上的偏见会影响数据质量。因为人们为了传统的焦点小组被聚集到一起，他们也许不会为在多国和多文化中运营以及销售产品和服务的公司带来好处。让焦点小组全球化的代价很高。此外，自行选择组合在一起的焦点小组参与者们并不是随机的样本。参与者们可能会由于过于激进，使主持人偏离主题，或者不让小组的讨论朝着有意义的方向发展而导致小组存在偏见。在其他小组中，有魅力的人或者善于辞令的人可能会左右其他人的想法。管理焦点小组存在一定的挑战性，调查者们在产品发布之前借助他们阐明创新性，同时在产品发布之后帮助公司了解消费者态度和满意度。例如，当研发出新产品后，焦点小组会被召集起来引导产品经理，在产品发布之后，又会召集新的焦点小组让大家明白，顾客期望在下一个产品版本发布的时候想看到什么。

建立顾客反馈体系

有助于收集定性数据的方法是，建立涉及调查或者采访的顾客反馈体系。例如，在零售店设立服务台，给人们提供在店里反馈的地方。但是在线零售商有专门负责服务台的员工来收集这些信息吗？

零售店或者呼叫中心第一线的员工在定性数据收集中扮演了重要角色。他们通常将顾客的信息记录到呼叫中心顾客关系管理系统中。直接给顾客反馈的顾客服务中心的员工通常拥有巨大且未开发的机会去倾听和了解顾客。因此，公司需要分别雇用和训练那些与顾客直接接触的员工，这样从客服电话收集到的信息和其他要点就能被详细记录，并用于调查和分析。

利用社交媒体数据和众包模式

在过去十年里，社交网络的出现重新定义了并将持续定义企业向顾客学习的方式。不论是通过博客、Facebook、Twitter、YouTube 视频网站，还是 Pinterest，全世界最有名、最成功的品牌店都开始对通过社交媒体与顾客沟通交流的方式产生兴趣。企业通常都会发 Twitter 文稿、Pinterest 图片、Tumblr 博客，Polyvore 图片，管理和更新 Facebook，在 YouTube、Vine、Instagram 或者其他社交媒体上发布广告和实时反馈活动的视频。

所有这些社交活动引发的顾客行为，无论是在社交媒体内还是社交媒体外，以人与人之间的对话、口碑和互动的形式存在，是重要的定性数据。所有这些定性数据都可以被分析。未来的市场调研涉及以新方法利用社交媒体进行调研——从基于顾客属性的产品定位和服务到更好地选择调查问卷和焦点小组的样本。毫无疑问，社交媒体已经严阵以待，并且会继续提升顾客关于公司、品牌、产品和服务的意见的重要性。随着社交网络数据被持续应用在焦点小组参与者的选择上，或者被用于与社交活跃的顾客和影响分子简单地对话和建立品牌上，数据分析团队必须在分析中结合社交数据。分析领导者必须明确的是要倾听、获取、分析社交对话，将结果反馈给企业，并与行为定量分析数据相结合。

收集和俘获良好的口碑

口碑发生在线下场所，比如餐桌上、办公室茶水间、酒吧、餐馆或者各类社会活动中心。当你谈论一部新电影，并谈到你有多喜欢（或者讨厌）它的时候，或者告诉你的朋友你新买的车时，你就在进行口碑对话。顾客当然会向别人谈论品牌，所以有结构的捕捉这类信息至关重要，有助于将其用于分析。

记日志、新闻、博客和民族志

在只有电视和广播的时候，广告商想知道人们如何以及何时看电视、听广播。广告商通过接收频率指标和总收视率来评价广告内容成功与否。像现在这样收集数字电视信息或者了解人们在看什么节目和广告是不可能的，因为像阿比创（arbitron）这样的市场研究公司当时并不存在，而确定某个特别电视节目的观众资料则更加困难。因此，记日志这一理念开始应用——其数据结果被用于评估总的受众到达率和频率。

日志是人们对于活动的记录，比如他们看过的节目、读过或听过的网站和社交网络、开的车、吃的食物或者使用的各种多屏上网设备等。民族志是日志的一种，这种写下来的日志可以用技术解析，变成有用的顾客意见。现代网络技术改进并提高了日志和新闻的创作、扩散和保存的形式。

有助于数据分析的定性数据类型

定性数据是广义概念，它指从一系列问题的手写回复和视频记录到手写或记录材料等收集到的数据和信息。定性数据不止来源于顾客。它可以源自内部员工，源自从没买过你公司产品的竞争对手的顾客，或者是对你的品牌或公司一无所知的人。但是，顾客反馈数据只能源自顾客——不论是过去，现在，还是未来。你也许会好奇什么类型的定性数据有助于数据分析，以及理解这些从数据来源中挖掘到的数据对企业有什么影响。

定性数据和顾客反馈数据通常与包括顾客体验、满意度、感知度和忠诚度调查在内的数据分析统一。追踪顾客体验，旨在确定顾客的态度、信仰、感觉和动机等。

测试顾客忠诚度和顾客留存度

调研团队的主要工作就是通过创造、管理、监测、分析和沟通调查来确定已存在的顾客是否仍然是顾客，如果是，那么存在多久了，消费了多少，以及消费了什么，在哪里消费的，什么时候消费的和为什么消费？测量这些参数的目的是，了解如果顾客是忠诚的，那么有多忠诚，以及这些意见该如何应用到商务活动中帮助企业挽留和增长顾客。把这些概念和财务表现联系起来非常有用。通过测试顾客忠诚度和留存度，你可以更好地交叉销售和追加销售，然后了解这么做的结果表现和销售影响，以及最终对整个公司财务的影响。此外，顾客流失和顾客贡献比例等参数可以有助于了解顾客忠诚度。最终，测量顾客留存度、流失和忠诚度可以提供数据来比较不同的经历、产品和服务，从而收集有用的意见。

追踪顾客满意度

任何一个顾客反馈项目的主要目的就是测试和追踪顾客满意度，通常称为客户满意度。许多企业采用净推荐值来评价顾客是否高兴。净推荐值采用0~10分来打分。8分以上是积极的，被认为是净推荐，这意味着积极的净推荐值用户会通过一些渠道，比如口碑去推荐和宣传这个品牌。4~7分被认为是中立的，而0~4分则意味着这个人是个批评者。净推荐值按百分比划分推荐者、中立者和批评者。

净推荐值要忽略顾客逐字输入和自由文本响应，可以得到合格的净推荐值分数，不需要总是逐字输入。数值型分数足以支撑净推荐值分析。传统意义上，净推荐值是顾客或者使用者出于任何原因决定反馈时发起的一种测量。然而，有些公司激励顾客加入净推荐值数据。不高兴的顾客通常会忽略自己不满意的公司的这些激励手段，而满意的顾客则常常会响应。因此，真正的净推荐值测试不应该是被激励的。通过提醒或者激励客户去完成净推荐值的数据常常体现的是净推荐者。需要注意净推荐值数据以确保得到真实的净推荐值，而不是通过要求人们去完成净推荐值测试，之后得到完全无效的数字。例如，如果你的公司在一定数量的访问后进行激励，比如4~6个，你就会发现改善的或者积极的净推荐值，这样你得到的数据恐怕就是来源于不正常的净推荐值方法。

除了净推荐值，还有一系列技术和方法可以追踪顾客满意度，比如调查问卷和焦点小组。相比考虑引起顾客响应的所有顾客触点的整体性，你收集顾客满意度的方式并没有那么重要。顾客满意度数据应该采用统计方法模拟，采用商业智能工具报告和显示，然后与其他来源（比如网址分析、社交媒体、手机应用或者财务数据等）的信息融合。这样，顾客满意度数据才能在其他行为、互动、点击、事件、渠道、活动的背景下被理解，而交易数据也能在整个商业战略和运营中起到作用。结合其他关于顾客忠诚度和留存度的市场调研有助于了解顾客满意度。

建立成功的客户满意度测试项目需要将顾客满意度分为不同的等级。持续测试顾客满意度的项目有助于企业改进产品和产品创新，加速创新以满足顾客需求，有助于确定数字体验的强项和不足，了解过去和现在的市场营销活动的评价，并帮助公司最高效地使用社会化数据。

确定顾客的态度、信仰和动机

当你直接与顾客交谈，要他们提供反馈、回答问题或者完成调查问卷时，如果你的问题正确或者调查的一组顾客是开放和诚实的，那么你就可以了解顾客的态度、信仰和动机。有序且思路清晰地询问别人为什么认可（或者不认可）你的品牌，以及购买（或者不购买）你的产品是很有帮助的。这些思维、想法和动机驱动的偏好可以通过源自像实验心理学等自然科学的调查来测试。你兜售的产品和服务蕴含的文化、信念和价值体系可以通过定性数据进行判断。品牌认知、动机上文化差异的维度以及不同文化中使用产品的不同原因，这些都可以被识别并了解。评价和比较不同顾客群体的动机，可以获得比较数据辅助进行决策。

通过与市场调研和定性数据结合来确定、了解、比较和调和人们不同的态度、信仰和动机，以此来融合和拓展文化、社会信仰和态度，你可以传达关于顾客趋势的分析来帮助分析团队制定指导商业策略的调研。这些数据可被用于创建销售和营销活动，指导市场营销流程，以及用于其他商业和销售战略。

理解顾客要求和需求

全面的顾客反馈项目可以调研出顾客想从你的品牌和公司销售的产品和服务中得到什么、要求什么以及需求什么。你可以列出适合联合分析等分析方法的要求清单。直接由顾客提出的要求可以由产品经理来评价，并且优先安排到产品开发蓝图中。

顾客在表达了他们想要什么以及多么想要的时候，公司理应谦虚倾听，然后将顾客的意见结合到产品创新中。以顾客为中心的方法当然就是要倾听顾客的声音。如果领导者不顾顾客的愿望和需求，那么这个企业就会完蛋。为了确保采用定性调研的方法来了解顾客，你可以制定新的产品研发方案，让数字体验满足顾客的需求和期望。顾客行为可以帮助了解定价和获取顾客的预算。以顾客为中心需要倾听顾客反馈，分别分析这些反馈，并分析这些数据与其他数字型数据的关系。

追踪顾客体验

顾客体验测试以及与顾客体验管理相关的原则都是行业术语，在改善顾客或潜在顾客数字体验的流程、特点和功能的相关分析中，它们被用于讨论和采取行动。我所说的"追踪顾客体验"指的是要辩证地思考顾客是如何到达、使用、归还和成为某个品牌数字体验的重复使用者的。

在网络世界里，有机会参与（选择）网络调查是很常见的。邮件发送的、有偿的以及浏览器或者手机应用弹出的调查容易被忽视，这是更为常见的现象。当顾客体验被追踪后，企业会发现新的改善数字体验的流程和设计的机会，并在需要改正的时候确定用户流的问题所在和断点。比较竞争对手的顾客体验可以增加产品研发、市场营销、销售、客户关系管理和顾客服务的投入。顾客体验管理技术也许还有一种独特的能力，就是回放访问者行为的发生情况。这样分析师就可以回看鼠标移动、击键次数、表单域的完成，以及其他用户点击行为——类似于你在用户身后观察他使用数字设备。

定性数据团队做什么，数据分析是如何起作用的

机构的配置和设置需要由数据分析团队完成。集中管理的定性数据团队可以被称为市场调研团队、研究团队、智囊团、净推荐值团队、顾客反馈团队和其他一些衍生团队。相反，如果没有中心，那么这个定性分析团队就只会存在于企业

的烟囱管里。定性研究专家们通常都属于市场部门或者其他与调研和广告相关的商务部门。在矩阵型、高度复杂且苦心经营的企业，定性数据也许遍布于整个企业。或者工作稍有重叠的多个团队也许会有定性数据。关于分析团队结构的综述也适用于定性数据团队的结构。

定性数据团队与第 2 章中提到的分析价值链类似。数据分析必须了解下列使用定性数据和结果分析的方法。

- **收集和汇总定性数据**。研究人员采用本章前面提到的各种技术——从社交媒体的焦点小组到众包技术。这些与回答、选择和逐字记录有关的数据会被收集到内部或外部的数据库中，或者收集到其他有结构的定界文件格式中。然而，要获得数据进行汇报，数据收集方法需要在生产中很具体，可以实施和部署。详细的问卷调查可以在生产中持续几个星期——因为调查问卷的设计要足够严格，这样问题才有效，得到的结果才有用，而且足够详细。在线的、低成本的方法也有，例如SurveyMonkey，并提供了潜在的降低成本和简化部署的选项，以用于定性研究（这可能符合或不符合您的要求）。

- **综合和解释定性数据**。不论以何种形式，存在于什么地方，只要数据在收集证实之后，定性数据团队的下一步就是说明这些数据，并将其商业化。首先是要制定一个有满意结果或者逐字记录的报告，这样数据就可以被研究和观察，调查回复中有趣的部分或者关系就可以得到调查。定性数据专家常见的做法是，将调查问题的回复根据观众特性，按照姓名、性别、房子大小、家庭收入、婚姻状态、种族、生活方式和人物角色等进行区分。例如，女人是不是与男人有不同的满意程度？或者生活在 X 区有着 Y 收入的人对品牌的看法是不是不同？这些是在综合和解释阶段，以及在检查可用数据和回复的人口统计资料时需要考虑的典型问题。研究者们研究数据，开始逐字逐句浏览回复，区分回答，使用计算尺、柱状图和其他图表技术在定性数据中可视化结果。

- **汇报和传达结果及建议**。传达结果是最后也是最重要的一步，因为定性数据包含了顾客的言语思维和感觉，理解这些感知度和满意度产生的透明度有助于促进企业发展。另外，这些数据还可能包含一些并不是很正面的主题、意见和结果。因此，分析团队传达定性调研数据的方式很重要（见第 7 章）。

如果一家公司的调研功能很集中，那调研团队的领导者和分析者就能明确他们将要传达信息的利益相关者。也许在非集中化的公司很难确定"谁需要知道"。尽管最适合接收顾客反馈的人很多,但是调研对产品管理、市场营销、客户服务和销售人员极有帮助。结果通常都是通过标准的商业模式传达,比如 PPT 或者研究论文。接下来就是面对面审核数据,以确保对分析和下一步行动能够相互理解。

融合数字行为的数据和定性数据

将行为数据中的"是什么"与定性数据中的"为什么"相结合,这是数据分析的杀手锏之一。这样做让理论和价值很容易传达和理解,且价值主张更容易得到财务支持。在特定的环境中,知道发生了"什么"很重要,知道"为什么"发生更有价值,例如,在下载、安装错误或者购买产品时,利润和潜在的收益存在风险。知道顾客满意度中存在的问题有好处。行为和行为数量产生(或者不产生)满意度。了解为什么分析团队会对满意度的动机和妨碍因素追根究底,这样分析团队的建议可以专注于通过定量和定性数据融合、汇报和分析来提高顾客满意度。

相比几年前,现在达到行为数据和定性数据相融合的高度成熟状态没有那么难了。现代科技的发展使得人们可以采用 Javascript 和其他网络分析技术来记录调查行为和反应。提供数据分析工具的公司也提供收集顾客反馈的产品。因此,将在线的顾客反馈工具和数据分析工具统一是完全可能的。下列是融合行为数据和定性数据的方法。

- **将关键的行为数据传达给定性数据工具**。现在从数据分析工具中提取参数比前几年简单了许多。许多工具采用状态传输(REST)、Javascript 或者深度的程序设计语言来提供提取甚至插入数据的应用程序界面。与传统的商业智能工具相比,其他工具允许服务器与服务器的集成,通过一些配置,提供简单的提取、转换、下载和联合汇报。在测量顾客满意度上,你也许希望将转化率、活动或者市场营销登录页数据与逐字逐句的记录和感知融合。

- **将定性数据加入行为分析工具中**。在软件即服务中或者内部管理的定性工具中,你可以采用关键的数据,使用不同技术来满足你的技术需求。将数据从一个数据云移动到另一个数据云,或者移动到你自己的内部分析数据表后,从统一和融合数据模式产生的新关系中可能会诞生新的观点。如果某团队想减少顾客流失或剔除客户，可以以逐字逐句的记录和其他调研数据为中心，连同离开网页和放弃访问以及在线时长和网址速度数据在内，来探究新的顾客细分和关系。其他类型的联合和集成的定性数据及定量数据分析提高了每种数据的价值，超过了每种数据单独存在的价值。

- **将行为数据和定性数据集合到数据库或者商业智能工具中**。有时，技术供应商无法满足复杂的商业要求，又或者这样做的成本超出预算。当发生这种情况时，多半是在大的企业或者数据量大且复杂的公司，两类工具的关键数据无处不在——企业内或者企业外，可以被提取转换加载到现有的具体的商业数据模型中。在这种情况下，定性数据、行为数据、财务数据、顾客数据、人口数据、联合数据和其他内部数据可以制作成统一的数据组合模型，以便分析。

- **人为将关键行为数据加入定性数据报告或者分析中**。不论是公司自己的数据中心还是基于云计算的软件即服务，有时你无法理解或者没有时间、资金、资源或者能力去将数据从一个地方移动到另一个地方。因为一些级别的报告通常是预先就有的，根据工具量身定做的。人可以将数据合到一起以便进行分析。当供应商、顾问或者员工提供定性数据时，简单扩展他们现有的报告或者其他形式的分析报告，比如幻灯片，来结合行为数据是有意义的。这样你就不需要重新发明工具，可能的话你可以用新的数据扩展现有的供应商报告。

- **人为将关键定性数据加入行为数据报告或者分析中**。如果企业已经有了全面、定期、持续的报告和分析成果，那么定性数据对企业来说通常是新的数据。也许企业以前从没有直接或者现在还不确定如何将数据做成报告。这样的话，当价值有风险或者不确定的时候，企业也许不希望投资到耗费时间和资金的集成项目中。在已存在的报告和分析结果中加上数据注解是实现"是什么"和"为什么"的简便方法。换句话说，仔细评价现存持续的自动化和自助服务报告，来决定行为报告是否可以利用定性数据进行延展。

- **人为创造关键行为和定性数据结合的新报告**。无论融合的兴趣是否存在或者分析结果和报告结构是否已经存在，分析团队也许不想因为害怕破坏或者带来负面影响而接触这些已经存在的报告。有时候，不要用修改的或者更复杂的报告让迷惑的利益相关者承受风险，这也许有道理。有时候，已经存在的报告对于商业需求绝对堪称完美。结果，团队们也许会选择人为地重新创建报告。例如，当追踪顾客体验的时候，有的分析师可能会想采用多项来源的数据，而不涉及工程师或者复杂的技术，这样分析师会使用两个或者更多的分析工具，每一个分析工具要么包含定性数据，要么包含定量数据，然后人为将它们集合在一起。这种即兴且人为的工作随着时间的推移将不复存在。如果你发现自己或者你的团队人为地从多个渠道的报告中截取数据，你就要迅速想出办法使这种组合工作实现自动化，以减少团队资源的限制。

姑且不谈组合数据和创造新分析的方法，最重要的是，你需要按照最佳可能的方式结合定性数据和定量数据，这种方式符合分析团队支持的主要利益相关者的意见，也符合在商业需求方面支持你的团队的意见。

成功的商业合作

虽然数据分析团队并不像而且也没必要像定性数据团队那样，跟同级别的管理层汇报，但通常数据分析与市场调研可以是同一团队，尤其是当分析和调研团队都被集中管理时。当企业内部和分析团队集中化发生时，前面提到的融合工作——不论怎样完成，是技术的还是人为的，都能变得更容易，原因在于分析团队的领导者可以倡导高层管理者去影响其他团队领导者支持的商务活动。分析团队和资源的集中化使得分析领导与其他业务领导级别相同：如市场营销、销售、工程和技术。这种职位能力的排列有助于分析团队影响企业领导增加数据融合的资金投入，以便创造新的分析和建议。

遗憾的是，现实并非如此。定量数据团队和定性数据团队通常处在完全不同的部门，缺乏沟通。想一想，如果分析受到财务限制，而调研由市场部门掌控。或者分析在市场部门，而调研团队却在公共关系部门。或者分析团队被放在商务智能团队，而定性数据团队却是顾客服务团队的一部分。还有的情况是，分析由一个机构负责，而定量调研却由另一个机构负责。

无论是什么情况，以下这些关键点有助于刚开始或者已经走在定性和定量融合之路上的团队获得成功。

1. 找到懂行的和关心数据的商业合作伙伴，然后专注于结果，从干得好的和支持融合数据分析的人那里获得反馈、商业需求，以及更多。

2. 那些数据驱动的建议一旦实施，其影响要能得到评估。在这种情况下，有可能创造出"预估"模型和做出预测来表明，今天的投资对未来会有什么商业影响。

3. 专注于那些利润有风险、人们的奖金或者工作有风险的商业问题。如果通过帮助人们取得成功，获得发展并赚取收入，你的分析项目很快会获得重视、支持、投资和资源。

4. 不要太难懂。确保你与观众以恰当的方式交流。专注于商业词汇和财务影响，而不是具体数据和分析工具。保持简洁和以商业为中心。

5. 解释数据，而不是仅仅重复逐字记录反馈、简单的参数和 KPIs。不要仅仅重复数据。数据在发布前必须进行分析（见第 5 章）。

6. 不要将事实深埋于分析中。突出重点结论、要点、建议和下一步计划。不要沉迷于数据。通过聚焦于最重要的数据来解释数据，确保利益相关者能理解这些数据。

7. 确定现在收集数据的过程并画出来。除了新公司，其他公司都有收集、存储和融合数据的流程。分析团队工作时需要尽一切所能支持现有的流程，必要的时候帮助提高和改进它们。绝不要创造一个冗杂的分析过程，并且确保在任何新的或者改进的过程中拥有跨功能职能。

　　分析团队和调研团队合作的结果是引人注目的。不仅数据分析者可以学到收集现实生活中顾客和潜在顾客的定性数据的方法和技术，而且调研团队也可以对数据分析者有全面的了解。最终结果就是，团队专家可以通过两组不同数据来获得更好更快更具体的分析，用于更好地了解顾客，通过分析创造实现经济价值的潜力。结果，当企业专注于顾客的时候，数字定量和定性数据的融合提升了商业价值，从而使得企业全面发展，成为顾客至上和数据驱动的企业。

第 10 章

竞争性情报和数字化分析

　　竞争性情报表示识别、收集、综合、分析和交流与竞争相关的见解和信息的过程，然而它是根据整体经济和操作环境中所有有效的信息和资源定义的，包括客户、消费者、预期、销售额、财务和其他研究来源。竞争性情报的目的在于，合法取得见解，以帮助管理者和企业家在考虑到其竞争对手正在做什么时能够做出重要的决定。人们只有这样做，才能了解办公室外面的世界在发生着什么。本质上，竞争性情报不是商业间谍活动，也不违反任何法律，而是合法地收集和散播竞争性资料。一些关注全球分析行业的数据分析人士或许会看见法律挑战和一些模糊观念之间的相似点，前者与访客在网站上和网站间是如何被匿名追踪的观念相关，而后者指竞争性情报是如何完成的。

　　竞争性情报是注重外部的活动，而数字分析主要是注重内部的活动。在这两个学科结合的交叉处存在着重要的产生价值的协同效应。和数字分析如何追踪其他数字源访问体验的人们的活动相似，竞争性情报监控和收集客户与品牌的数字体验互动前后所发生的现象，并且还监控并收集关键客户群体的比较行为。这样，竞争性情报不仅要了解竞争对手，还要了解过去、现在和将来顾客是如何互动、思考、构建和考虑竞争对手的产品的。当将注意力放在竞争和其产生的见解时，这将有利于全面关注竞争对手的整个经济环境和它的利益相关者，包括关注它整个价值链的各个方面，譬如共享或独有的过去 / 现在 / 未来的客户、分销商、供应链、宏观和微观的经济形势和市场外部性。

竞争性情报小组常常按照功能被嵌入战略、市场和产品的团队里。将竞争性情报小组看成更大调研机构的一部分，即便是在销售机构里也是不常见的。随着公司日益的成熟，数据、信息和观念变得能够开放和共享，是否能够通过整合竞争性情报和数字分析功能来创造商业价值，这是个值得考虑的问题。我将会鼓励你们去考虑统一这两个功能，或者至少为了共同的协同效应去调整它们。毕竟数字分析工具和数字型数据的来源都包含了和竞争性情报相关的数据，譬如受众调查、媒体策划和购买工具。

因为数字分析是一项被企业内部不同大小、形状、组织架构和位置的分析小组来执行的内部活动，所以很少被当作竞争性情报的一个数据来源。考虑到数字化分析的相对新颖性，这个将竞争性情报的世界和相关的数字化数据结合起来的观点，也许从一方面看是一项明显应该去追求的商业活动，但从另一方面看却是一次复杂的努力。竞争性情报小组的关键在于一个过程，该过程与第 2 章中所提到的分析价值链相似。

总而言之，竞争性情报小组有着共同的目标，那就是增加利益相关者们的利益，并让他们在作为数字化分析小组的工作上取得成功。竞争性情报小组的工作过程也和数字分析小组的过程相似。因此，要融合这两个学科，这两个小组的领导者必须根据共同的目标统一他们的调查研究，以便创造协同效应，打破阻止竞争性情报小组和数字分析小组一起工作的功能性和组织性障碍。以那些相似的工作为例，它们能够被集合，一起帮助调整程序、项目、活动和交付结果，类似的核心活动有：

- 决定性的关键业务问题可以通过竞争性情报小组和数字分析小组来共同调整。每个数据源都能够潜在地增强另一个信息源或通知另一个数据源。
- 收集竞争对手的 KPIs 和其他数据用于比较分析。
- 综合并分析信息以创建研究并提供指导，这同分析数据和创建报告是类似的。

● 协调和分配集合的数据和分析，以便为每个小组的调查分析提供更为全面的情景信息，而相同数据只在单一情景中考虑。

数字分析有助于告知竞争性情报，并有助于从中提取更大的意义、相关性、见解和价值。但是由于数据集和数据源结构和位置的不同，数字分析和竞争性情报的结合也是复杂的工作。

在你整合数字数据和竞争性数据时，请慎重地考虑你所从事工作的伦理道德观念。毕竟竞争性情报起源很早，还包括相当可疑的战术，使得其更类似于间谍活动而不是信息收集。塔克商学院有一个案例，探讨了宝洁公司的相关人员曾经非同寻常的普遍做法，即通过搜寻联合利华的垃圾来解开这个公司成功的秘密，或者至少通过提供只有联合利华知道的些许知识，来帮助它的竞争对手们获得一次不公平的优势。尽管搜寻垃圾这个行为本身并没有触犯法律，但它引发了关于这些大型公司（例如宝洁公司）价值观和原则的严重问题。

1996 年，美国通过了《经济间谍法》（*Economic Espionage Act*），原因是美国存在很多道德受到严重质疑的案件，或者为查明竞争者在做什么而采取的极其不道德的方式。这项法律规定，企业剽窃或盗用商业机密和其他知识产权的行为是违法的。在分析经济学里，商业机密不仅是经济分析专家的禁忌，而且从数据库架构到公开分析，都有多种形式的明确规定。因此，竞争性情报产业相同的保障措施有望延展到线下世界，并被应用到线上世界和数字分析中。竞争性情报社团懂得信息和数据可以不道德的甚至违法的方式使用，并且早在 1999 年就已经有记录证明，当年《经济间谍法》对于合法的竞争调查没有任何影响。

竞争性情报信息存在一个灰色地带，专业人员在收集信息的时候能走多远？数字化数据收集和工具的普遍性让你通过整个数据景观知道你的竞争对手在干什么，这就带来了新的问题，即什么是道德的（在任何一家公司）以及什么是非法的（在特定的国家特定的时间里）。在互联网上常见的行为如果不是非法的话，有时会被认为是不道德的。在网站上创建虚拟账号的明确目的是，用这个网站来获取有竞争力的优势。尽管这种有问题的行为一直都在网络上盛行，但是许多竞争情报专员不会这样做。相反，那些提供竞争性情报的公司会被雇用来做这件事，而这被认为是道德的。换句话说，竞争性情报专员不应该在 Facebook 上创建虚假账号，而应该雇用一家审核社交网络的用户体验和产品功能性的公司来购买类似的数据，并创建这些账户。

尽管机构能作为竞争性情报团队的代理，从事竞争性情报团队所不能去做的工作，这点看起来是荒谬的，但这种工作关系确实降低了无意和有意触犯法律的潜在风险。然而，发现竞争对手的虚拟账户是不太可能的（除非这个分析团队过去一直在监视竞争对手的 IP 地址），道德规范只有在实践而非说教的时候才是道德规范。目前，监视人们的数字行为在许多国家是违法的，并且几乎在所有国家都被认为是"非常不道德的行为"。在个人可识别信息层面，在事前同意的情况下，你能够从不同数据源和匿名数据那里买到个人的数据信息；而在没有征得同意的情况下，也能够从许多数据聚合源中获得数据。

所有关于竞争性情报的历史信息和数字化分析有什么关系？历史上强调的和竞争性情报相关的伦理问题与数字分析团队在收集和处理潜在的个人可识别信息数据时遇到的伦理挑战是相似的。然而，与竞争性情报结合起来的协同效应，类似于以数字分析将 VOC 数据和市场调查相结合的好处。对竞争性情报团队和市场调研团队同样重要的关键客户群体的行为、互动和活动会被追踪进行数字分析。这样，数字型客户数据有时可被用于结合竞争情报数据和市场调研数据，例如，调查客户群体，分析他们的网站行为，并认识相同的群体是如何接触竞争对手的产品与服务的。本章其余内容如下：

- 解释、比较和对比竞争性情报和数字化情报；
- 提供数字化竞争性情报真实案例；
- 高层次审核数字化竞争性情报工具和信息来源的类型；
- 讨论如何借助流程和团队共识，整合数字化分析和竞争性情报。

竞争情报 vs 数字情报

竞争性情报借助现有流程，从已有的竞争性数据源收集关于竞争者的数据和信息。和数据分析一样，竞争性情报的过程始于理解业务驱动者和利益相关者对于竞争性数据的需求。接下来，竞争情报过程涉及收集和整合，然后以对利益相关者有益、能被用来创造商业价值的方式反馈信息。数据分析从根本上说与竞争性情报的目的是一样的，只不过它的过程与第 2 章里讨论过的"分析价值链"有些类似。它们的主要不同点在于数据类型的定位。

前面已经提到过，竞争情报处理的是外部信息源，而数据分析既利用内部数据源，也利用外部数据源。虽然你可能会说数据分析是大的数字情报框架中的一部分，但关键在于，数字情报范围很广。数字情报试图描述可以由数据分析组来实施的一套技术与方法；然而，数据分析组的定位与分析产出可能是不一样的。数字情报同时面向内部和外部来源，以协助竞争情报组。而竞争情报组的工作也可以用来提升和增加分析组产出的价值。

竞争情报组可使用工具来理解竞争对手网站和竞争对手体验中顾客的活动与行为。例如，在线招聘行业使用 Wanted 提供的数据来了解不同求职网站（比如Monster、Indeed 和 CareerBuilder）的招聘趋势。移动公司使用来自策略分析报告公司（Strategy Analytics）的数据来识别设备、应用数据及调研。所有这些例子里，那些来自外部源头和供应商的数据不包括拥有竞争情报组的公司所有内部系统的任何数据或信息。然而，数据分析组有许多数据，相较于内部数据而言，这些数据有助于证明外部数据的准确性。

这样，数据分析师就可能会承担新的分析角色，这个角色被称为数字情报分析师。这个新角色的主要任务就是沟通竞争情报组的外部工作与分析组的工作，以及分析组可以依赖的其他专业工作（例如商业情报）。数字分析组可以提供输入，帮助创造竞争优势。

数字竞争情报实例

竞争情报可以为企业提供实际的策略优势。你必须理解你的竞争对手正在做什么，以及它们试图如何赢取市场份额。有些企业认为它们了解竞争对手，因为它们可以看到竞争对手的财务报告和其他量化数据。然而只有这些信息是远远不够的。竞争情报主要包括多源头的定性数据，也可以包括市场调研组获得的数据。

因此，通常也可以看到竞争情报组利用了公司外部其他团队创建和维持的数据。竞争情报与数字情报的不同之处在于，竞争情报可以度量 KPIs，并且使得分析师报告的相关分析趋势和数据在竞争背景下变得合格、有意义。

1. **技术对比**。从用于引起数字体验的技术到存储数据的数据库，再到控制一切的程序语言，竞争情报组可以参考各种可视化数据源来对比竞争者使用的技术。

2. **数字化受众评估**。许多度量和数据分析，比如频率、回头率及基于时间的度量，都是受众行为的一部分。受众的方方面面在竞争性的产品、服务和公司上都不一样。营销和销售利用竞争情报组提供的受众评估作为工具，为营销和销售提供便利。

3. **受众概况对比**。数字体验中受众的特点会大不相同。这些不同点包括他们使用网站的方式、互动和社交媒体的层次、访问和使用互联网的频率，也包括人口特点和生活习惯的不同。竞争情报组可能需要描绘竞争对手的受众，并比较他们与本公司受众在特点、属性及价值观上的不同。

4. **数字产品和特点评估**。竞争对手之所以成为竞争对手，是因为它们提供相似的产品和服务，只是在创造品牌的方式上有所不同。例如机票订购网站，每一个品牌的用户体验都差不多。在网站的功能和目标方面，美国联合航空公司和美国航空公司并没有多大区别。不同之处在于实际体验和品牌。因此，通常需要竞争情报组来确定一家公司的一个类似产品或特征集的核心驱动因素是否比其竞争对手的要好。

5. **用户体验审查**。计算机界面、系统及其对人类情绪、体验和认知的影响之间的关系是用户体验的研究内容。因为没有两个数字体验是完全一样的，用户体验不可避免地会不一样，在完成业务目标中对用户体验功效的认识与判断也不一样。竞争情报组可以在竞争数字系统内审查用户体验，以回答像这样的商业问题："与竞争对手在网页功能和设计方面的不同多少会带来一些回头客吗？"

6. **基于确定商业目标的竞争分析**。公司使用营销、设计、特征及产品和服务的其他方面凸显品牌的与众不同。在创新或改进产品与服务的时候，企业利益相关者可以与竞争情报组合作，以围绕确定的商业目标提供具体的见解。

7. **季度性竞争分析**。通过与数据分析组合作了解内部数据如何受外部竞争者行为的影响，竞争情报组可以选择制作季度性竞争分析，从而将竞争性数字体验中的客户行为串联起来。季度安排可以与日历或者会计年度相匹配。

8. **竞争对手威胁分析**。如今全球经济的迅速发展意味着企业必须迅速回应并适应消费者的需求，否则将面临破产。数据分析会提供见解，揭示企业如何完成为顾客和访客制定的目标。不幸的是，这个信息不会告诉你太多竞争对手正在干什么。然而，你可以推断出，如果你的销售额很低而竞争对手的销售额在上涨，你的经营方式就存在根本的错误。竞争情报组可以与数据分析组合作，了解竞争性行为背景下你的 KPIs，同时你也许能够确定你的竞争对手所使用的 KPIs。基于 KPIs 比较进行比较威胁分析，有助于识别问题和潜在的威胁，以防它们变成致命打击。

以下是一些数字化竞争情报的例子。

- 一家大的物流运输公司通过了解竞争对手的供应链，并开发和思考可以在其大舰队上使用新的远程信息处理系统和服务，成功获得巨大的竞争优势。通过这种方式，竞争情报分析帮助这家公司预测和识别先机，以缩短周期。

- 一家大的远程通信和移动智能设备供应商用竞争情报信息，发现其围绕开发者社区策略的市场准入策略发生变化，迎合了开发者社区的不同方面，以建立一个重心来发展生态系统。

- 一家提供职位搜索和与职业相关的信息的国际公司运用竞争情报数据来审核自己的职位申请流程，并与竞争对手对比，从而减少职位申请流程的摩擦。结论可以进行检验。

- 一家服务即软件供应商利用竞争情报信息来评估标价模型，并为以后的产品制作新的多层次标价方法。结果，该公司通过它们已有的软件工具包实现了新的增值方式，并下调了标价以保持竞争力。

- 一家国际航空公司利用自动化科技，通过各种旅游网站来确定社交网站上传达的消费者情绪，从而改进自己的客户服务。同时这家公司使用自动爬虫工具从售票网站获得竞争者情报数据，提供比竞争对手更有优势的价格和宣传。

数字竞争情报的工具和方法

数字竞争情报分析师是没有标准工具包的，这是它与数据分析的又一个相似点。像数据分析一样，支持数字竞争情报的工具、数据源以及连接性是没有标准的。竞争情报分析师会定义他们完成工作需要什么，接着使用或支持使用那些工具（或支持对需要使用的工具进行投资）。因此，不可能说一个或一套工具和技术就代表了一个顾客情报专家完成工作所需要的一切。下面列出了实用的高水平数字竞争情报工具组和方法。

- **受众评估工具**。使用抽样方法来挑选具有潜在统计意义的用户、访客和顾客样本，有时可以将观众样本与从数字体验中直接收集的统计数据结合起来。接着将数据放入专有统计模型中，以便估计从对样本的应用分析中得到的额外观众的总体大小。受众评估公司出售此类数据以供不同的搜索和分析使用。由于受众评估公司提供的数据按照行业和其他可理解商业度量分好了类，竞争情报组通常会使用这种数据。

- **调查与焦点组**。市场调研人员使用的传统方法，数字竞争组也会使用。从离线法和社交网站法得来的线上调查与焦点组也可以被用来理解竞争对手的顾客、产品和服务。

- **初步研究**。中等和大型公司都会参与初步研究。简单说来，初步研究就是一套调查活动，例如审查和焦点组，公司实施这样的调查以研究和理解业务。执行初步研究是用来获得关于正发生的业务问题、市场或者顾客关心的事情的见解。虽然初步研究包括审查和焦点组，也有其他的选择存在，如实验和观察分析以及使用社交网站数据。

- **次级研究评估**。竞争情报组会时不时被请求回顾、证实、确认或者批评公司内外甚至竞争对手的次级研究。从这个意义上说，数据分析组可能会成为"数据管理者"。

- **虚拟和真实事件**。许多老套的方式，如握手、共进晚餐、出席社交活动，以及正常的社交都是获得竞争情报的好方法。一些竞争情报组会参加行业活动，采访自己和竞争对手的顾客，甚至会与竞争对手相遇、打招呼。大多数行业有一系列重要会议和事件是"必须参加"的。下次开会的时候，请注意有多少竞争信息是触手可及的。分析这些信息并确定它们揭示了关于你的业务、产品、服务和顾客的什么信息。

- **开放认证与持久对象**。数据分析师过去经常会谈到受众评估公司的浏览器插件。插件通常被用来收集关于如何使用网页和网页访问频率的匿名数据。如今，随着社交网站及其他网站认证方法的公开，没有退出登录的网页可以记录你所访问的其他网页。例如，有些社交网站有能力追踪那些访问其他有编码网站（比如标签）时没有退出主页的用户。甚至匿名检索浏览历史也成为可能。当这些数据源被放在竞争背景下的时候，可用作参考以获得新的策略性商业见解。

- **外部数据源**。供应商提供竞争情报工具和数据。通常，这个数据基于订购或者所需数据的每个案例或每次使用来销售，也可能通过顾客调研员的专业服务项目来销售。甚至 VOC 或数据分析工具供应商通常也为竞争情报提供行业、地理位置和基于顾客细分的对比。

从以上所列内容可以看出，竞争情报工具不以任何格式呈现。你需要团队以你的要求为基础。前面所列出的那套工具代表着大多数竞争情报工具所适合的大类别。所有介绍过的竞争情报工具和方法对你的业务都是有益的。

数字竞争情报流程

"流程"对于数字竞争情报就像对于数据分析一样重要。流程表示你为了完成一个目标而按顺序进行的一系列动作。相比大多数与调查相关的学科一样，分析师从头到尾执行分析项目的流程有相似之处。与数据分析流程类似，数字竞争情报始于收集商业需求，接着开展围绕数据收集、分析、陈述以及结果宣传的一系列活动。

- **识别竞争对手的商业问题**。与商业利益相关者合作，帮助他们形成可以由竞争分析来回答的业务问题。使用对竞争情报的洞察赋予数据分析以竞争性背景，反之亦然。

- **识别和猎取信息源**。虽然竞争情报是外部活动，数据源却不一定在外部。为了你的公司能够开展初步研究，你需要通过与内部团队合作并在公司内部执行工作，来降低或者消除开展竞争研究的障碍。

- **采集和收集信息**。在你识别了竞争情报的源头之后，竞争情报组需要确定哪些有必要采集，然后收集它。得到和利用竞争情报信息面临很多困难。最大的困难可能是花费；另一个可能是可获得的资源；还有一个可能就是时间。最大的困难是法律方面的问题。所有为竞争情报采集的信息必须是通过合乎法律和道德的途径采集到的。竞争情报相关文献中涉及法律和道德行为的条款数目惊人。对于竞争情报专家来说，行为合乎法律和道德是至关重要的，并且应该以此来理解和减少对于数据分析行业的隐私担忧。

- **分析信息并将信息与其他信息源对比**。竞争情报数据必须用分析数字型数据的方法进行分析。当量化度量可行的时候，"数字分析的方法与技术"便是相关的。其他情况下，被运用于市场调研以分析和评估量化数据的方法是可行的，比如文本挖掘和情绪分析。无论如何，竞争情报分析的最好成就是创建分析，告诉公司管理层竞争情况，并将其用于商业决策。最终，竞争情报数据必须从其他数据（市场调研数据和数字分析数据）那里获得背景。

- **分配和追踪**。在提供任何种类的数据、研究或者分析服务时，提供实物证据证明服务已被执行是至关重要的；竞争情报也是如此。虽然很多工作、对话和学习都在执行项目的过程中发生，但仍然有必要总结有关利益相关者的竞争分析的总体结果。竞争情报组应该定期安排会议评审标准交付品，表达由竞争分析获得的见解。

最高效的竞争情报组会创造出以上所有活动的竞争情报流程。为了竞争情报获得成功，必须要确定商业问题，识别信息，致力于必要的活动以采集、收集和分析/关联竞争情报信息。为支持"分析价值链"，数据分析组的流程必须适应上列竞争情报流程，反之亦然。

整合数字行为数据和竞争情报

你的数据分析组最终会达到成熟水平，这时候就有必要整合竞争情报数据和其他数据了。虽然传统意义上的整合意味着将多个系统或源头的数据合并到一个公共系统和接口，但考虑到数字生态系统的本质，与竞争情报数据在技术上深度整合有时是不可能的，因为源头（比如对话）可能不考虑或完全允许整合或提取。

由于整合竞争情报数据和数字分析数据有困难，各组所采取措施根据可获得的资源和内部能力而有所不同。数据分析和竞争情报信息不一定非要被一起带入统一的数据仓库或报告和分析系统中，但是这样做却是有益的。整合数字行为数据和竞争情报数据有以下众多选择。

- **常见系统**。一个相对便宜的在公司内部分享竞争情报数据并保证各个业务组使用的方法，就是创造公共系统，提供可普遍获取的竞争情报数据和从相关研究组得来的数据、报告和分析。公共系统可以简单地通过链接到各种数据库来创建，或者这些系统可以更加全面，在单个接口中提供跨多个数据库的数据访问。

- **数据分享**。将竞争情报数据整合到业务流程中的另一个有效办法就是数据分享。双方或多方会出于一定的动机或共同的目标，同意分享数据。分享数据的方式有很多。可以创建信息流（feeds）定期推送给相关方。用户名和密码可以临时创建以供人们获取不同系统的数据。

- **应用程序界面**。应用程序界面可以同时由内部组和外部组提供，以便加速数据从一个仓库转移到另一个仓库。应用程序界面在如今的数字世界已经很常见了。公共应用程序界面可由普通大众使用（限制较少），而私人应用程序界面则不可以。由于应用程序界面提供的跨平台具有灵活性，应用程序界面更常用于整合各组、公司和合作伙伴的数据。

- **人工整合**。有时让人们坐下来手动将数据整合在一起也是可行的。但这并不意味着人工整合需要铅笔、橡皮和大量的图纸。相反，召集一个工作组快速将一小部分数据手工集成到一个报告工具中，并将其与竞争情报分析结果集成在一起，这可能是有意义的。

- **数据整合**。竞争情报组最好能够与技术人员合作。由于竞争情报数据存在于多个源中，使用商业情报最佳实践，利用增加细节的元数据，将数据整合到中央存储库中是非常有益的。如果将竞争情报的相关数据存于商业情报数据库内，就可以更深入地研究此类数据并将它与相关数据结合起来。通过将竞争情报详细地整合到其他系统中，多个团队可以接触竞争情报并使整体功能生产更多的价值。

- **供应商和外部员工**。拥有预算的竞争情报组可以将预算花在供应商专业服务和外部合同员工上。外部的竞争情报专家不仅会带来新的关于已有商业挑战的见解，而且也会为整个价值链的竞争情报数据整合带来新的视角和意见。

竞争情报和数据分析会产生协同作用，如今的全球化机构可以从这些协同作用中创造出经济价值——只要这些团队能够合作。竞争情报数据是从外部收集的，而数字分析数据是从内部收集得来的。如果知道这两个团队的数据存在重合，那么共有的操作、活动和行为必须要通过共同分析来获得见解。有两方面的数据视角可以强化对如今的商业活动和业绩的洞察，在看分析整体时更是如此。收集竞争情报数据有许多方法，从人工到科技，到专业服务方案，再到数据整合。数字情报组的目标应该是整合从数字体验中收集到的数字行为数据，以及从各种外部源头收集到的竞争情报数据。丰富统一的数字数据和竞争情报数据的组合值得数据分析组织探索和研究，从而确定商业机会并创造价值。

第 11 章

定位目标和数据分析自动化

如今，利用数据分析数据输入来定位你的公司已成为可能。不同于早期初创公司的理念，许多数据分析运作平台，比如 Webtrends 公司以及 IBM 公司，都有专注于利用数字数据的产品，被用于辨认观众的特殊属性，并且通常实时发送相关信息和内容——这些信息和内容可能被推送到网页广告上、页面的附加内容上、电子邮件和应用软件内部消息中等。

许多商业定位将数据运用到多种方面，通常会有人工干预。像谷歌和雅虎这样的公司，在付费搜索时使用的定位目标的类型有：在搜索结果中定位目标、在第三方领域定位目标以及在其他产品，比如 Gmail 这样的产品中定位目标。其他一些定位目标的例子如下：

- 媒体网站将地理相关的内容定位给访问者；
- 目录零售商使用传统的数据源，比如消费者调查报告，针对不同的消费者通信，定位具体的人口统计资料、市场和地理位置；
- 付费或赠阅发行的出版组会依据消费者电子邮件或线下邮件，定位订阅者的人口统计数据；

- 小型企业可能通过向有着不同电子邮件列表的供应商购买电子邮件列表，向国外潜在消费者发送信息，并且使用它们的工具向所购买的信息列表上的各个观众发送不同的信息；

- 通过当地沃尔玛超市登记簿上的库存信息可以得出销售点（POS）数据，这可以用来自动识别并补充十分重要的经常性购买目录产品，比如能够保证连续供给某一特定时期的打折商品；

- 付费搜索供应商考虑多种线上细分受众类型，然后以多种方法发送定向广告。

定位并非没有争议。皮尤调查中心互联网与美国生活计划（Pew Internet & American life Project）曾做过一份研究报告，报告指出，美国人将在线定投广告这一行为视为侵犯人权以及不受欢迎的行为。68%的受访者表示他们"不能认同"这种有针对性的广告，因为他们不想让自己的网络行为受到追踪和分析。然而，定位也不是没有好处，联邦通信委员会（FCC）对此建议："要考虑针对性广告对当地新闻和记者的工作具有积极作用。"我常常从那些创造了这一定位目标体系的业内专家们口中听到他们所信奉的一种逻辑，那就是如果要在网页上投放广告，那么这些广告最好与你有些关联。但是许多消费者对于具体什么数据会被采集并用于定位目标体系、数据采用何种方式采集、具体到某种程度、匿名程度、所采集数据会被保留多久，以及它们在未来的用途等方面都持有怀疑态度。

定位指的是，基于访问者细分或已知属性，向他们传递内容或广告的过程，目标基本上十分明确，即以点击、交互、参与活动、回应或其他形式增加参与度，促进数字体验的变现。定位目标的最终目的很容易理解：将内容或广告的商业表现发挥到最大限度，在消费者最能接受这些信息的时候将其推送给他们，比如在他们能积极回应这些目标商品的时候。

例如，你可能会访问一个网站，然后看到一些广告召唤你"见见你所在城市里的单身女性"。当你浏览一个房地产网站时，你会见到房地产中间人和抵押贷款公司的广告。当你输入"汽车保险"之类的关键词，并点击了搜索结果，你会跳转到一个有汽车保险公司的广告网页中，或是跳转到想说服你开始填写保险报价程序的网页。当你在美捷步（Zappos）网站上看了几双鞋以后，你会在许多网页看到鞋类广告和鞋类打折信息。定位就是，当一个或更多消费者属性被确定会持续一定的时间，基于定制化的商业规则，在不同领域和数字体验下被用于自动定位。下面的情景设置可以帮助你理解定位的含义：

- 访问者 X 有某些特质。
- 一家公司有内容或广告可能会吸引访问者 X。
- 现在展示相关内容或广告。可以的话，存储这位访问者的特性，在我们的附属网站或者网站上用相同或相似的内容和广告定位访问者。

你可能听过在网络广告中常被提及的具体定位类型：行为定位。行为定位是指向访问者展示的广告或内容所使用的技术和方法是基于他们过去的行为和反应的。行为定位包含以下几个步骤：

- 收集访问者的行为数据（也就是流量数据、交互、活动参与和元数据）；
- 在收集过访问者的行为数据以后，在他们访问数字体验时辨认出他们；
- 确定访问者当下在网页上的情况，比如消费者意向及倾向，或甚至查看更多链接了解情况；
- 探测访问者当前的行为、参与活动和交易；
- 使相关的广告（或内容）实时符合访问者的行为；
- 当有人访问你的公司网页、广告或合作伙伴网页时，向其推送相同或相似的相关广告或内容。

这样做的目的是使用过去的行为数据来影响消费者的购买周期或营销生命周期，从而快速有效地实现广告和网站目标。定位会基于因变量做出预测，但更多的是根据已知属性（也就是自变量）进行配对。

这些数据分析从何而来呢？你可能会认为，来自网页分析技术的数据分析可以用于定位。总而言之，最好的数据分析系统存储了过去行为的访问者级别数据。数字分析数据当然可以拿来使用，但大多数情况下并没有这么做。相反，定位通常是由广告服务商或网页提供的，也可能是由网络服务提供者（ISP）或另一种被称为"行为定位平台"的技术提供的。也就是说，数字分析数据可以与行为平台整合使用。

为了使分析数据可用于定位目标，你需要将数据用于：

1. 定义目标群体或识别目标访问者；

2. 为定位技术提供各目标群体或访问者的以往行为数据；

3. 在定位目标之后，依据行业、网站或广告目标来分析细化目标和访问者的表现。

定位具有名副其实的能力和巨大的潜力，能够产生可观的回报，尤其是将其与网络分析中丰富详细的行为数据结合在一起的时候。作为优化网页内容和广告的方式，与网页分析数据结合的定位技术将更为重要，会成为那些想要在网络世界将商机最大化的创新型公司的"必需品"。定位可用于测试和优化。

定位的类型

在数据分析领域，定位与基于识别和回应以下属性的收费搜索活动、广告服务以及内容优化相关，它有以下几种类型。

- **通过设备定位**。广告和内容可以在不同版本和不同操作系统中独立运行，比如苹果 iOS 系统、安卓系统以及 Windows 系统手机。

- **分类以及子类**。概念结构（比如媒体网站上的话题分类，或电商网站上的产品分类）可以囊括某类广告或信息，用于定位目标。这一理念指的是，如果访问者在你的分类中浏览了"五金地板"，你可以向他们提供具体的有关"地板安装服务"的广告或内容。定位也有可能会基于更复杂的正式分类方法，比如分类法和主题标目。

- **通过信号定位目标**。通过 Wi-Fi 定位目标的内容和广告，可能不同于移动设备上 4G 网络的定位内容和广告。

- **地理**。国家、地区、城市、州、指定市场区域（DMA）和城市统计区域（MSA）都是可定位结构。你可能运营着一个运动网站，会选择向波士顿网民发送红袜队票务广告，或向其发送纽约洋基队最近的赛事信息。

- **浏览环境和互联网协议数据**。比如网速、浏览器类型、操作系统、用户软件、域名以及网络服务提供者。网络服务提供者能定位目标并给新服务或优化升级做广告。你的 IP 地址也可能被用于定位。

- **时间和暂时性**。只在特殊时间段展示内容的概念叫作"分界点"。常见类型包括日分界点和季节分界点。比如，一个 B2B 网站在营业时间展示某一制造商产品的广告（网页一天访问的峰值期）就是日分界点的例子。

- **关键词**。有多种不同方式使用关键词定位。搜索引擎目标广告基于提问的关键词。内容管理系统的定位内容基于网站搜索关键词或参考词。关键词作为元数据，也有可能与网页分区或网页相关，类似于广告服务器分区或分类定位。一旦网页与广告标签中的关键词元数据产生联系，你可以让你的广告服务器在放置了该标签的网页上，用该关键词定向广告目标。

- **语言**。当一种语言可以被提前测探或知道，你可以向访问者投放以他们的语言表述的广告。

- **人口统计数据**。如果广告服务器明确了细化目标的人口数据，比如年龄、性别、收入、职称、购买力等，广告可以基于这些信息定位目标。

- **情境**。设想一个广告场景，以及它是如何通过网页内容的语义、你的电子邮件或是概括一个网页内容来匹配文字广告的。另一个例子是，当你往购物车添加一件商品之后，网页会提示你，如果你的总价超过某一标准将有免邮服务。这就是基于情境的内容定位。

- **简况**。基于个人或细化的属性（比如购买倾向或职位）所得结论和所创规则来定位目标是可行的。

- **规则**。规则是掌控一个活动的正式指导方针。定位可基于商业活动中形成的商业规则进行。比如，只向没有设定网页 Cookie 的访问者发送间隙广告。或者向每第十个新的访问者展示实验变量。

- **行为**。关于访问网页、移动应用以及其他电子体验的数据，由广告服务器、数据分析或其他工具收集以后，可以通过广告和内容被用于定位目标消费者。行为定位是数字空间里消费者最常见的定位形式。

- **事件**。事件是状态改变的一系列事例。数据分析中的事件可以简单到轻点一下鼠标，也可以是复杂的一系列事件。比如说，一位储户的账户里有数额巨大的存款，所以银行网站在他下次登录时为他提供理财产品。

- **意向**。定位的最新形式是按照意向定位，有些公司声称它们依据"点击量"（比如关键词）、网页内容、元数据、伙伴关系、第三方提供的特性、所有权信息等数据推断意向。

定位发生的数字领域

数字生态系统中的定位主要有两种构念：广告和内容。目前，广告是数字定位的主要行为主体，内容定位虽然没有像广告这么常见，但在互联网上的应用越来越多。最普遍的定位方式是行为定位。

行为定位指的是，数字体验的创造者收集人们的数据，然后将数据用于改善消费者体验，提高商业活动的效果。当访问者在网页上进行了一连串连续活动时，定制的用户体验会显示在访问者面前，就产生了以规则为基础的定位。如果移动程序的使用者在量身定制的广告中产生某种行为，那么就产生了广告定位。当URL、IP地址或第三方数据资源结合，又产生了以内容为基础的定位。如果数字体验基于某些输入数据，提出定制的、特殊的用户体验，就产生了情境定位。

许多定位主题可以通过应用某些先前呈现的概念进一步优化，比如地理、事件和语言。向一个不讲英语的人投放英语广告来定位是没有意义的。同样，向没有冬季的地方的客户投放冬季运动广告基本也没有意义（除非他想休冬季假期）。根据一天时间点或工作日时间点，对比周末时间点，理解消费者或预期，可以提高参与度、点击量以及广告和内容的成效。

一个人可能在今天的数字世界中遇到多种设备或屏幕尺寸——大到互动荧幕，小到智能手机，以下所列内容区分了定位在消费者情境下发生的常见主题和方式。

- **展示广告**。网页广告的"展示"（impression）是插入内容的载体。出版商和广告商不仅能在线上广告上插入五花八门的内容，也可以调控广告类型，甚至是广告尺寸。一种定位数字展示广告目标的使用案例是，向某人展示他上一次浏览过的商品的广告。

- **社交网络**。社交网络上的定位已成常态。当你登录到常用社交网站时，你会看到你的社交图谱内的诸多赞助广告，包括各种产品、服务、人物和品牌。社交网络有可能通过你曾表示过有兴趣或好感的产品的广告来定位。或者，通过你在社交网络上输入的相关内容来定位。

- **内容网站**。在内容型媒体网站上，你可以建立访问者或消费者个人概况，使定位内容可以通过任意联网设备直接传送给你。可能你对媒体网站上定位内容的回应数据将被进一步用于定位你。

- **多元媒体**（比如视频和聊天）。一旦有人使用了免费的数字化内容，很有可能这个人所付出的时间和关注会由幕后的出版商转卖给广告商。其中最好的例证是，在多元媒体视频中，基于对视频流中的群体行为的观察，广告可以多次嵌入视频流中。这听起来很复杂；换种更容易理解的说法是，视频网站知道你什么时候播放、倒退、快进、暂停和重播它们的视频内容。由具体画面、时间戳获取微增量数据，这样在线广告可以在参与和互动峰值处嵌入，这不仅包括收视峰值，还包括以进度条互动的峰值。

- **电商商务网站**。当访问者登录商务电子网站时，可以看到各种各样的广告。其体验会基于使用者的行为而变化，广告也是这样。广告可以根据广告商控制或出版商控制进行更改，在这些广告中，可以根据规则对它的内容、功能和流程进行调整和修改。其目标是以最"潜移默化"的方式来销售产品，这种定位方式为创造个性化用户体验带来了诸多有说服力的、能带来转化的选择。综上所述，在使用商务电子网站的过程中，定位类型有实时向访问者、用户、各个消费者群提供相关内容、促销活动、优惠信息以及其他能促使立即完成购买或迫使他们在放弃之后能回来继续购买的措施。

- **境外市场营销**（比如邮件）。网站上的规则和事件能引发定位活动，这些活动能立即发生或在将来某个时刻发生。一个很贴切的例子是，当一个访问者浏览某个电子商务网站时，最终挑选了一件商品，并加到购物车中，但是最后放弃购买并离开了网页；这个网页可能在几个小时内或几天内向这位访问者发送定位电子邮件，里面有购买或促销信息来刺激完成已放弃的交易。这种利用购物车中未购商品信息来定位的方式，是电子商务网站的常用方法。

- **境内市场营销；比如搜索引擎优化**（SEO）。来自查询字符串、网站头条的信息或其他可用技术信息，可用于提供体验、发送广告或定位内容给访问者。比如，可以创建一个商业规则，被用于识别每第五个因特殊搜索关键词而来的访问者；然后，这个网站可以基于关键词的意义来定位相关内容。

- **机顶盒、数字电视、互动广告板**。最近的创新是基于数字录像机、视频点播体验或直接通过流媒体或广播电视来定位。在美国，所有电缆信号和电视信号都是数字信号。数字录像机机顶盒很常见。互动式广告板几乎可以算得上是一种巨型室外电视，越来越多地出现在世界各个城市中。通过了解观众的数字录像机的相关行为和使用方式，包括商业广告片中的秀，有线公司能向订阅者提供优质信息，为广告商的广告定位目标消费者。基于用户输入互动广告牌的位置和内容层次，有可能定位不同的内容——宏观层面的人口细分或通过移动社交输入进行的一对一或一对多的互动。

什么是重新定位

重新定位是指一种将先前收集的数据服务于面向访问者和消费者的广告的行为。这些访问者的相关数据源于以前的访问、点击数、交互、时间、行为或对之前所尝试定位的回应。因为在网页和手机上识别访问者十分具有挑战性，重新定位目标通常是匿名的，基于 Cookies 或其他识别码进行，并在不同时间段持续进行。因此它也很容易受到特殊识别码删除的影响，比如删除 Cookies 的影响。重新定位目标仍然是一条通过数字广告创造额外价值的创新之路，它更有竞争力且利润更大。实际上，Facebook 交易所（FBX）就是 Facebook 用户鲜知的重新定位网络。

重新定位也可称为重新传送信息或再营销。顾名思义，重新定位的说法本身就是一种重要的概念。我们在上文已经讨论过定位了，但是我们没有讨论这个前缀"重新"。而恰恰是这个"重新"，使得重新定位能带来大部分的炒作、现实和潜在价值。这里的"重新"是指过去某一时刻，某人、消费者、潜在客户、Cookie、访问者、浏览器或设备已经使用过数字体验。在之前的访问中，相关项目的数据被采集来用于定位（比如最常见的 Cookie），然后用作重新定位目标的基础数据。

为了重新定位目标以识别特定个人，Cookie 是十分常用的特殊识别码，就像其他特殊识别码一样，它可以持续在用户机器上跨网页传送。因为 Cookie 等访问识别码常常被删除，因此有些公司可以串联匿名 Cookie 及其相关属性以用于重新定位。为了适应 Cookie 被删除的情况，被删除的 Cookie 会被追踪并连接到现存的 Cookie。这些历史 Cookie 数据以及元数据被存储，经过一段时间之后用于重新定位目标，能帮助建立越来越丰富的定位消费者的数据集。

任何与被定位的访问者相关的有效数据集都可用于重新定位。但因为访问者已经访问过该品牌的数字体验，如果可行的话，来自不同资源的信息可以集合，这些资源曾接触或捕捉到访问者信息的。不管是内部还是外部，这些资源都可以被整合收录，用于消费者概况中，以便定位使用。客户关系管理（CRM）系统的特性、之前与销售人员的互动、表达出的偏好和研究报告、数字行为的点击流以及其他人口统计和心理记录的特性可以整合成一个属性集合，已建立重新定位的规则。

重新定位通常发生在访问者需求引发的最初体验之外。换种说法，当一个人访问电子商务网站并弃买某件商品时，在一个完全不同的网页上可能会显示出购买相关产品的信息，或是弃买商品或购物车的信息。例如，你如果在美捷步网站上弃买了一双鞋，可能会在亚马逊网站上看到美捷步官网的促销券。基于广告商所定的频率规则和包含规则，重新定位目标可以在同一网页对同一位访问者反复出现。

虽然完全有可能在同一网站或通过相关网站的网络定位以往的消费者，但这种方法并不常用。但是，这是广告网络、广告生态系统（比如谷歌）以及其他以广告为基础的社交网络（比如 Facebook）全时段都在进行的。媒体和内容网站可以定位特殊内容，利用表达了特定产品、服务或品牌偏好或兴趣的重复访问者群，在数字体验中显示更多的广告。重新定位存在极大的获利潜力。

重新定位的类型

重新定位目标可以在不同类型的数字媒体以多种形式存在。从公共环境的网络设备到私人的、浏览器的或基于设备的体验，它为利用数字分析数据重新定位提供了多种多样的选择。

以下是在数字生态系统中发现的定位类型。

- **移动设备重新定位**。当移动设备访问一个网站，并与某一描述相关的时候，移动设备就能被识别，而这一描述要能够提供与之前的行为、事件、规则、情况以及将要发生的事件相关的广告。

- **店内重新定位。**最新的移动设备定位方式是识别位置、GPS、店内无线网络使用、登录或签到。使用位置导向的设备，通过定位或提醒，就能在手机处于某一特殊位置时，比如在一个零售商店，向其发送促销信息或购买信息。在手机上浏览某一商品、浏览手机优惠券、直接接收升级销售或交叉销售信息能在你的手机上实时发生。

- **通过电子邮件重新定位。**传统的电子邮件和最新的创新方式一样，能有效地定位目标。重新定位目标电子邮件是基于电子邮件中发生的行为和活动——作为访问者概况的部分潜在集合。

- **通过情境重新定位。**不同网站合作分享消费者、访问者以及观众的数据，并以此作为满足经济价值链的一部分，于是出现了情境重新定位。例如，航空公司网站能同时提供酒店和租车预约服务。这些公司就能合作，并整合受众信息以创造新的、充满活力的一站式购物的数字体验。

- **通过线下搜索重新定位。**当访问者通过搜索访问网站，由此可知该搜索关键词。这个关键词可以添加到其他数据中，用于定位网站访问者。比如，在访问者搜索了"免费视频"以后，奈飞公司的免费试用账号信息会追随他的步伐。

- **通过线上搜索重新定位。**与通过搜索重新定位相似，通过线上搜索重新定位的方式是使用来自搜索引擎优化（SEO）和搜索引擎营销（SEM）的信息来定位。因为访问者有可能接触到一种或多种付费搜索广告，这一信息可被收集、使用、形成一个概述，使得付费搜索能在访问者浏览网页时，更敏锐地定位他们。

- **行为重新定位法。**与之前的通过行为定位目标相似，行为重新定位法指的是从有效电子信息资源的任意数字输入收集行为数据，然后利用这些行为数据来定位个人，以此再次激发他之前对一件商品、一项服务或一个品牌表达过的兴趣。

数据分析团队如何助力定位和重新定位

数据分析团队有许多机会为定位和重新定位的过程提供输入和指导。总之，数字分析数据是用来重新定位的，其应用的规则和过滤法都是数字数据。在计划和实行定位和重新定位的活动时，数据分析团队成员的收集、辨别、验证、分析以及交流数据的专业技能大有用处。

因此，数据分析团队在计划、项目和提案中，扮演十分有用的角色。

- **根据已知特性和行为细分客户**。数据分析团队对涉及定位和重新定位的市场营销、代理和广告团队的输入，可被用于消费者细化分析。有效属性和常见消费者行为可被分析和报告，以便识别关于定位的新洞察。

- **辨别成功内容和畅销品**。数据分析团队擅长的事情之一是，为特定概念的频率做排行榜，如网页、产品、访问者等。在做定位计划时，消费者及其所购产品的排行信息十分有用。

- **追踪并测量成功**。所有的重新定位和定位活动必须追踪并评价表现。为了更好评价定位和重新定向广告活动的表现，数据分析工具可以增加和定制数据收集和报告工具的功能。

- **提供访问者来源及其网站行为（或者无行为）相关的观察报告**。访问者追踪，不管匿名与否，特别是匿名的情况，是最佳数据分析工具的核心特点。许多创新的定制报告可以用于交流访问者在网站的活动，以及数字体验的哪些方面引起了受众的共鸣。数据分析团队提供的这些推断、点击流和观察与定位程序有关。

- **定义搜索对消费者的影响**。以关键词为导向的定位和重新定位是十分常见的。数据分析系统捕捉并报告可以显示消费者和潜在消费者是如何使用搜索（包括内部和外部）的信息和行为的。关键词、搜索结果页面以及其他搜索行为的搜索分析数据对于设立定位活动十分有价值。

- **显示哪种市场营销有利可图**。除了财务团队，数据分析团队比任何其他团队都能更好地评价所有市场活动的表现，以及其中哪种市场活动对增加收入、获利和交易是最有效的。将财务数据和市场营销活动表现结合，能够确认用于定位和计划的最佳活动。

关于定位和重新定位的建议

在实施定位和重新定位的计划和项目时，没有灵丹妙药。这一创新的最佳做法和经验只有从实践中才能得到。以下列举了一些经验教训。

- **专注创意，不断更新，切忌故步自封**。一则广告创意的叙述传达是十分重要的。不是所有的创意都能与所有消费者或潜在消费者产生共鸣。一些创意对某些人来说就是没有吸引力。广告商在试图重新定位目标时如果没有更换创意，只会无谓地浪费资金。

- **利用多重属性**。根据多重属性来细化、管辖、定位，充分利用可用的重新定位工具。定位细化目标，分析表现的不同之处。例如，不仅仅定位来自波士顿之前的访问者们，还定位在 35 岁以下、来自波士顿、讲英语、在东部时间晚上 12 点至凌晨 1 点登录网页的男性。

- **避免过度曝光，否则会使人疲惫**。控制特定广告在重新定位过程中向某一特定访问者的出现次数。你可以使用广告频次控制或其他形式的过滤技术。原因显而易见。如果向一位访问者过度曝光同一个广告创意，这则广告就会埋没在背景中，并成为干扰物。数据分析会告诉你在一个消费者点击这则广告之前，它已经曝光了多少次，该时间点之后下降的曝光次数，以及这则广告的观众数量。要重视来自分析团队的类似输入，避免过度曝光以及重新定位造成疲劳。

- **成功即止，不要过度定位**。祝贺你！你已经成功重新定位了细化的消费者目标，并且已经能够追踪和向利益相关者们保证这项工作增加了销售。你的同事都十分兴奋，特别是这位消费者最终购买了你认为他需要、同时他也认为自己想要的商品。此时下一步十分简单，就是停止重新定位目标。我知道这听起来很简单，但是不要冒险过度定位而毁掉你的成绩。在购买成功之后，消费者最不愿意看到的就是他们已经购买产品的广告，或者更糟的是看到他们没购买的产品广告。这样过度定位不仅使你的消费者们感到厌烦，也浪费了你的时间和预算。确保你追踪到了你的重新定位活动已经成功。使用分析来监测购买后活动表现和后续交易，以防止过度定位。

- **找到定位的最佳水平**。在定位和重新定位时，你想要创造与访问者相关又能区别访问者的信号。这个信号需要强于所有其他网页上或屏幕上的杂音（比如其他内容以及所有类型的广告）来吸引注意力、参与和点击。为了不使杂音影响到定位和重新定位的信号，你需要使用过滤器，限制你向访问者显示的次数。这其实很简单。你希望重新定位是可辨识的，但不是过度的、令人厌烦的、感觉不对劲或令人害怕的广告。基于之前重新定位活动收集的数据，数据分析团队能够辨别、预计然后优化更成功的重新定位的时间点、模式或频率。

- **不要和自己竞争**。你的团队可能有多家供应商和多个系统进行有针对性的重新定位活动，但是由于同样的集合或重叠的人口集的竞争预算，可能会存在风险。你不想看到为你工作并由你出资的供应商、代理和技术出现竞争，导致定位或重新定位的预算产生冲突。你要避免出现这种情况。当你发现你正在和自己竞争定位目标时，情况就不容乐观了。选择之一是与团队或代理合作，进行重新定位，另一个选择是确保多个团队和多个代理的联盟，通过分析数据，证实你没有向自己开战，否则只会搬起石头砸自己的脚，浪费资金。

- **用数据分析追踪结果和属性**。毫无疑问，为了确保成功，你必须进行追踪。商业如果没有定位和重新定位活动必要的活动代码以及其他持久的标识符，没有整合相关的行为、参与以及表现数据，就不能确保成功。数据分析团队应该贡献资源、时间和投入，帮助团队参与的重新定位活动收集、计算、报告数据并进行分析。当一个代理或多个代理进行这项工作的时候，确保你的分析团队收到代理的报告或分析资料。

定位是线上营销中一种较新的分析数据使用方式。许多方法都可应用于定位和重新定位。定位和重新定位存在多种类型。考虑清楚数据分析团队如何运用它们的专业技能和数字数据参与和促进商业进程，从定位和重新定位中创造价值。

第 12 章

融合全方位渠道，整合数据，以理解客户、用户和媒体

　　这一章准确表达了许多不同公司的共同目标，即不只是通过一个数字渠道，比如只通过手机应用软件和网站来理解客户和人群。我们可以如此解构本章标题：

- **融合**。它指的是合众为一。详见安德鲁·爱德华兹（Andrew Edwards）的"融合分析"思想；

- **全渠道**。即数字渠道，你可以通过这些渠道收集整合符合商业目标需求的数据。全渠道数据有两种以上来源，即线上和线下。例如，你可能想要整合客户层面的人口统计数据、网络广告范围内的数据以及第三方数据供应商提供的购买偏好相关研究资料。全渠道数据整合不仅仅是内部数据的整合，也包括了多重外部资源的数据整合。

- **理解客户、用户以及媒体**。这指的是用可利用的、合乎道德的、合法的客户层面数据来理解全渠道内的数字用户、客户、媒体（比如在线广告）或客户细分。理解能够使内容、广告以及其他数字媒体直接定位于可识别的用户、细分客户以及知名人物。访问用户或特定人士，理解匿名或基本匿名的数据，或在选择性加入的情况下，完整详细的客户情况可能包含了个人识别信息。

融合全渠道数据听上去可能更像整合多渠道数据。虽然两者的确有相似之处，却存在关键的不同之处。多渠道指的是查看渠道及其在数据库中的表现，或者在营销活动的背景下互相对立。全方位渠道融合却相反，它试图收集所有必需的渠道的数据，不管数据来自何处，将其汇合成一个数据集合，该集合关注客户、用户或媒体。

任何聚合或集成的尝试都是指从多个不同数据源定义、提取、转换和加载（ETL）的所有过程和活动的总和，无论是内部的还是外部的，都汇聚到一个位置，通常是一个数据仓库或操作数据存储。

拥有整合数据十分有用，原因之一是它减少了数据分析开始之前准备数据的时间。因为数据分析团队常常被要求定位相关和特定的数据来解答商业问题，而不管这些数据存在哪里，重要的时间和资金将会分配到每个项目，手动整合数据，或者以半自动的方式整合数据。分析项目中手动整合数据的要求越来越多，于是就有了商业效率的考量。通过将数据整合到一个常用位置，并将其与特定商业功能连接，就能得到效率和新的见解。围绕数据库的计算机科学的思想学派，比如金博尔（Kimball）和恩门（Inmon），对将科技运用到商业中以及在商业智能（BI）和分析学中实施数据库解决方案持有相似的理念。

大数据中最大的数据来自许多不同大数据库的大量数据整合。分析团队倡导巨大、复杂的数据整合项目的理由是，分析通常需要搜索和整合多种来源的数据。此外，为分析构建的数据池使得应用分析方法和技术更为简单有效，通常利用软件算法达到自动化，以便寻找关联、模式、洞察、推荐、优化和预期。虽然数据整合可能是价格不菲的商业活动，但这也是必要的，是从事商业的成本，回答这些能创造经济价值的问题是有用的，而且只能通过全方位数据整合来了解客户、受众和媒体，从而回答这些问题。

全渠道数据类型

全渠道分析整合跨多个渠道的数据源（通常关注客户和购买者），因此详细的

客户数据集更综合地代表了所有要素，这些要素是企业想要分析并用来探测一般
关系和有关客户，细分目标、行为和交易的洞察。在宏观策略上，全渠道分析将
所有来源视为一个大来源（尽管分散在多个源头），用新的方式整合起来，采取一
些手段获得洞察。这一商业策略类似于相关的基础的数据库分析技术平台策略。
实际上，商业智能团队建立数据库以代表、存储渠道数据并允许访问。全渠道数
据包括以下类型。

- **内部数据**。这种数据是由内部系统或公司本身控制的系统创造的。最典型的类型
  就是付费媒体和自媒体。

- **数字分析数据**。本书讨论的是来自网站、自有社交网络和电子邮件、手机，以及
  其他数字格式的行为、交互、事件、点击以及交易数据。在付费媒体、免费媒体
  和自媒体中，数字分析数据可以按照客户行为或用户行为分类。

- **社交数据**。它从人们在社交媒体和社交网络上的输入、行为、点击、交互、活动
  和交易收集到的数据。社交数据也可以来自数据收集公司，比如 Klout 公司或者
  ShareThis 公司，这些公司能收集社交数据，采用它们的知识产权工具生成新型社
  交数据，比如 Klout 评分。

- **整合研究数据**。这通常是有关用户行为、喜好、倾向、偏好、需要、态度以及信
  仰的测量数据、样本数据或固定样本数据。

- **用户数据**。它是用户在特定人口或样本框架下家庭层面的地理信息，比如，用户
  的属性，包含家庭收入、家庭规模、种族、宗教、地理、购买习惯等。用户数据
  通常按照规定销售区域或城市统计区域的构造进行细分。用户数据通常用于竞争
  情报咨询。

- **财务数据**。这是与有好信誉、信用评分以及其他家庭财务以及投资相关的信息，
  源于可（不可）交易的有用的公共和私人来源。

- **B2B 数据即企业数据**。有时被称为企业统计结构数据，是跨区域、国家、市场、
  城市等与公司和商业相关的结构和非结构数据。这里的信息可能包括配置数据、
  公司规模、收益以及其他公司数据。

- **专门以及定制研究数据**。它是关于用户的创新或定制研究领域提供的见解。专门
  数据可能专注于特定的产品、生活方式、市场、行为、地理以及其他用户想要的
  细分目标。

- **电视和有线数据**。这是专门的订阅和客户记录数据，可辨别应该在什么时候向什

么样的客户群体展示什么样的内容和广告。客户数据由数字电视和基于订阅的有线服务收集，可用于定位目标。

你可以从以上列表看到，许多不同的特殊数据源是为全渠道分析存在的。在每个项目里，不是所有的数据源都可用或具有相关性，但是为了建立数据分析组织，分析团队制订分析计划和分析策略时，应该考虑这些数据源及其提供者。

全渠道数据度量

当数据整合为一个数据库，或按照你的选择方式汇集到一起时，度量和计量是十分有用的。你可以选择简介、时间序列、分布以及其他分析视角进行衡量。以下是度量的一些衡量和表述，用于全渠道分析。

- **意图做 X，比如预测购买或转换**。全渠道数据在营销组合模型中十分有用，组合模式使用统计学方法预测收益、利润和或用户 / 企业偏好，以及商业活动中的消费或投资意向。

- **财务措施**。理解活动成本、收益和用户最终行为，可以提高并更好地理解财务度量。随着全渠道数据的整合，数字渠道的每客户收益可被统一，对比成本数据，从而完全理解收益率。

- **受众群**。非重复受众的数量，或最接近实际情况的受众数据。可以将一个人多个渠道的信息联系起来，删除重叠的用户数据，修正你的用户数量。比如，如果同一个人登录了网页，在移动设备上又用同一个用户名登录，可以知道两个渠道的是同一个用户。在访问者层级整合网页和移动设备的数据，判断多少人登录了两个端口，避免同一个人计算两次（也就是网页上算一次，手机设备上算一次），在理论上这样做是可行的。查找和解码全渠道大数据是复杂且费用昂贵的。在某种情况下，跨多个渠道辨别用户，用于估算受众群和其他目的（比如定位目标和重新定位目标），这些计划需要谨慎考量隐私和伦理道德。实际上，在一些国家，辨别数字渠道的用户的行为是违法的，或有可能侵犯隐私。

- **新近度**。在检查数字数据时，你必须问："客户最近一次登录我的网页是什么时候（或者登录其他数字体验）？"这里的时间间隔叫作"新近度"。基于你的目标，新近度各有不同。观察重要细分客户的新近度变化。《钻取数据》(*Drilling Down*)的作者吉姆·诺沃（Jim Novo）将新近度称为"时间长度"。

- **频度**。在检查数字数据时，你必须问："客户登录我的网页频繁吗（或者登录其他数字体验）？"这里的时间间隔叫作"频度"。基于你的目标，频度各有不同。观察重要细分客户的频度变化。吉姆·诺沃将频度称为"时间间隔"。

- **毛评点**（GRP）。通常简称为"受众接触频次"，但是这个定义过于概括。GRP 是购买和销售的用户常见度量，广告商们在传统媒体用户的交易和购买中已经使用了数十年，比如看电视或听广告的用户。因为 GRP 来源于传统广告业，而传统广告业的市场动态、人群、生活方式、渠道、技术和模拟用户体验是不同的，使用 GRP 测量数字数据和线上设备会引起对这一度量适用性的质疑。GRP 仍然能适应今天的数字媒体，但必须采取适当的方法，适应互联网接入、多屏使用、共用设备、重复用户删除上的差异，并适应测量少数群体和第二或第三世界国家使用数字设备的用户以及其他上文提到的属性。

通过全渠道数据整合定义客户分析

客户分析需要采用一定的方法，从不同于市场营销、网站、手机软件、广告体验，以及创意内容或数字叙述的力量的角度，分析付费媒体、自有媒体和免费媒体。客户分析当然关注客户——在这个"免费增值"商业模式的时代，他们也许能或不能为公司带来直接收入。因此，在数据分析学中，客户的定义为：

通过一个或多个数字渠道，为公司带来直接或间接收入的匿名的人或实体。客户在各个数据源中有一个已知的可识别或持续性属性，是连接多个渠道数字分析数据的关键。

在这一情境下，客户分析的定义如下：

对多个渠道和全渠道个人数据的应用分析被用于解答商业问题，比如如何产生新的或增量收益，如何减少成本，或如何增加现有、新的或潜在客户的收益。客户分析需要收集数据、监管／管理、客户报告、单位层次数据，这些都是通过跨智能分析操作以及跨业务、市场营销、销售、财务、供应商和技术的执行而获得的。

借助客户分析产生利润是目标,为了实现这个目标,沃顿客户分析项目(WCAI)提出了一个实用的学术定义,如表 12-1 的解析,评估了对商业现实的适用性,重新配置数字管理人员,以此作为管理框架。

用客户的数据和你的分析向客户提问

考虑客户和他们的数据能够使分析过程更人性化。除了处理网页、点击、互动、事件、交易和其他商业数据,客户分析需要处于数据的中心和核心位置的客户。客户可能是匿名的、已知的、近乎匿名或者已知,或者完全可以通过 PII 码识别。如果考虑给出的客户分析匿名或模糊程度的话,这一目标还是数据分析团队的总目标:解答利益相关者的商业问题,这些问题关乎他们行业的理念、创新、项目、计划、营销活动以及方案对于企业效益和利润的影响。利益相关者可能会问得很仔细,也有可能问得比较宽泛。实际上,优秀分析师的特点之一就是,能够帮助所有级别的利益相关者就有效、相关和及时的数字数据提出最好的商业问题。利益相关者提出的客户分析的问题,通常与以下列表中的理念和概念相关,但是从未以如此明确和直接的方式提出过。因此,分析者通常帮助利益相关者简化提问的内容,来协助他们提出最好的问题。以下是一些例子:

1. 什么客户是最有价值的?

2. 吸引客户,向客户营销、发起活动、发信息、联系或接触客户的最佳时机是什么?

3. 哪里(什么渠道或哪些渠道)能最有效产生可盈利客户性能?

4. 为什么客户以一种方式回应商业活动(比如在线广告或渠道)?我们学到了什么?为了维持客户关系,下一步是什么?

5. 你如何怎样利用客户数据来完善客户性能,比如减少客户流失,提高客户保留率,提升客户满意度、客户参与度以及转化率?

6. 客户过去的什么行为影响了现在的业务,我们应该据此做出什么决策?

7. 现在、过去以及将来哪些客户最有价值?我们如何将客户终生价值最大化?

表 12-1　WCAI框架、商业现实和商业目标

WCAI客户分析属性	WCAI说明	商业现实	商业目标
固有粒度	一定是个人层级的	粒度是主观的，基于数据分化程度。客户数据有精细的粒度，没有聚合，归纳或取样，不可能确定你所需要的足够的粒度。存储粒度客户数据将会花费极大的成本	客户因素必须体现在能解客户和将来的商业问题的粒度中，这意味着长久支持缓慢变化的维度，发展数据化模式
前瞻性	倾向预测，而不只是描述	这个说明的矛盾之处在于，要预测未来，就必须分析过去（基于假设和符合模型的精确性），使用过去事件的描述性数据。预测需要过去数据的描述和使用。因此，为了得到前瞻性评价，存储粒度数据将会花费极大成本	预测分析不同于客户分析；但是，预测分析所用的技术和方法可以而且应该应用于客户数据的分析，比如减少流失和终生价值（LTV）建模
跨平台	整合多个衡量系统中的行为，但是最好在个人层级整合	跨平台的理念已是老生常谈。客户分析越来越多地使用跨渠道方法。这意味着多个衡量系统中的多屏。公司不仅仅整合多个衡量系统中的数据，还要整合来自这些系统外部的数据库的客户数据	通过多个渠道和来源，比如手机、社交、电子邮件、客户关系管理（CRM）等，打造组织能力（跨群体、流程和技术）来收集客户层级的数据。公司必须考虑全渠道数据整合，通过整合，统一两个或两个以上内部和外部数据源的数据，创建客户视图和概况
广泛应用（不分行业）	客户、捐赠者、医师们、客户、中间人等	好的学术或专业服务指的是，你和你的团队创造的技术、方法、规则、功能和模式，在基础层面可以运用到其他行业。行业之间必然存在不同；但是，虽然不是百分百相同，但用于预测客户流失的模式基础相似的	理解客户分析是如何应用于其他行业和团队的人、流程和技术的。这一理解能为你的客户分析提案提供概念和验证。对于跨国公司而言，关注内部现有的是十分必要的

续前表

WCAI客户分析属性	WCAI说明	商业现实	商业目标
跨领域	营销、统计、计算机科学、信息系统、运营研究等	公司用不同方式组织分析团队。最终目标是整合多个部门，许多公司可能不能分配或没有跨领域资源完成这项工作。合格的员工十分紧缺	审查你的组织，决定已有的技能组合，确定哪种组织类型能让你的公司里奏效
迅速发展	曾经只是商业分析的一种形式，正逐渐自其发展之初，成为"分析"和决策制定的独立领域	互联网和数字分析行业这种快速发展，且在其发展之初就起到支持作用。虽然这一属性对数字专家来说十分简单，但重要的是，即使极力维持现状，世界仍迅速变化；因此，定期确定你的"现状"显得十分必要。数字世界的变化速度更快	维护目前迅速发展的商业活动需要持续的关注和研究。幸运的是，从美国互动广告局（IAB）到WCAI、数据分析协会（DAA）以及分析研究组织（ARO），许多资源会持续更新并追踪到最新的知识。如果预算、地理因素允许，团队每年至少要参加一次相关行业会议，尽可能多参加相关的数据分析活动。最好的数据分析是参与到当地的分析组织中
行为	许多公司的客户分析问题包含人口统计和属性的描述符号，但客户分析的要点是关注观察到的行为模式	客户行为分析数据可用于免费和付费技术；但是，客户层级、个人层级的行为数据是复杂的，有时是不合道德或非法得到的。像客户分析和SAS这样的系统，意在能够报告和分析客户数据，但是要考虑消费者着数据多层次粒度和匿名性，必须符合商业目的。此外，巨大的成本和日常费用用于存储和维持客户行为的数字度数据是必要的	详细检查你的数据和分析系统里有效的"客户行为数据"的定义。证实商业问题类型，分析方法以及个人数据粒度是可用的，并且必要的话，可以以某种方式与其他客户数据结合

续前表

WCAI 客户分析属性	WCAI 说明	商业现实	商业目标
经向	这些行为是如何随时间推移显现的	时间序列数据与时俱进（比如 DoD、WoW、MoM、QoQ 和 YoY），重要且有用。你的公司可能面临客户层次数据的完整性和准确性的挑战；因此，要谨慎设定对过去、历史、时间序列的经向数据有效性的预期。没有数据定义，商业现实就是商业数据越陈旧，那么之前记录的数据出现风险和错误性的可能性就越大。此外，数字世界中的"迅速发展"状态，需要借鉴历史。例如，社交媒体影响了商业，在某种情况下，这种影响十分显著。三年之前 Facebook 和 Twitter 还是非主流，那么考量四年之前的数据是否有意义？也许没有，也许没有	创建数据监管流程，以此定义和维持经向数据的持久准确性。更新标准数据，对不同时期进行比较的能力对于子客户分析的成功非常重要

正如你从以上问题的主题看到的，最佳客户分析项目可以解答客户在过去发生了什么，现状如何，未来可能发生什么，以及为了达成商业目标，可对客户采取哪些可能的和最佳的行动。

回答有关客户的问题可能十分简单，就像分析短期实时的营销活动成效以便进行比较一样（比如 MoM）；但是，你必须考虑从高阶、定性研究到忠诚度和生命周期价值建模的整个客户生命周期。

统一的客户生命周期

客户分析基于一种或多种共用属性，以细分个人级别数据为中心。最后，客户反映、客户周期和终身价值可以用统计法计算出来。可以识别出特定客户中表现最好的购买来源，这有助于将来的营销活动策划。客户行为和价值可以利用第 5 章讨论过的方式和技巧进行预测，比如回归、关联、数据绘图和可视化。

数字数据，像访问来源、搜索、客户关系管理、电子邮件，以及其他付费媒体、自有媒体和免费媒体，可以用于创建、报告、提升客户概况，虽然这些客户分析应用都是有效的、严肃的商业活动，但是客户行为和收益却常常被渠道分开来分析。换句话说，客户个体可以被追踪并进行分析，但是客户是通过多种渠道参与到该品牌中的。因此，客户分析重要的一面就是理解每一个渠道（也就是多种渠道）中的客户表现，以及所有渠道（也就是全渠道）的客户表现。有必要删除各个渠道、营销活动和媒体中重复的客户数据，所以我创造了统一的客户分析生命周期（UCAL）模型，以便帮助构建客户行为。

UCAL 这个概念是指理解和阐释你的多个渠道和全方位渠道客户分析的"暗点"（dark spots）。这些暗点之所以存在于你的客户分析中，是因为你没有对比一个渠道对另一个渠道的影响。UCAL 可识别几个阶段，来理解客户生命周期当中的行为。每个阶段关联着一套客户数据、分析数据和报告。

你可以将 UCAL 应用于漏斗（线性、单渠道）或非漏斗（递归、多渠道）客户分析中，漏斗分析将客户看作单一渠道的结果，通过这个单一渠道，按照线性顺序创造价值。漏斗是对客户获取的一种比喻，意味着价值创造是有意义的且容易理解的。但是，漏斗是线性的，而客户行为并不是。换句话说，漏斗可能代表的是客户为转化和创造价值采取的步骤，这些步骤是在一系列前瞻性的阶段性步骤中提出的。客户并不是以这种方式购买商品的，但是该漏斗的线性简化使其易于理解。在漏斗中，客户通过以下一系列步骤创造价值。

- **阶段一：激活**。虽然激活通常被认为是内部营销执行的一部分，客户也会激活自身。激活是一个高阶分析概念，就像 UCAL 最初的五个阶段，通过调查和 VOC，定性测量。客户分析中的激活指的是"唤醒"客户需求。激活可能是紧急的（突然发生的），或者是慢性的（长期影响的结果）。

- **阶段二：曝光**。激活后，客户通过付费媒体、自有媒体或免费媒体，看到并感知到某品牌以及相关的物质和精神的特性和品质。

- **阶段三：认知**。在激活和曝光之后，客户接受了品牌曝光，他在认知上更能意识到这种曝光。就如同你妈妈曾对你唠叨"你可能听到我说话了，但是没有听进去"，你可以理解认知如何源于曝光，但不是所有的曝光都能创造认知。另一个恰当的例子是网络广告业强调的"可见展示"，这个例子指出了曝光和认知之间的相似关系。

- **阶段四：区别**。评估竞争者和替代者的某个品牌、产品或服务质量的流程。客户会比较几方的属性，以决定如何解决广告的咨询超载。在这个阶段，广告的叙述和曝光要么被接受，要么会被认为是反常的，或者会遭到客户抗拒。

- **阶段五：考量**。基于品牌品质对客户需要适用性判断，客户不考虑竞争者和替代者的品牌。考量化繁为简，使客户最可能搜索品牌信息和曝光于品牌的多渠道信息中。

- **阶段六：获得**。你的客户可能通过许多付费媒体、自有媒体和免费媒体曝光。其中有一个渠道是"最后点击"，就像"最初点击"的渠道一样。最初点击可能是或可能不是最后点击，在最初和最后点击之间还可能会有许多点击。实际上，归因是一种建模的概念，建模方法是对比每位客户的接触点，确定哪个接触点对购买或转化最有影响。归因会用到统计建模和机器学习。

- **阶段七：转化**。客户从获取源头转化到市场营销渠道，参与到数字行为中。点击、互动、行为和事件创造出营利性交易。连续的点击（点击流）和由此产生的数字叙事使得宏观转化流中的场景转化和微转化成为可能。

- **阶段八：保留**。追踪客户转化，能计算出获得客户需要多长时间，以及所需成本。在这种情况下，"参与时间"可以理解为"收益"。即使已经获得了极大的成功，当客户再次购买时，才会更成功，更有利可图。客户保留是增加客户终身价值的关键。因此，通过建立长期"客户关系"培养、重复访问和吸引客户，以减少客户流失和摩擦，这些商业活动是对测量至关重要。例如，终身价值和客户满意度的测量是必要的。

● **阶段九：源于满意的忠诚度**。客户第二次购买之后，可以认为他具有一定的忠诚度。忠诚度分析包括理解为什么客户进行再次购买，他买的是新产品还是之前购买过的产品，以及客户交易的来源和方式。更重要的是，客户在购买后如何激活并再次经历了阶段一到阶段五的过程。在客户保留和忠诚度中，客户流失终身价值分析是重要的考量和分析，客户满意度以及时间（比如延迟和衰减）对它的影响也是如此。

如果你提倡线性漏斗，这种将广告和价值创造以及行为相连的理论可能表述如下：

1. 通过区别创造认知；

2. 定位产品或服务，使之获得好评；

3. 研究足够多的人群，这样广告能强化品牌和支持或维持品牌价值；

4. 通过一定频次的曝光知道购买行为；

5. 通过点击（直接）或显示（直接）访问网页；

6. 促进直接购买，以此创造经济价值；

7. 在实现购买目的的下一个周期中，产生或维系忠诚度和再激活。

品牌基本上将 UCAL 看作各个阶段的组合体。网页分析可以衡量上面列表的第三到第六阶段，那么第一、第二和第七阶段呢？

第一和第二阶段主要是广告研究、品牌认知和定性品牌研究。这些研究在线的、基于响应的输入可能与过去和未来的网页行为数据相结合。一些供应商现在正尝试进行这一工作。

对于阶段三，你的媒体规划者使用的第三方工具几乎没有标准。数字分析的行为数据为这些媒体计划增加了客户性能的维度。换句话说，数字数据可以满足要求，将其与每个网站的曝光联系在一起。漏斗仅仅提供了有限的方式来表达统一客户分析终身价值中的各个阶段。就像已经讨论过的一样，漏斗正试图将线性发展的步骤应用于循环活动中，这些阶段随着时间的推移发生，并不一定遵循着线性顺序。因此，只关注漏斗的公司，将渐渐不能掌握转化前和转化后实际的客户生命周期的全貌。不过，漏斗的比喻在理解转化时仍然十分常用。

然而，漏斗比喻和线性客户生命周期常常并不适用于拥有长期和复杂生命周期的客户。因此，UCAL 模式具有延展性，因为它不仅包含了传统营销漏斗，还在此基础上扩大，囊括了高阶概念（比如认知和考量）、购买后概念、客户层次测量（比如流失、摩擦、满意度、忠诚度和终身价值）——所有这些概念都在 UCAL 的考虑范围之内，但并不包括在传统营销漏斗里。

UCAL 的多渠道和全渠道强调，在漏斗模式下客户不断进出于各个阶段。预设这个客户多次曝光于某个品牌不同来源的不同展示中，不同来源的曝光次数和程度不同。比如，某个客户可能不只是在电视上观看了一则广告后就马上从网上购买了一个商品。更有可能的是，某人看过一则电视广告，使用自然或付费搜索研究产品和价格，访问竞争对手的网页，订阅最新资讯，在社交媒体上研究该品牌，点击展示广告，然后决定几个月内不买，之后再重新进行所有的客户活动。漏斗不能捕捉到这种起伏的、非线性的跳级。UCAL 和 Tumbler 可以捕捉潜在的且复杂的客户和客户行为。在这种情况下，与漏斗比喻相反的就是"Tumbler"比喻：

> Tumbler 考虑到了客户在线性模式下各个阶段（搜索 > 购物 > 分享）的起伏。Tumbler 包含了 UCAL 的所有阶段，也包括客户生命周期的非线性、周期性、递归性、制约性和暂时性。

- **搜购**（seeking）。你确定需要什么东西，比如一件产品（或服务），而你没有意识到你不知道的内容。然后电视、广播、口碑、公告栏，甚至互联网之类的媒体，帮助你认识并确认你的喜好，你可能有或没有被曝光于一条或多条定位该产品（或服务）的信息。当你在寻找其他东西的时候，有时你只是在反复思考你认为你需要或不需要，抑或是想要的东西。就像 Rubinson Partners 公司的执行总裁乔伊·鲁滨逊所说："不同的媒体强化了这一点。"搜购能产生思考、认知和激活。

- **购买**。理解容易，但是从"选购"（shopping around）和在"搜购"（通过多种媒体）过程中来回跳跃的意义上来说又是复杂的。也许之前或之后没有什么结果。购买能带来获取和转化。

- **分享**。可能有人在机场告诉你，发短信给你，打电话给你，你在杂志、Facebook、Twitter、Pinterest、Tumbler、视频网站上看到了分享信息，在就餐时谈论到，或者是在地铁站台上听到陌生人在谈论它等。保留度、忠诚度和满意度可以通过分享识别，而客户终身价值模式必须考虑分享这一因素。

客户在 Tumbler 平行跳跃于各阶段中。用于理解客户行为的 Tumblr 概念是新的，因为客户传统上曾被认为是控制着转化率到忠诚度的线性流的路径。这一思想过度简化，缺失了很多数字购买路径和关于购买用户的新观点。数字和非数字生态系统具有复杂性，因为它有许多客户接触点，能够带来可以增值的客户性能，鉴于此，十分有必要使用许多不同的资源，并且用统一方式分析数据，解答能产生收益或降低成本的复杂商业问题。UCAL 和 Tumbler 为之提供了灵活可变的框架。

讲述"数据故事"，获得新的洞察，帮助领导者采取行动改善客户体验，从而创造出经济价值。例如，整合来自网页、电视（机顶盒）、手机软件、社交媒体和定性研究（VOC 和调查）的数据，形成客户生命周期各个阶段的全景视图。UCAL 和 Tumbler 可以用于构建分析类似使用案例的方法。

从多渠道和全渠道客户体验的宏伟目标，以及分析如何促进理解这一目标来看，有一些"非现场"渠道很好地结合了数据分析。营销活动（比如电子邮件、付费和自然搜索）十分轻松地结合了网页行为数据。但是有效整合行为分析和在线广告更具有挑战性。这里讲的不是简单的活动解析。相反，非现场（和线下）广告行为和现场客户行为之间存在着能够创造价值的更大的机会，原因如下。

- 2013 年，在线广告费用占广告总费用的 15% 以上，每年全球广告费用达到近 5000 亿美元——超过杂志和广播广告"支出"的总和，直到 2015 年，才以每年 16% 的水平增长。
- 许多代理机构和网络广告商没有完全理解媒体购买、配置和曝光产生的数字数据。它们也没有数字分析员工，因为没有多少人能理解这样的数字数据。麦肯锡公司预测，到 2020 年也许会需要几百万个精通数据的专家。
- 数据分析师（钻研数字数据的人）能够很好地理解完整的客户生命周期，因为他们不仅理解"数字"，还优化了最重要的部分——购买路径以及网上交易发生的最终点。据麦肯锡公司预测，到 2020 年将产生成千上万个数据分析职位需求。

全球互联网和数据分析行业需要更完整的方法论、系统和框架，提供以数据为主导的叙事，创造广告效力和客户价值，这些产生于高阶理念（如认知和支持），而非更具体、更容易的（也更便宜的）概念，比如转化和忠诚度的概念（以及二者之间的步骤）。UCAL 模式和 Tumbler，以及其他传统漏斗，有助于提升转化，使人们开始用新的方式看待购买者和客户生命周期。

除了我在本章所讲内容，几乎没有强大的方法能够整合购买者的购买意图和心态、数字行为和经过一段时间以后创造的价值。本书中的 UCAL 和 Tumbler 模式有助于数据分析师展示和考虑客户数字行为的价值创造。支持 UCAL 和 Tumbler 框架的数据，可以由资源充足的分析团队从内外资源中整合而来。

通过全渠道数据整合进行客户分析的工作

当执行包含以下内容的全渠道整合和客户分析时，数据分析团队必须考虑工作流、活动和商业程序：

- **数据挖掘**。这是分析价值链里的一种活动。维基百科将数字挖掘定义为：计算机科学和统计学的交叉领域，它是一个试图在大数据集中发现模式的过程。它综合运用了人工智能、机器学习、统计和数据库系统等交叉领域的方法。数据挖掘过程的最终目标是从数据集中提取信息，将其转换为可理解结构，以便未来进一步使用。除了元数据，它还涉及数据库和数据管理、数据预处理、建模和推理思考、兴趣度量、复杂度思考、所发现结构的后处理、可视化以及在线更新。

  数据挖掘以查询元数据为基础，涉及提取、转化和加载数据。数据挖掘人员有可能创造新数据模式，在数据库中运行，定义数据集。他们通常与数据科学家一起合作，或者本身就是数据科学家，创建数据推荐、预测、优化和自动化的模型。

- **客户细分**。细分是指基于属性将客户整体分为各个部分。例如，列出在过去 60 天内通过手机网页购买的所有客户。细分可以简单理解为饼图，或者更准确地说，是将饼图分为八个部分。但是，所需要的数据挖掘和统计过程是十分复杂的。

  在所有的分析技巧中，客户细分是最有利可图的，因为它关注一个人在过去、现在、未来、终生、行为的，甚至事件价值背景下的已知行为。细分使你跨越数据维度，进行过滤和挖掘以便理解数字和趋势中隐藏的细节。细分和聚类分析有助于识别有关客户行为的新洞察，否则难以揭示这样的客户行为。

- **客户流失**、习惯建模和分析。客户流失指客户"逐渐消失"，不再购买你公司的产品。更严重的是，客户在 UCAL 和其他生命周期模式中进进出出，原因如下：
  - 客户不再需要这个产品或服务；
  - 客户不满意；
  - 购买周期过长；
  - 品牌没有追加销售或交叉销售；
  - 品牌没有理解客户数据，客户已经无法有效区分或辨认该品牌。
- **消费者满意度**。消费者满意度指人的满足感和特定状态下的幸福感。比如，如果你一直购买某品牌的汽车，享受并向朋友推荐它，你可能对这个品牌感到满意。满意度是可测量的，并且测量满意度是客户分析团队的工作中心。
- **客户生命周期建模**（CLM）。假使你可以利用数学将价值分配给客户，他（她）可以解释过去、现在和将来的所有交易，将会怎样？假使在你的客户生命周期的每个阶段，你都可以分配潜在客户和客户的价值，又会怎样？这就是 CLM 利用统计学要完成的事情。

客户分析面临的挑战

公司扩大分析团队，增加了理解客户、整合多渠道或全渠道数据的职责，应对这些数据和分析挑战可能会遇到障碍，包括但不限于以下所列障碍。

- **客户级数据失效**。客户数据来源并非总是有效的，也不是总能以想要的方式获得。有时，数据不存在于粒度、历史或需要解决的商业问题中。重要成本也许与存储源详细的粒度客户行为数据相关，这些数据源于在线数字系统和体验。
- **缺少有效的财务资源**。数字整合项目的费用常常很容易就高达几百万美元，对公司的财务表现会有实质性影响。
- **不成熟的应用模式**。鉴于大数据和客户级数据的数据整合是全新的概念，加上缺少符合标准的资源，很难找到具有直接的、真实的、专业的全渠道数据整合工作经验的人。

- **没有来自 IT 部门的保障**。因为数据整合的技术性，不管小数据还是大数据，都非常需要技术资源。这通常需要来自 IT 部门的保障（并不总是），或至少需要与它们进行合作。

- **隐私考量**。当查询或整合全渠道数据时隐私担忧确实存在，并且必须要考虑在内，无论你是否认为数字数据的隐私考量有些过度了。

通过全渠道整合进行客户分析时需要什么

全渠道数据整合是一项对公司而言执行起来比较复杂的命题。以下是进行全渠道数据整合的必要条件。

- **可获取必要的数据，有能力存储并处理数据**。全渠道数据存在于独立的系统中，包括公司内外的系统，它们至少应该集合在一起，通过一种方式查询或访问，使得数据中有意义的关系可以被提取并应用到业务环境中去。

- **基础设施**。基本的计算能力，包括整合大的全渠道数据所需的磁盘空间、处理器、存储、电力等，其成本和规模都很重要。可能需要更新的数据库处理基础设施，比如 Hadoop。

- **软件**。全渠道数据整合包含大数据的数据来源。因此，全渠道数据成了最大的大数据。因此，几年前还应用于大规模数据集的软件在处理大数据时已经非常慢了。在线分析程序（OLAP）引擎可能不够用。

- **具有数据整合技能的人才**。就数据分析来说，美国数据分析协会（DAA）成员不过几千人。相较于数据的规模，为其工作的人实在太少。这就是为什么麦肯锡全球研究院预计，到 2020 年，会需要成千上万的数据分析专业人员和几百万名数据挖掘管理人员。

- **必要的权限和选择**。全渠道数据包含点击流、模式、事件、行为、点击、互动、元数据、属性、观点以及关于人们居住地、购买物品、收入和消费水平、家庭甚至他们自身的信息。因此，数字数据的数据整合要求坚持现有规则，从数据整合预测潜在的未来的法律、道德伦理影响和后果，以及潜在的滑坡。

- **流程**。本书多次提到流程是不可或缺的。全渠道整合也不可或缺，甚至更重要，因为协调跨渠道数据整合涉及的资料来源和团队的数量很多。

第13章

数据分析的未来

在充满经济机会的动态环境中，数据分析、大数据、数据科学及应用分析的前途必然一片光明。市场调研公司国际数据公司曾预计，商业分析市场会以 9.8% 的复合年增长率增长。与此同时，国际求职网站 Indeed.com 认为，数据分析领域的工作机会将提升 4000% 以上，与"大数据"和"数据科学"相关的工作将以 100% 的年增长率增长。很显然，未来这些概念将会充斥着经济、商业和顾客环境。

数据可被应用于解决商业问题并创造价值。数据和数据分析结果还会深入到我们的日常生活中——从遍布网络的对于相关内容的推荐，到更加强大的应用和设备，再渗透到如谷歌眼镜这类可穿戴设备中。

当今商业世界中的这种数据分析应用的重要性演变，我称之为分析经济：

> 分析经济描述的是数据、调研和分析如何被用于传统的、新的和有差异的方法中，然后统一源于不止一个渠道的关于观众、顾客和媒体的意见，并利用这些统一意见创造、发展和优化已有的和新的方法，以便创造全球商业文化。

例如，你可以检测家庭能源使用的行为数据，然后使用这个数据进行自动调节，确保能源使用在合理的成本范围和环境影响以内。成百上千万的家庭通过避免浪费和降低污染而节约的能源成本加起来，可以大大地影响人类的社会、政治、环境和文化。这种影响商业、经济、自然资源和文化的消费者数据应用只是数据分析在消费者产品中的自动和智能应用的开始。在家庭和公共场所的数据渗透和分析应用也才刚刚开始。从由无线射频识别和近场环境获得的客户概况，到 GPS 和社交网络数据的本地化应用，从自动联网的汽车流媒体，到 iPad 上基于饮食特征创建的你在当地餐馆的消费目录，再到你的行为数据被以各种方式混合和交叉使用，我们并未注意到消除日常生活障碍和阻力的这一切，将带来一场革命性的分析经济。

另一方面，有人担心数字数据的收集可能会创造出一个让乔治·奥威尔惭愧、让约翰·麦卡锡兴奋的监视社会。美国国家安全局"棱镜计划"的曝光，将隐私、公民自由和人权推到了关于数字数据收集、挖掘和分析的风口浪尖。

从通过 GPS 系统来播报位置的数字设备到无线电脑的出现，在公共空间捕捉数据的可能性，正在影响着人类社会的进化和不同时间、空间、地点和文化中的人们相互交流、合作、理解、评价、记忆和联系的方式。Facebook 有超过 10 亿用户——比许多国家的人口还多。马克·扎克伯格比一些国家还富有。你可以在许多渠道免费留下你的点击量，也可以以普通大众不理解，也许从没考虑过的方式出售你的信息、社会关系、图片、内容和行为数据，以此获利。很显然，美国国家安全局有能力自由收集和存储你的数字数据，有时是你在个人和公司网络上的数字通信内容。企业运用数据科学将所有这些大数据集合起来对你进行数据分析，然后通过向你、你的朋友和家人营销将数字体验自动化，并进行定位，从而获利。

保护和管理数据分析，使其远离可怕的"老大哥"魔掌和监视文化的渗透，尤其是鉴于美国国家安全局的"棱镜"技术，以及透明度、披露和公众谈话对该领域来说至关重要。数据分析在未来将会涉及数据在分析系统里的应用，分析系统由人力管理，在许多方面是自动化的，基于传感器、数字数据输入的传感器驱动，以及其他使数字输出和必要的即时回复自动化的反馈。全球数据分析行业的未来将涉及以下话题：

- 预测的个性化；
- 闭环的行为反馈系统；
- 相关内容和广告实时发送到你的眼镜和其他穿戴式计算机；
- 感知和反应；
- 相互作用和警示；
- 特定地理位置和目标定位；
- 自动化服务和产品配送；
- 数据交互的购物者和顾客体验。

预测的个性化

我们越来越多地了解到，在非传统行业中，比如，生物科技、制造业和医药行业等，预测分析的力量将在新的行业中的新的应用领域内持续增长。你已经看到，沿着地图绘制应用、确定手机应用提供的汽车共享服务的预测价格以及基于整个行业价格变化和消费者供需推荐的购买机票时间，预测分析正在被个性化。同样，保险公司和医药公司的员工已经将收集的数字数据的预测和数据分析正式纳入他们的产品和营销生命周期中。新的部门已经看到了针对食品和饮料公司、餐馆以及消费者和互联网品牌所做预测的影响力。不论信息是随机匿名的还是顾客选择性提供的，预测个性化将会考虑把个人数据作为预言模型中额外的独立变量使用。

闭环的行为反馈系统

收集数据，输入人工或者自动化程序中，得出最终结果，在这样的部门中，数字数据将会提能增效。人们触摸界面的方式和用手（及其他输入设备）操作机器做事等方面的行为数据将会被应用于"优化"用户体验和提高人机互动的效率。

现在，平板电脑被应用于供应链，零售商在零售中使用手持移动设备，服务员拿着设备下单。雇主使用手持设备收集到的数据，例如地理位置数据和使用设备的时间，以便了解雇员在做什么（或者没做什么）。这些人力资源对于商业价值的影响可以制作成模型，通过采用使用者收集到的行为数据帮助公司以更节约的方式执行工作和管理员工。例如，在仓库管理中，设备的使用（例如收到货物和发出货物）需要不同的界面，而人们使用相同界面的方式大相径庭。一家公司可以收集和分析平板电脑的惯用数据，来为他们的雇员和业务在收发货物方面创造出尽可能好的界面。在大型供应链中，每天每人节约哪怕几分钟就能聚沙成塔，提高效率，节约成本。

多屏统一发送实时可访问的相关内容和广告

从谷歌眼镜到一系列单独的互联网连接设备，无论是固定的还是移动的，凯洛媒体（Carat，一家领先的广告代理机构）预测，全球广告支出的五分之一将来自数字广告。这个数字在未来只会增加，因为全世界上网的人会越来越多。作为众多渠道中唯一一个数据分析渠道，在线广告（从付费搜索到展示）和来自其他数字体验的数据将会被继续用于你在数字屏幕上看到的广告，通常是实时的。不论你在哪里，数字内容体验将会基于你之前的偏好和兴趣，持续通过多屏幕发送。内容和体验会根据广告商和出版商知道的和可以从你那里实时获取的内容，基于相关性进行调整，作为对你的互动的反应。数据分析协会（DAA）创办人之一兰德·舒尔曼讲到了"相关性泡沫"，它会封装你的数字信号，引起大众数字广告的个性化变化和体验，这很好地阐明了我想表达的概念。向已有顾客投放相关的定向广告，并且未来与目标相关的算法和数据会发展到包含可寻址的、高度特定的内聚记叙的广告，并显示到你所拥有的每一个屏幕上，甚至是那些你不拥有和在公共场所未见的。总之，你对移动设备的偏好、你的消费信息、品牌掌握的你的访问记录和你电脑上的其他持续目标将会聚合到一起产生最大的大数据，通过为你提供更多的相关定向广告来驱动全球商业的发展。这样的数据将会实时应用到广告生态体系中，这就需要大量的基础设施投入，不仅指平台，还包括从专业上和学术上支持全球数据分析的创新中心。

感知和反应

无线射频识别不考虑隐私因素，可以主动和被动地传递标签数据。在供应链和运输行业，无线射频识别被广泛应用到改善运输和物流中。使用传感器能够很好地感知状态、信息、人员或者分区等并以某种方式做出反应（无论是实物的、虚拟的还是数字的），基于此传感器驱动可引出实体或数字体验，在消费者世界中，这种传感器驱动的应用和呈现会越来越多。

考虑到在公共场合活跃的数据传输和感知涉及大量隐私和合规问题，最好是在明确选择的范围内进行感知和反应。比如，在未来的某种情况下，你的应答器说你喜欢比萨，零售市场的感应器会告诉你最近的比萨店在哪里，并发给你移动优惠券，然后分析社交数据，根据你的偏好、过去的比萨订单以及你和其他人之前去过的比萨店的评价来为你推荐你最满意的比萨店。同类型的自动和相关客户体验也可以通过 GPS 传送到你的移动设备中。例如，你进入了一家有 Wi-Fi 的零售店。要连上这里的 Wi-Fi 需要你开启手机的 GPS，你的位置信息会被探测和记录下来，然后因为你的手机上有商店的 App，那么你就会收到一条提示，告诉你某种商品有优惠券可用，并将一种快速反应码发送到你的移动设备上。

相互作用和警示

在网站上，如果一个人停留徘徊很久，她可能会看见一个"模态"（modal），内容显示点击这个"模态"就能打开对话框，会有在线客服给你提供帮助。这种已有的简单方法显示，从数字体验中收集实时行为数据是如何为实际的人与人互动创造出可能性的。使用数字数据可以监测异常行为，当有重要事情发生的时候可以及时提醒。例如，银行账户的异常存储会使顾客收到提醒，告知他们理财规划师的申请或者投资机会。

特定地理位置和目标定位

众所周知，人们使用网络数字设备发送的 GPS 定位是可以追踪的。监察和情报部门利用 GPS 信号追踪人们在地球上的移动。因为人人都可以利用移动设备的默认程序开启 GPS 信号，这些信号经过数据融合就能创造出一张地图，显示可访问的人在哪里、顾客类型和区域划分等，甚至还可以显示附近都有什么。例如，以当地人为目标的团购网站高朋（Groupon）就是通过邮件和移动设备来发送信息的。鉴于地理位置的考虑，以后有可能识别附近商家的地址，以及什么时候有货，在消费者体验期及时送上电子优惠券。随着越来越多的商家和零售店提供免费 Wi-Fi，这种可能性越来越大。

自动化服务和产品配送

消费和商业技术的创新发展，以及在商业和个人方面更广泛的应用将继续渗入我们生活与工作的各个角落，这些技术利用数字数据进行预测、感知、反馈、感应、交互、提醒、推荐以及个性化。数字数据有助于创造和传达语义万维网的愿景。毕竟，数字数据通常用于网络服务。换句话说，你的冰箱会记录里面物品的库存，感知它们什么时候过期，探测你的使用模式，在线预定牛奶、面包、奶酪、蔬菜和肉，送到家门口。或者至少在冰箱屏幕上显示什么是你需要的，什么是过期的，然后根据你以往的食物选择和饮食偏好告诉你去距离最近的超市的最佳路线，以及最低的价格和平均购物车价值（即订单价值）。

数据交互的购物者和顾客体验

数据交互的购物者和顾客体验是人类的未来。大数据和数据科学将被应用于创造实时体验，借助减少的人力和手工分析来强化目前客户认知和品牌叙事。如今，公司雇用人力组建分析团队负责以下一些或全部内容：商业需求的收集、数据收集、数据集的测试和质量保证、分析、报告，以及成功所必需的数据管理和分析管理。换句话说，人管理着整个分析价值链的方方面面。

分析数据是从各种各样的内部和外部报告工具收集和／或者提取来的，由矩阵型、跨功能的团队来执行数据收集、分析，并将分析结果递交给利益相关者。汇报和递送分析结果甚至可以实现自动化或者设定一定的规律。关键行为事件和相关的 KPIs，以及它们在时间序列上的定向运转可同样被跟踪，并进行因果分析。在极少数情况下，接近实时的数据集可能会被制作成模型或者自动用于商业活动，以减少顾客放弃和流失。例如，最常见的情形是追踪一个放弃了购物车的顾客，给他发送邮件，并提示他完成购物。

尽管复杂数字体验建立本身具有复杂性，顾客还是很期待亚马逊和奈飞的协同过滤和推荐引擎。基于多种特性的定位（如访问记录、地理位置、过去的行为、关键词、推荐人乃至意图）都能够实现。展厅和实体店移动设备的普遍性使得借助实时数据流实现基于位置的服务成为可能。

互联网商业的下一步就是这些商业活动和相关功能不断演变，从而提升准确性、有用性和易执行度。在决策支持、报告、商用案例理由、绩效评估或者静态／动态建模上，媒体分析的功能将会超越使用大数据和数据科学。数据分析的未来在于多屏一致的数据互动体验，使利用过去、现在和可预测未来的数字行为数据（无论存在哪里）动态创建的统一的数字体验，以便增加收入、降低成本和传递价值定位。

分析进入未来状态的推动因素包括以下方面。

- **标准**。尽管在数据测量中几乎没有基于共识的、广泛遵循的标准，但供应商量身定做时会灵活适应细微差别。应用于数字数据的标准，像应用于其他定量领域的标准，如会计一样，是很有帮助的。在那种情况下，未来也许会有一套美国普遍公认的分析原则（U.S.GAAP）。
- **隐私法规和选择**。在未来的分析体系架构中，隐式广泛的选择必须是一种已知的、明显的、易使用的能力，以非邪恶的、注重自由、不以老大哥自居的方式来遵守、定义和改变隐私法这种方式在任何国家都是合乎道德法律的。
- **可寻址数据库**。可查找源于丰富的、详细的、个人可识别信息的广告或内容，很

261

少有公司和数据供应商的社交数据是可用的。例如，Facebook 和谷歌存储了巨量的个人数据，它们在一定程度上聚合和匿名化后，可通过 Facebook 交易所的广告和重新定位来换取利润。除了社交数据，其他个人数据仅存在于他们访问过的公司的防火墙后面。未来的分析生态系统将会依赖于可寻址的内容和根据人们的偏好发送的广告，而且只能是从大规模的、可重复使用的、可延伸的、基于云计算的和可寻址的顾客数据库发送出——这个数据库将所有渠道的数据聚集起来，无论是存在于企业内的还是企业外的。

- **随处可用的可扩展基础设施**。分析的未来也许存在于公司及其数据库，但是未来的分析环境需要大规模的计算机处理、索引和查询能力。将大数据存储于云端（软件即服务）并检索数据用于近期的报告、定位和自动化的大型数据库以及真正的实时探测和启动将会变得越来越必要和重要。

- **接受过教育和培训的人员（人力资源）来创造一切**。数据分析未来的最大瓶颈是缺乏（或者说严重缺乏）有技术和能力打造分析未来并创造分析经济的数据分析师、数据科学家、技术人员、工程师、经理、领导者、执行者和远见者。为此，在全世界大学院校的本科和研究生课程中，分析课程在数量上和重要性上都会提升。记住，麦肯锡预测未来的分析经济将会需要数百万有"数据头脑"的经理人（懂得并会使用数据分析的人）。

未来的分析业需要注重隐私和道德

作为商业领导、数据分析师和科学家，保护每个人的分析数据不被乱用和滥用不仅是你的目标，还是你的责任。正如分析工具供应商们自主创新一样，数据分析师大多会自主进行分析活动。这就是为什么你必须将道德原则应用到分析中来确保隐私，让分析应用积极地促进、保护和捍卫全球商业和人类社会。要么行业自主调节，要么政府制定法律进行规范。鉴于美国国家安全局的"棱镜"计划被证实存在，在全球范围内就制定数据收集、存储和分析的界限以尊重人权和公民权、独立自主和个性，同时保护自由、自主、隐私、自治和改善人类命运等进行对话、达成共识是十分必要的。

处理数字数据的时候考虑几个原则，无论是行为的、事务性的、定性的、定量的、移动的、社会的、视频的、第一方或第三方的，还是保密的或匿名的数字数据和元数据。

- **创建和经常更新隐私和数据使用政策，永久显示在你的网站上，确保你的数据及数据收集方式是绝对透明的**。不要用法律术语，保证用词简洁、通俗易懂，如有必要，链接一个更正式的法律文本。

- **根据要求，了解并提供目前你的网站上使用的追踪和测量技术清单**。这个简单的想法很难实施，尤其是在全球性企业中，但是聪明的企业应该保留所有显示在网站上的社交媒体（和数字）追踪和测量技术清单，便于随时查阅。

- **发布一个简单的内部和外部人员都可查看的元数据，告诉人们被收集的数字数据以及这些数据将会如何使用**。对于展示的每一项技术，供应商应该提供一份回答下列问题的文件：这项技术是什么？什么样的数据会被收集？这些数据将被如何使用？我怎样查看、修改和防止我的数据被收集？这些问题的答案有助于你起草分析相关的政策和隐私条款。

- **围绕测量、追踪和广告技术制定正式的管理规则，让公司多个部门的代表参与其中**。使用分析技术的公司应该有一个商业驱动的治理委员会，而不是技术委员会。来自调研、分析、法律、营销、销售和技术部门的团队都应参加以确保实施保护顾客隐私的最佳方案。

- **允许简单的符合逻辑的"退出"（opt-out），最佳情况是，只允许追踪和定位选用的社交媒体——所有的数字追踪**。不要为人们创造自动应用新功能和自动改变的数字体验化，要得到同意，或者至少试着得到他们的同意。

- **定期查看你所收集的数据，删除不需要的数据时清除所有不必要的数据集**。数据集是庞大的，但是有用的、有深刻含义的、可行的数据占少数。找出这部分数据，然后决定剩下的数据该怎么办（可归档，可删除）。

- **不要投机取巧，试图采用新技术规避用户的选择或者隐私意识**。换句话说，在用户删除 Cookies 之后不要使用技术来重置或者强制保留。在进行分析和任何其他的数字活动时，不要使用技术永久存储访问记录。不要使用伎俩了解用户想要什么。不要破坏隐私意识、人权，避免你的工作被认为是不合法、不道德且恶意的监视行为。

- **通过给参议员或者国会议员写信让你的声音被政府听到**。民主的心脏是公民的声音——不论你是生活在一个民主的自由社会，还是生活在一个连读书的自由都受到限制的国家。如果这本书的千万读者写邮件、打电话或者在公共领域积极提倡我们的行业，并为保护数字数据和分析的合理使用建言献策，想象一下，将会获得的理解和认同。如果你公开表达你对生活和商业发展变化的意见，没有人会对你做什么，但是许多人会在你选择保持沉默的时候，试图规范你的工作。

数据分析需要专业人士为全世界被追踪的人们进行辩护。许多人并不是像我一样生活在美国这样一个对隐私有合理期盼的国家。尽管有人认为专注于数据使用的道德、合理性和隐私超越了一个分析师的角色使命，但是对于隐私和匿名的保护（尤其是当我们迈进一个遍布网络的崭新世界时）不仅是必要的，而且对于人身自由、独立、自主以及更大的个人力量、教育和智力而言是更为关键的。

谷歌的共同创办人谢尔盖·布林提到《在线隐私法案》时曾呼吁："全世界的强大力量应该聚集起来共同抵制开放网络……我认为没有办法将魔鬼放回瓶子里，但是现在在一些地方魔鬼已经被放回了瓶子。如果我们生活在一个人人相互信任的神奇司法世界，那就好了。我们正在这样做，就好像可以实现一样。"对数据分析及其从业者而言，同样如此，这个世界里的人们在实践、咨询和出售各种工具、科技和技术。

数据分析专家们要时刻记得布林的话，通过创建数字分析团队来建立组织，在未来要以更有利可图的方式进行分析，同时注意保护个人的自主性、独立、对幸福的追求、隐私和人身自由。将本书中学到的知识和技术应用于工作中，你既可以保护顾客隐私，又可以为你的公司、团队和你自己创造巨大的经济价值。你可以在分析经济中融合人力、流程和技术，以便在分析价值链中发送数据分析。祝你的数据分析团队好运！

Authorized translation from the English language edition, entitled Building a Digital Analytics Organization: Create Value by Integrating Analytical Processes, Technology, and People into Business Operations, 1 E, by PHILLIPS, JUDAH, published by Pearson Education, Inc., Copyright © 2014 by Judah Phillips.

All rights reserved. No part of this book may be reproduced or transmitted in any form or by any means, electronic or mechanical, including photocopying, recording or by any information storage retrieval system, without permission from Pearson Education, Inc.

CHINESE SIMPLIFIED language edition published by CHINA RENMIN UNIVERSITY PRESS CO., LTD., Copyright © 2018.

This edition is manufactured in the People's Republic of China, and is authorized for sale and distribution in the People's Republic of China exclusively（except Taiwan, Hong Kong SAR and Macau SAR）.

本书中文简体字版由培生教育出版公司授权中国人民大学出版社在中华人民共和国境内（不包括台湾地区、香港特别行政区和澳门特别行政区）出版发行。未经出版者书面许可，不得以任何形式复制或抄袭本书的任何部分。

本书封面贴有 Pearson Education（培生教育出版集团）激光防伪标签。无标签者不得销售。

版权所有，侵权必究。

北京阅想时代文化发展有限责任公司为中国人民大学出版社有限公司下属的商业新知事业部，致力于经管类优秀出版物（外版书为主）的策划及出版，主要涉及经济管理、金融、投资理财、心理学、成功励志、生活等出版领域，下设"阅想·商业""阅想·财富""阅想·新知""阅想·心理""阅想·生活"以及"阅想·人文"等多条产品线。致力于为国内商业人士提供涵盖先进、前沿的管理理念和思想的专业类图书和趋势类图书，同时也为满足商业人士的内心诉求，打造一系列提倡心理和生活健康的心理学图书和生活管理类图书。

《大数据产业革命：重构 DT 时代的企业数据解决方案》

（"商业与大数据"系列）

- IBM 集团副总裁、大数据业务掌门人亲自执笔的大数据产业鸿篇巨著。
- 倾注了 IT 百年企业 IBM 对数据的精准认识与深刻洞悉。
- 助力企业从 IT 时代向 DT 时代成功升级转型。
- 互联网专家、大数据领域专业人士联袂推荐。

《大数据经济新常态：如何在数据生态圈中实现共赢》

（"商业与大数据"系列）

- 一本发展中国特色的经济新常态的实践指南。
- 客户关系管理和市场情报领域的专家、埃默里大学教授倾情撰写。
- 中国经济再次站到了升级之路的十字路口，数据经济无疑是挖掘中国新常态经济潜能，实现经济升级与传统企业转型的关键。
- 本书适合分析师、企业高管、市场营销专家、咨询顾问以及所有对大数据感兴趣的人士阅读。

《大数据供应链：构建工业 4.0 时代智能物流新模式》

（"商业与大数据"系列）

- 一本大数据供应链落地之道的著作。
- 国际供应链管理专家娜达·桑德斯博士聚焦传统供应链模式向大数据转型，助力工业 4.0 时代智能供应链构建。
- 未来的竞争的核心将是争夺数据源、分析数据能力的竞争，而未来的供应链管理将赢在大数据。